冶金专业教材和工具书经典传承国际传播工程

普通高等教育"十四五"规划教材

"十四五"国家重点
出版物出版规划项目

深部智能绿色采矿工程
金属矿深部绿色智能开采系列教材

冯夏庭　主编

金属矿床深部绿色智能开采

Green and Intelligent Mining of Deep Metal Deposits

徐　帅　李元辉　安　龙　姜海强　主编

扫码看本书
数字资源

U0352410

北　京

冶金工业出版社

2023

内 容 简 介

本书围绕金属矿床深部绿色智能开采，详细讲解了金属矿床开采的基本知识，包括金属矿床特征、矿山图纸、矿床回采单元划分及开采顺序、矿床开采步骤和三级储量、矿床开采强度、损失与贫化、深部开采、绿色开采与智能开采；详细讲解了矿床开拓系统的类型、位置选择、井底车场、阶段运输巷道等开拓知识；通过金属矿床开采过程讲解，从地压管理角度，介绍了采矿方法的划分和组成，详细地叙述了采准、切割、落矿和运搬等工序；详细讲解了空场、崩落和充填三大类典型采矿方法及其应用流程。

本书为采矿工程专业本科生和研究生教材，也可作为继续教育和企业培训用书供矿业工程相关专业学生和技术人员学习参考。

图书在版编目(CIP)数据

金属矿床深部绿色智能开采/徐帅等主编. —北京：冶金工业出版社，2023.11

(深部智能绿色采矿工程/冯夏庭主编)

"十四五"国家重点出版物出版规划项目

ISBN 978-7-5024-9522-0

Ⅰ.①金… Ⅱ.①徐… Ⅲ.①金属矿开采—高等学校—教材 Ⅳ.①TD85

中国国家版本馆 CIP 数据核字（2023）第 097212 号

金属矿床深部绿色智能开采

出版发行 冶金工业出版社		**电 话**	(010)64027926
地 址 北京市东城区嵩祝院北巷 39 号		**邮 编**	100009
网 址 www.mip1953.com		**电子信箱**	service@ mip1953.com

责任编辑 刘小峰 刘思岐 美术编辑 吕欣童 版式设计 郑小利 孙跃红
责任校对 李 娜 责任印制 窦 唯
三河市双峰印刷装订有限公司印刷
2023 年 11 月第 1 版，2023 年 11 月第 1 次印刷
787mm×1092mm 1/16；21.25 印张；511 千字；315 页
定价 56.00 元

投稿电话 (010)64027932 投稿信箱 tougao@cnmip.com.cn
营销中心电话 (010)64044283
冶金工业出版社天猫旗舰店 yjgycbs.tmall.com
(本书如有印装质量问题，本社营销中心负责退换)

冶金专业教材和工具书
经典传承国际传播工程
总　序

　　钢铁工业是国民经济的重要基础产业，为我国经济的持续快速增长和国防现代化建设提供了重要支撑，做出了卓越贡献。当前，新一轮科技革命和产业变革深入发展，中国经济已进入高质量发展新时代，中国钢铁工业也进入了高质量发展的新时代。

　　高质量发展关键在科技创新，科技创新离不开高素质人才。党的二十大报告指出："教育、科技、人才是全面建设社会主义现代化国家的基础性、战略性支撑。必须坚持科技是第一生产力、人才是第一资源、创新是第一动力，深入实施科教兴国战略、人才强国战略、创新驱动发展战略，开辟发展新领域新赛道，不断塑造发展新动能新优势。"加强人才队伍建设，培养和造就一大批高素质、高水平人才是钢铁行业未来发展的一项重要任务。

　　随着社会的发展和时代的进步，钢铁技术创新和产业变革的步伐也一直在加速，不断推出的新产品、新技术、新流程、新业态已经彻底改变了钢铁业的面貌。钢铁行业必须加强对科技进步、教育发展及人才成长的趋势研判、规律认识和需求把握，深化人才培养体制机制改革，进一步完善相应的条件支撑，持续增强"第一资源"的保障能力。中国钢铁工业协会《"十四五"钢铁行业人力资源规划指导意见》提出，要重视创新型、复合型人才培养，重视企业家培养，重视钢铁上下游复合型人才培养。同时要科学管理，丰富绩效体系，进一步优化人才成长环境，造就一支能够支撑未来钢铁行业高质量发展的人才队伍。

高素质人才来源于高水平的教育和培训，并在丰富多彩的创新实践中历练成长。以科技创新为第一动力的发展模式，需要科技人才保持知识的更新频率，站在钢铁发展新前沿去思考未来，系统性地将基础理论学习和应用实践学习体系相结合。要深入推进职普融通、产教融合、科教融汇，建立高等教育+职业教育+继续教育和培训一体化行业人才培养体制机制，及时把钢铁科技创新成果转化为钢铁从业人员的知识和技能。

一流的专业教材是高水平教育培训的基础，做好专业知识的传承传播是当代中国钢铁人的使命。20 世纪 80 年代，冶金工业出版社在原冶金工业部的领导支持下，组织出版了一批优秀的专业教材和工具书，代表了当时冶金科技的水平，形成了比较完备的知识体系，成为一个时代的经典。但是由于多方面的原因，这些专业教材和工具书没能及时修订，导致内容陈旧，跟不上新时代的要求。反映钢铁科技最新进展和教育教学最新要求的新经典教材的缺失，已经成为当前钢铁专业人才培养最明显的短板和痛点。

为总结、提炼、传播最新冶金科技成果，完成行业知识传承传播的历史任务，推动钢铁强国、教育强国、人才强国建设，中国钢铁工业协会、中国金属学会、冶金工业出版社于 2022 年 7 月发起了"冶金专业教材和工具书经典传承国际传播工程"（简称"经典工程"），组织相关高校、钢铁企业、科研单位参加，计划用 5 年左右时间，分批次完成约 300种教材和工具书的修订再版和新编，以及部分教材和工具书的对外翻译出版工作。2022 年 11 月 15 日在东北大学召开了工程启动会，率先启动了高等教育和职业教育教材部分工作。

"经典工程"得到了东北大学、北京科技大学、河北工业职业技术大学、山东工业职业学院等高校，中国宝武钢铁集团有限公司、鞍钢集团有限公司、首钢集团有限公司、河钢集团有限公司、江苏沙钢集团有限公司、中信泰富特钢集团股份有限公司、湖南钢铁集团有限公司、包头钢铁（集团）有限责任公司、安阳钢铁集团有限责任公司、中国五矿集团公司、北京建龙重工集团有限公司、福建省三钢（集团）有限责任公司、陕西钢铁集团有限公司、酒泉钢铁（集团）有限责任公司、中冶赛迪集团有限公司、连平县昕隆实业有限公司等单位的大力支持和资助。在各冶金院校和相关钢铁企业积极参与支持下，工程相关工作正在稳步推进。

征程万里，重任千钧。做好专业科技图书的传承传播，正是钢铁行业落实习近平总书记给北京科技大学老教授回信的重要指示精神，培养更多钢筋铁骨高素质人才，铸就科技强国、制造强国钢铁脊梁的一项重要举措，既是我国钢铁产业国际化发展的内在要求，也有助于我国国际传播能力建设、打造文化软实力。

让我们以党的二十大精神为指引，以党的二十大精神为强大动力，善始善终，慎终如始，做好工程相关工作，完成行业知识传承传播的使命任务，支撑中国钢铁工业高质量发展，为世界钢铁工业发展做出应有的贡献。

中国钢铁工业协会党委书记、执行会长

2023 年 11 月

金属矿深部绿色智能开采系列教材
编 委 会

主　编　冯夏庭

编　委　王恩德　顾晓薇　李元辉

　　　　杨天鸿　车德福　陈宜华

　　　　黄　菲　徐　帅　杨成祥

　　　　赵兴东

金属矿深部绿色智能开采系列教材
序　言

新经济时代，采矿技术从机械化全面转向信息化、数字化和智能化；极大程度上降低采矿活动对生态环境的损害，恢复矿区生态功能是新时代对矿产资源开采的新要求；"四深"（深空、深海、深地、深蓝）战略领域的国家部署，使深部、绿色、智能采矿成为未来矿产资源开采的主趋势。

为了适应这一发展趋势对采矿专业人才知识结构提出的新要求，依据新工科人才培养理念与需求，系统梳理了采矿专业知识逻辑体系，从学生主体认知特点出发，构建以地质、测量、采矿、安全等相关学科为节点的关联化教材知识结构体系，并有机融入"课程思政"理念，注重培育工程伦理意识；吸纳地质、测量、采矿、岩石力学、矿山生态、资源综合利用等相关领域的理论知识与实践成果，形成凸显前沿性、交叉性与综合性的"金属矿深部绿色智能开采系列教材"，探索出适应现代化教育教学手段的数字化、新形态教材形式。

系列教材目前包括《金属矿山地质学》《深部工程地质学》《深部金属矿水文地质学》《智能矿山测绘技术》《金属矿床露天开采》《金属矿床深部绿色智能开采》《井巷工程》《智能金属矿山》《深部工程岩体灾害监测预警》《深部工程岩体力学》《矿井通风降温与除尘》《金属矿山生态-经济一体化设计与固废资源化利用》《金属矿共伴生资源利用》，共13个分册，涵盖地质与测量、采矿、选矿和安全4个专业、近10个相关研究领域，突出深部、绿色和智能采矿的最新发展趋势。

系列教材经过系统筹划，精细编写，形成了如下特色：以深部、绿色、智能为主线，建立力学、开采、智能技术三大类课群为核心的多学科深度交叉融合课程体系；紧跟技术前沿，将行业最新成果、技术与装备引入教材；融入课程思政理念，引导学生热爱专业、深耕专业，乐于奉献；拓展教材展示手段，采用全新数字化融媒体形式，将过去平面二维、静态、抽象的专业知识以三维、动态、立体再现，培养学生时空抽象能力。系列教材涵盖地质、测量、开采、智能、资源综合利用等全链条过程培养，将各分册教材的知识点进行梳理与整合，避免了知识体系的断档和冗余。

系列教材依托教育部新工科二期项目"采矿工程专业改造升级中的教材体系建设"（E-KYDZCH20201807）开展相关工作，有序推进，入选《出版业"十四五"时期发展规划》，得到东北大学教务处新工科建设和"四金一新"建设项目的支持，在此表示衷心的感谢。

主编　冯夏庭

2021 年 12 月

前　言

　　习近平总书记在 2016 年全国科技创新大会、两院院士大会与中国科协第九次全国代表大会上的讲话指出：向地球深部进军是我们必须解决的战略科技问题。地球深部蕴藏着丰富的矿产资源，随着浅表矿产资源开采殆尽，深部矿产资源开采成为未来矿产资源开采的必然趋势。伴随着开采深度的增加，开采过程中高地应力、高井深、高地温和强开采扰动等复杂开采环境极易诱发岩爆、大变形和大体积塌方等工程灾害，严重制约着深部资源开采效率，降低深部开采作业的安全性，影响深部资源开采的经济效益。因此，深部金属矿产资源的安全高效开采成为金属矿产资源开采的关键问题。

　　相对于浅部开采，深部金属矿床开采过程中，面临着更多严峻挑战。推进智能化建设是化解深部开采风险的必由之路。机械化换人、自动化减人到智能化无人开采，都需要将金属矿床地下开采相关理论和技术进一步深化，将智能技术融入凿岩、装药、通风、运搬、运输、提升、充填等深部开采工艺之中，将人工智能、大数据分析应用到开采过程地质、测量、采矿设计、施工以及开采过程岩体响应监测、生产运营等诸多环节，从本质上为深部开采提供安全保障。

　　绿水青山就是金山银山，深部开采要走绿色开采之路。人类社会的进步离不开矿产资源的保障。改变矿业先开发后治理的理念，以绿色开采为引领，建立矿产资源开发与环境保护和谐共存的开发模式，生产出高质量、低成本的矿产品，使矿业这座金山银山无痕地融入绿水青山，开发新的金山银山的同时，创造更美的绿水青山。

东北大学解世俊教授于 1979 年出版了教材《金属矿床地下开采》，1984 年完成修订再版。该教材承袭苏联教材体系，结合我国矿业特征，进行了深度融合和凝练，加入了新中国成立后三十年矿业开发积累的经验和技术。全书知识体系完整，条理清晰，结构合理，语言精练，是一部金属矿床开采的经典教材，被国内多所高校所采用，培养了大量采矿工程专业科研、技术与管理人员。随着技术进步和时代发展，金属矿床地下开采过程中淘汰了一些老旧装备，以及一些劳动强度大、效率低的开采方法和技术，也引进了很多先进的技术与装备，发明和创造了一些新的开采技术。为了适应当前金属矿床开采的"深部、绿色、智能"三大主题，本书以《金属矿床地下开采》（第 2 版）为基础，保留了原书的知识体系，优化了章节结构，增加了深部开采、绿色开采和智能开采元素，编写成本书，以紧密结合技术进步和服务生产实际，更好地服务于采矿工程专业的教学。

在内容上，本书增加了深部开采、绿色开采、智能开采相关基础知识。此外，将全书各部分进行梳理，建立了各知识点的工程背景和问题导入，使学生不仅知其然，知其所以然，而且知道学了有什么用、能解决什么工程问题。在编写过程中，将大部分插图进行了三维可视化处理，部分工艺和技术关联了相关视频、动画。通过融媒体等技术，学生可以直接进行扫码浏览，提升学生对关联知识的掌握。希望通过对矿产资源开发理念的阐释，以及对现代先进采矿技术的阐述，能够让学生更深刻、全面地了解矿业工程专业，乐于深耕一线，学以致用，进而热爱专业，为行业发展做出贡献。

本书由东北大学深部金属矿山安全开采教育部重点实验室徐帅、李元辉、安龙、姜海强编写。全书编写工作安排为：徐帅负责全书设计、内容汇编、知识逻辑梳理，具体负责第三篇和第四篇的编写。李元辉负责全书统筹，具体负责绪论部分、第一篇部分内容的编写。安龙负责第一篇和第二篇的编写。姜海强负责第一篇中的绿色开采、第三篇中地压管理中充填基础知识、第四篇充填采矿法中的基本工艺内容编写。参与本书编写的还有李坤蒙副教授，张豪、李章超、郭玟志、朱国军、程海、李润然、杨正明、马骏、黄梦龙等研究生，他们对全书的插图和三维模型进行了绘制和建模。

本书编写过程中，丛书主编冯夏庭院士和编委会多次组织教材编写讨论，提出很多宝贵意见；东北大学教务处和资源与土木工程学院对本书出版给予了支持。在此表示衷心感谢。

由于编者水平所限，书中不妥之处，敬请读者批评指正。

编　者

2022 年 8 月

目　　录

第一篇　金属矿床地下开采总论

第二篇　矿床开拓系统

第三篇　金属矿床开采过程

第四篇　典型采矿方法

绪　论

0.1　矿业重要性

百业矿为先，矿产资源（mineral resources）是发展国民经济、保障国家安全的物质基础。统计表明，我国 90% 以上的能源、80% 以上的工业原料、70% 左右的农业生产资料以及 30% 的饮用水均来自矿产资源，每年投入国民经济运行的矿物原料超过 50 亿吨。因此，矿产资源在很大程度上决定着社会生产力的发展水平和社会变迁。从石器时代到青铜器时代、铁器时代，再到目前信息时代，从木柴的燃烧到煤、石油、核能的利用，人类社会生产力的每一次巨大进步，都伴随着矿产资源利用水平的巨大飞跃。矿产资源的开发利用程度是社会发展水平的重要标志，是衡量一个国家经济发展水平和科学技术水平的重要尺度。

矿产资源是矿业生产的劳动对象。矿业（mining industry）是指在国民经济中以矿产资源为劳动对象，从事能源、金属、非金属及其他一切矿物资源的勘查、开采、选冶生产活动的产业。矿业为现代化工业的发展提供了必要的物质基础。在我国目前的国民经济和社会经济发展中，矿业的地位和作用体现在以下几个方面：

（1）矿业对经济稳定发展具有支柱作用。人类生存和发展所需的多种物质和能源，主要依赖有机的农业产品和无机的矿业产品。矿业以矿产资源为开采对象，其产品又成为后续产业的物质基础。尽管矿业和农业这两个基础产业部门在经济发达国家的国民生产总值中只占 4.5%，但支持了占产值 95.5% 的其他产业。

（2）矿业是国民经济发展中的先行产业。矿业同农业一样，既表现了基础性，又表现出明显的先行性。基础性表现为矿业的开发，包括从勘探、储量圈定、设计、施工、基建到达产，均需要较长的准备周期；先行性体现在矿业为矿产资源开采、加工和利用的第一道工序。因此，行业发展中需要先行布局。

（3）矿业是支持我国经济发展和社会进步不可缺少的行业。新中国成立以来，在党和国家领导人"开发矿业"的鼓励下，我国的矿产资源开发取得了巨大的成绩，矿产资源供给能力取得了长足进步，但部分矿产资源，特别是关键性矿产资源的供给能力小、保障程度不足，尚需要借助国际市场进行调配。因此，国际市场的动荡与变化，极易影响我国经济的健康发展。加大国内矿产资源开发利用的水平，提高矿产资源的保障能力，对我国经济社会的健康发展具有重要意义。

0.2　矿产资源的特征

与其他自然资源相比，矿产资源有其显著的特点，主要表现在：

（1）矿产资源的不可再生性。矿产资源是在地球几十亿年的漫长历史过程中，经过各种地质作用形成的，一旦被开采利用，在人类历史进程中就难以再生。在一定的技术经济条件下，有经济价值的矿产是有限的。在利用已有矿产资源的同时应"开源、节流"。所谓"开源"就是加强对已知矿产形成及分布规律的研究，找寻更多的矿产资源。"节流"即对已知矿产资源的节约、保护、合理开发和利用。

（2）矿产资源分布的空间不均衡性。地球上成矿活动的差异，加上成矿物质在地壳内分布不均以及成矿地质条件的制约，导致矿产资源分布的不均衡性十分突出。例如，在29种主要金属矿产中，有19种矿产资源储量的3/4集中在5个国家，如南非的金矿、铬铁矿等5种矿产资源储量占世界总储量的50%以上；中国的钨、锑占世界总储量的50%以上，中国的稀土资源占世界总储量的90%以上；能源矿产中的煤主要集中在中国、美国和俄罗斯，占世界总储量的70%以上；石油主要集中在海湾国家；智利的铜矿资源量列世界之首。

（3）矿产资源概念的可变性。在自然界，矿产资源是以各种形态地质体（矿床或矿体）的形式存在的，只有在技术经济条件适合的情况下，矿床才能被开发利用。换句话说，矿床不仅是一个地学概念，更是一个技术概念，随着技术经济条件的变化，矿床的概念也会发生变化。科学技术是不断进步的，社会经济也是不断向前发展的，很多原来被认为不是矿床的地质体正逐渐成为可供人类开发利用的矿床。矿产资源的可变性进一步导致了矿产资源在数量上的不确定性。由于界定矿床的技术经济条件在不断变化，因此矿产资源在数量上总是处在动态变化之中。

（4）矿产资源赋存状态的复杂多样性。矿产资源只有少部分出露地表，绝大多数隐藏在地下。矿体的形态、产状及其与围岩的关系等因素千变万化，因此，寻找、探明矿床需要进行大量的地质调查和矿床勘探工作。开采过程中，面对复杂多样的矿产资源，随时可能发生预想不到的变化。因此，探矿和采矿工作具有很大的风险性。随着生产力水平的提高，采矿速度不断加快，近地表的矿产资源日益减少，找矿任务也日益艰巨，开采、冶炼的条件越发困难和复杂。

（5）矿产资源具有多组分共生的特点。矿产资源主要以矿床形式存在于地壳中。由于不少成矿元素地球化学性质的近似性和地壳构造运动、成矿活动的复杂多期性，自然界单一组分的矿床很少，绝大多数矿床具有多种可利用组分共生和伴生的特点。此外，同一地质体或同一地质构造内，也可能蕴藏着两种或更多的矿体。因此，在矿产资源的开发利用中，必须强调综合开发、综合利用。

0.3　我国金属矿产资源的特征

（1）用量大的大宗矿产储量少，稀有金属、稀土金属矿产资源相对丰富。我国铁矿按金属量折算，位于俄罗斯、澳大利亚、加拿大、巴西之后，居世界第5位；锰矿储量在世界上占第6位；铝土矿和铜矿储量居世界第7位。钨矿保有储量是国外钨矿总储量的3倍，锑矿保有储量占世界锑矿储量的40%以上。稀土金属资源更是丰富，仅内蒙古白云鄂博一个矿床的储量就相当于国外稀土总储量的4倍。

（2）金属矿产资源中，贫矿多，富矿少，开采难度大。我国铁矿石保有储量中，贫铁矿占了 97.5%，而含铁平均品位在 55% 左右能直接入炉的富铁矿储量只占 2.5%；锰矿储量中，贫锰矿占到了 93.6%。铜矿平均品位只有 0.87%，品位大于 1% 的铜储量约占全国铜矿储量的 35.9%，在大型铜矿中，品位大于 1% 的铜储量仅占 13.2%。我国铝土矿的质量较差，加工困难、耗能大的水硬铝石型矿石占全国总储量的 98% 以上。

（3）伴生矿产资源多，单一矿种少，选矿分离富集难度大。我国独特的地质环境导致形成大量多组分的综合性矿床。例如，我国具有共生有益组分的铁矿石储量，约占全国储量的 1/3，伴共生有益组分有钒、钛、铜、铅、锌等 30 余种。我国铅锌矿床普遍共伴生有铜、铁、硫、银、金等元素，尤其是银，许多矿床成了铅锌银矿或银铅锌矿，其储量占全国银储量的 60% 以上。我国 900 多个铜矿床中，单一矿种仅占 27.1%，共伴生矿却占了 72.9%。我国金矿总储量中，伴生金储量占了 27.9%。钼作为单一矿产的矿床，其储量只占全国总储量的 14%，作为主矿产还伴生有其他有用组分的矿床，其储量占全国总储量的 64%，铂族金属和钴的产量绝大部分来自金川铜镍矿。

（4）金属矿产分布具有明显的区域性，具备建设世界级超大型矿产基地的条件。我国金属矿产储量主要集中在大、中型矿床中，拥有一批世界级的超大型金属矿床。内蒙古白云鄂博稀土-铁-铌矿床，拥有铁矿储量 9.2 亿吨、稀土氧化物 6000 多万吨；四川攀枝花钒钛磁铁矿拥有铁矿 27 亿吨、钛金属 1.4 亿吨；甘肃金川铜镍硫化物矿床，拥有 500 多万吨镍、350 万吨铜；湖南柿竹园钨锡钼多金属矿所含的金属总量超过 100 万吨，其中钨 70 万吨、铋 26 万吨、钼 9 万吨；湖南锡矿山是我国闻名中外的超大型锑矿，锑储量达 80 多万吨；云南金顶铅锌矿铅锌储量达 1200 万吨；甘肃西成铅锌矿田累计探明铅锌 1300 万吨；陕西金堆城钼矿，钼储量近百万吨；河南栾川钼矿田的上房沟、三道庄和南泥湖三个矿床合计储量达 200 多万吨。这些中大型金属矿床聚集区域，为建设我国大型金属矿产资源保障基地提供了条件。

0.4　矿产资源开发

0.4.1　露天开采

露天开采（open pit mining）是人类最早开发利用矿产资源的方式，最初是开采矿床的露头和浅部富矿。19 世纪末使用动力挖掘机以来，露天开采技术迅速发展，露天矿的规模越来越大。随着开采技术的发展，适于露天采矿的范围越来越大，可用于开采低品位矿床和某浅部地下开采过的残矿。

露天开采随着生产进行，露天采场逐渐暴露出采深增大、开采条件恶化、矿山安全隐患增多、生产成本增大等问题，严重制约矿山可持续发展。我国现有的大中型露天矿主要建于 20 世纪 50~60 年代，露天矿山寿命大都为几十年，随着开采年限增加，开采深度逐渐加大，露天矿山陆续转为地下开采，因此，未来地下开采比重势必逐渐增大。

0.4.2　露天转地下开采

露天开采因产能大、效率高、工作条件好、开采成本低等原因，被广泛应用于开采浅埋矿体或地表有出露的大埋深矿体，但露天开采受经济合理剥采比限制，当开采达到一定深度后，需转为地下开采。据统计，随着采深下降，预计在未来的 10～15 年间绝大部分露天开采的矿山都将转入地下开采阶段。

露天转地下开采（open pit transfer to underground mining）是指当矿床覆盖层转薄而延伸较大时，上部先用露天开采，下部转用地下开采的方法。露天转地下开采过程中露天产量逐渐减少，地下产量逐渐增加，直至露天矿回采结束，地下矿达到设计生产规模，这段时间称为露天转地下过渡期。过渡期的开采方案和技术，要求保持过渡期内矿山产量平稳、安全开采、过渡周期短和投资省。露天转地下开采，要考虑过渡期回采方案、露天转地下的开拓系统和开采技术。

0.4.3　地下开采

当矿床埋藏地表以下一定深度，采用露天开采会使剥离系数过高，经过技术经济比较，认为采用地下开采合理时，则采用地下开采方式。地下开采（underground mining）是指从地下矿床的矿块里采出矿石的过程，通过矿床开拓、矿块的采准、切割和回采四个步骤实现。

地下开采时，需要从地表向地下掘进一系列井巷通达矿体，使地表与矿床之间形成完整的运输、提升、通风、排水、行人、供电、供水等生产系统，这些井巷的开掘工作称为矿床开拓；通过矿床开拓，形成了地下开采的提升、运输、通风、排水等生产系统。目前金属矿床地下开拓的方法，仍以竖井开拓为主。近年来，由于广泛采用无轨自行设备，矿床埋藏深度不大的新建中小型矿山，几乎全部采用斜坡道开拓方法，用铲运机、自卸卡车或带式输送机运输矿石；当矿床埋藏较深但不超过 500～600m 时，新矿山多采用竖井提升矿石，斜坡道运送人员、材料及设备的开拓方法；当矿体埋藏很深或经技术改造的老矿山，主要采用竖井开拓，各生产阶段用辅助斜坡道连通，以便各种无轨自行设备运行。

在采矿方法方面，各国都根据各自矿产资源赋存条件和工艺技术与采掘设备发展情况，在长期的生产实践中，形成了各自的采矿方法及其回采工艺特点。例如，美国以房柱法和阶段自然崩落法为主，这是由该国大型铜、铝和钼矿床的地质条件决定的；加拿大魁北克北部、安大略及曼尼托巴等地区矿岩均为稳固的急倾斜厚矿体，适合用分段凿岩的阶段矿房法，而在条件复杂、开采深度很大的急倾斜矿体中，则广泛使用充填采矿法；瑞典铁矿主要使用无底柱分段崩落法，而其他多数有色金属矿山则应用充填采矿法；法国洛林铁矿区属水平中厚矿体，其储量占该国总储量的 94%，这种条件最适合采用房柱采矿法。由于我国金属矿床种类繁多，选用的采矿方法也千差万别。开采急倾斜薄矿脉广泛采用留矿采矿法；开采顶板稳固的缓倾斜矿体，应用全面法和房柱法；开采倾斜与急倾斜中厚以上的矿体，应用分段崩落法。为了提高矿石回采率，防止围岩和地表移动，近年来充填采矿法的应用越来越多。

凿岩爆破方法仍是地下开采的主要落矿手段。随着凿岩设备的进步，国内外广泛采用大直径深孔代替中深孔，取得了良好效果。同时，在地下开采中普遍使用微差爆破、挤压爆破和光面爆破等新技术，显著地改善了爆破质量。

采场运搬方法主要向无轨自行装、运、卸设备（如铲运机、自卸卡车等）的方向发展，这是世界各国地下开采的主要发展趋势。我国地下金属矿山，大中型矿山多采用铲运机进行运搬，部分小型矿山仍沿用电耙运搬矿石。

0.4.4　深部开采

关于向地球深部进军，习近平总书记这样说："从理论上讲，地球内部可利用的成矿空间分布在从地表到地下 1 万米，目前世界先进水平勘探开采深度已达 2500～4000m，而我国大多小于 500m，向地球深部进军是我们必须解决的战略科技问题。"

随着浅部资源的日益枯竭，深部开采（deep mining）成为未来资源开采的必然趋势。据统计，未来 10 年内，我国三分之一的地下金属矿山开采深度将达到或超过 1000m，其中最大开采深度可达到 2000～3000m。如本溪龙新矿业有限公司思山岭铁矿探明的铁矿石储量为 24.84 亿吨，平均品位 31.19%，首采分段开采深度在 1200m，截至 2023 年，是亚洲第一的超大型深井铁矿。"十四五"期间，山东黄金的主要骨干矿山将陆续转入 1000～2000m 深部开采，如新城金矿规划设计的主竖井深度达到 1512m，三山岛金矿西岭矿区副井规划深度达到 1915m，截至 2023 年，将成为国内金属矿山深度最大的竖井。

深部开采过程中，随着采深增大，高应力、高井温、高井深复杂开采条件下极易诱发一系列的重大工程技术难题，主要体现在以下六个方面：

（1）深部高地应力场条件易引发岩爆、塌方、冒顶、突水等深部开采动力灾害，以及其他严重威胁深部开采安全的问题。

（2）随着地下岩层温度的增加，深井开采工作面气温升高导致工作面作业条件严重恶化，在持续高温条件下，人员的健康和工作能力将会受到很大的损伤，使劳动生产率大大下降。解决深井的高温环境问题，对保证深部地下开采的正常开展具有重要意义。

（3）随着开采深度的增大，矿井提升高度增加，不但使生产效率大幅下降、生产成本大幅增加，而且还会对生产安全构成严重威胁，因此，研发深井高效提升技术迫在眉睫。

（4）进入深部开采后，地应力增大，矿床地质构造、矿体赋存条件和岩体物理力学特性出现弱化、劣化，如弹性体变成塑性体或潜塑性体，开采技术条件和环境条件发生重大变化，浅部传统的开采工艺和技术已不再适用，需要对传统的采矿模式及其工艺技术进行根本变革。

（5）为了更好地应对不断恶化的深部开采条件和环境条件，从根本上保证深部开采的安全、提高采矿效率，必须发展遥控智能无人采矿技术。

（6）为了开发深部大量存在的低品位、贫细杂以及难选金属矿产资源，必须研究和开发安全、高效、低成本的采矿方法和新型高效的选矿工艺、技术和装备。

通过以上技术难题的解决，实现在深部开采动力灾害防控、连续化高效率采矿、无废采矿、生态采矿、智能采矿、全程本质安全采矿等方面取得重大突破，最终建成高度智能化和开采效率最大化的无人矿山。

0.4.5　智能开采

"智能开采"（intelligent mining）是综合利用传感器、自动化设备、通信、人工智能、虚拟现实等技术，通过对生产过程的动态实时监测和智能化的决策控制，使采矿决策和生产过程管理高度精细、可靠、准确，确保矿山生产处于最佳状态和最优水平，使矿山最终实现安全高效、绿色开采。

智能开采是指通过开采环境的智能感知、回采设备的智能调控与自主导航，实现回采作业的过程。通过自动化、智能化的技术手段，在工作面连续正常生产过程中，将工人从危险的采场解放到相对安全的巷道、硐室或地面，实现采场无人操作，甚至无人巡检，即工人不出现在采场或工作面内，无人化是资源开采的终极目标。智能化开采具有三项技术内涵：

（1）作业设备智能化：回采设备具有智能化的自主作业能力。

（2）作业环境实时感知：实时获取和更新作业环境和回采工艺数据，包括地质条件、矿岩变化、设备方位、开采工序等。

（3）作业设备与作业环境智能互馈：根据开采条件变化自动调控回采工序。

0.4.6　绿色开采

我国矿产资源的粗放型开采，对生态环境造成了一定的影响，制约了经济的可持续发展。具体表现在：

（1）开采能耗大、效率低、成本高。我国深部金属矿赋存形态复杂，受高地应力、高井深、高地温和爆破强扰动作用影响，深部开采采场结构参数小，深部开采机械化、自动化、智能化程度低，生产效率低、损失贫化率高。随着开采深度的增加，矿石提升和排水等需要的费用急剧上升，此外，深部开采工作面的高温环境会造成井下工人注意力分散、劳动效率降低。因此，应根据矿山矿床的赋存条件、矿岩的物理力学性质进行采矿方法优选、优化结构参数和合理布置开采顺序；在机械化方面，通过研发大型、液压、集成和无轨化机械设备，从而达到提高效率和降低劳动强度的目的；在无人化方面，通过遥感、信息与控制技术，研发无人作业模式，进而保障施工人员安全；在自动化方面，通过机电和电气自动化，从而完成人力难以实现的工作。

（2）固废排放量大、利用率低。我国金属矿产资源平均品位低，导致选矿难度大、成本高，选矿后产生的尾废量大。但同时，尾废的利用技术水平不高，利用途径有限，导致综合利用率偏低。据统计，2008 年之前的尾矿综合利用率不足 25%，2008~2018 年的尾矿综合利用率仅在 25%~30%。较低的尾废综合利用水平导致大量的留存尾矿，从 2009 年到 2013 年的 5 年时间里，我国尾矿年均排放量接近 15 亿吨。金属矿的无废开采主要有两种技术途径：一方面，要从源头减少尾矿和废石的排放，科学合理选择开采和选矿工艺，减少尾砂废石的产出；另一方面，提高尾矿和废石的综合利用率，借助先进的工艺，将其制作成建筑用砖、瓷砖等建筑类材料，或是用于复垦区和井下的充填材料。

（3）共伴生资源综合利用率低。我国矿产资源，尤其是金属矿资源的典型特征是单一矿产少、共伴生矿产多。目前全国开发利用的 118 个矿种中，有 87 种矿部分或全部来源于伴生矿产。据统计，我国矿产资源综合利用率仅为 20%~80%，还存在较大的提升空间。绿色开采被认为是突破现有资源、能源、环境的制约瓶颈，实现矿业未来可持续发展的必由之路。2018 年自然资源部相继发布了《有色金属行业绿色矿山建设规范》《黄金行业绿色矿山建设规范》《非金属矿行业绿色矿山建设规范》，为绿色矿山建设夯实了基础。

绿色开采（green mining）是一种全新的矿产资源开采模式，执行可持续发展的理念，即在矿产资源开发全过程中，实施科学有序开采，对矿区及周边生态环境扰动进行有效控制，实现矿区环境生态化、开采方式科学化、资源利用高效化、管理信息数字化和矿区社区和谐化。不同于传统的"高开采、低利用、高排放"，金属矿产资源绿色开采是实现"低开采、高利用、低排放"的开采技术，其内涵是避免金属矿开发造成生态环境的失衡，使资源利用与生态环境相互协调。

金属矿绿色开采的根本出发点是预防或尽量减少金属矿开采对环境的负面影响，并提高共伴生资源的综合利用，实现在矿产资源高效开发过程中，对生态环境的影响极小，实现社会、经济和环境三者协调发展。

金属矿绿色开采具备四个方面的内涵和特点：

（1）在开采理念上，坚持从源头消除或减少采矿对环境的影响，而不能先污染后治理；

（2）在技术上，采用先进的工艺设备和采矿方法，实现高回收率、低能耗、低贫损的目标；

（3）在设计上，通过最优开采顺序的调整，保护地下水，减缓地面沉降，减少尾矿、废石排放和资源的浪费，保护自然环境；

（4）在开采方式上，实行金属资源及共伴生资源同采、综合利用，使产品梯度深度增加，实现金属矿资源开采及相关产业均衡发展。

0.5　矿产资源开发理念

在毛泽东主席"开发矿业"题词 70 周年之际，中国矿业联合会在 2020 年提出了深刻认识矿业开发的重要意义，全面做好各项矿业工作，并指出：

（1）不忘初心、牢记使命，深刻认识矿业在新时代经济社会发展中的战略地位。党的十九大提出"我国社会主要矛盾已经转化为人民日益增长的美好生活需要和不平衡不充分的发展之间的矛盾""总任务是实现社会主义现代化和中华民族伟大复兴"。要解决这个矛盾和实现两个"百年"奋斗目标，一刻也离不开矿业。因此，全国矿业工作者要适应新时代要求，肩负起时代使命，发扬优良传统，扎扎实实工作，把矿业事业继续推向前进。

（2）提高认识、落实责任，处理好开发矿业与生态环境保护的关系。党的十九大把生态文明建设提升到了一个新的战略高度，生态文明建设和绿色发展是今后经济和社会发展的主旋律。因此，全国矿业工作者必须牢固树立和践行习近平总书记"绿水青山就是金山银山"的生态文明理念，坚持节约优先、保护优先、自然恢复为主的方针，正确处理资源开发与环境保护的关系。

（3）创新思路、提高标准，充分发挥科技进步在开发矿业中的决定作用。科技是第一生产力，创新是引领发展的第一动力。重塑矿业开发的新形象，实现矿业绿色可持续发展，关键就是要坚持创新驱动，要通过采用先进的绿色工艺技术和智能化的装备，实现矿产资源开采与利用方式的优化升级，实现安全环保、节约资源、智能高效、文明和谐的矿业绿色发展，实现人与人、人与社会、人与自然的协调发展、良性互动。

（4）拓展视野、提高站位，准确认识开发矿业在国际产能合作、构建人类命运共同体进程中的定位和任务。矿产资源分布的不均衡性决定了没有一个国家能够完全依靠国内资源满足自身发展的需要，只有全球化才能实现矿产资源最佳配置。因此，全体矿业工作者必须拓展全球视野，树立新时代"两个市场、两种资源"观念，积极参与矿产资源领域的国际合作，通过互通有无、合作共赢，建设矿业命运共同体，为推进世界矿业经济的共同繁荣和健康发展不懈努力。

（5）立足国内、放眼世界，正确把握国内矿产资源开采与全球化资源供给的关系，确保金属矿产资源的供给安全。全球经济一体化是未来世界各国经济发展的趋势。但是在经济全球化的过程中，区域和国家间的一些局部冲突，势必会拉升金属矿产资源从生产、运输、装卸等环节的紧张，进而影响到金属矿产资源正常供给。特别是当前我国铁、铜、钴、镍等多种金属矿产资源对外依存度超过 80%，一旦出现金属矿产资源供给不足，势必影响我国经济发展。因此，立足国内金属矿产资源开发，提升国内金属矿产资源保障能力，提高金属矿产资源开采的能力和技术水平，具备快速应对国际形势变化的能力和供给弹性，才能更好地放眼世界，统筹配置和利用全球化的矿产资源。

第一篇

金属矿床
地下开采总论

1 金属矿床的工业特征

本章课件

本章提要

　　本章主要介绍金属矿床的特性以及与其他固体矿产资源的差异性，明确了金属矿床的种类以及常见的矿体赋存特征，详细讲述了金属矿床的分类依据、具体类别以及影响金属矿床开采的矿岩力学性质。结合当前地下金属矿床开采的发展趋势，系统阐述了金属矿深部开采的环境特征以及其所带来的挑战。

1.1　矿岩划分

　　品位（grade）是指矿石（或选矿产品）中有用成分或有用矿物的含量。品位是矿石和选矿产品的主要质量指标，直接影响到选矿效率。大多数矿石的品位以有用成分（元素或化合物）或有用矿物含量的质量百分比（%）表示。原生贵金属矿石的品位，以每吨矿石（或精矿、尾矿等）中含有的金属（金、银、铂等）质量（g/t）表示；砂矿和某些特种非金属矿品位，则以每立方米矿石中包含有用成分或有用矿物的质量表示，如砂金矿用克每立方米（g/m^3）表示，金刚石、铂等砂矿用毫克每立方米（mg/m^3）表示，云母矿和金红石砂矿等用千克每立方米（kg/m^3）表示；液态盐类矿产品位以每升卤水中含有有用成分的质量（g/L）表示。

　　边界品位（cut-off grade）是矿产工业要求的一项内容，是计算矿产储量的主要指标，是区分矿石与废石的临界品位，即圈定矿体时单位矿样中有用组分的最低品位。矿床中高于边界品位的块段为矿石（ore），低于边界品位的块段为废石（waste rock）。工业品位（industrial grade）一般指在现有技术经济条件下，能够为工业利用提供符合要求的矿石的最低平均品位。只有矿段或矿体达到工业品位才能作为工业储量，从而被设计和开采。由此可见，被划分成矿石的矿体，只有达到工业品位，才能被开采利用。

　　矿石和废石的概念是相对的，是随着经济的发展、矿山开采和矿石加工分离技术的提高而变化的。根据《岩金矿地质勘查规范》（DZ/T 0205—2002），我国岩金矿床最低工业品位为 2.5~4.5g/t，边界品位为 1~2g/t，到 2020 年，新修订的《岩金矿地质勘查规范》（DZ/T 0205—2020）规定，最低工业品位为 2.2~3.5g/t，边界品位为 0.8~1.0g/t。由此可见，在 2002 年之前，边界品位在 1g/t 以下的矿脉被视为废石；2020 年后，边界品位在 0.8g/t 以上的矿脉即称为矿石。一般地讲，划分矿石与废石的界限取决于下列因素：国家的技术经济政策、矿床的埋藏条件、采矿和矿石加工的技术水平、地区的技术经济条件等。

综上所述，地壳里面的矿物集合体中大于边界品位的是矿石，低于边界品位的是废石。矿石的聚集体叫作矿体（orebody）。矿床（mineral deposit）是矿体的总称，对某一矿区而言，其可由一个或若干个矿体组成。

1.2 金 属 矿 床

作为提取金属成分的矿石，称为金属矿石。

根据所含金属种类不同，金属矿石可分为贵重金属矿石（金、银、铂等）、有色金属矿石（铜、铅、锌、铝、镍、锑、钨、锡、钼等）、黑色金属矿石（铁、锰、铬）、稀有金属矿石（钽、铌等）和放射性矿石（铀、钍等）。

按所含金属成分数目，金属矿石可分为单一金属矿石和多金属矿石。

按所含金属矿物性质、矿物组成和化学成分，金属矿石可分为：

（1）自然金属矿石：金属以单一元素存在于矿床中的矿石，称为自然金属矿石，如金、银、铂等。

（2）氧化矿石：这里指矿石矿物的化学成分为氧化物、碳酸盐或硫酸盐，如赤铁矿 Fe_2O_3、红锌矿 ZnO、软锰矿 MnO_2、赤铜矿 Cu_2O、白铅矿 $PbCO_3$ 等。

（3）硫化矿石：即矿石矿物的化学成分为硫化物，如黄铜矿 $CuFeS_2$、方铅矿 PbS、辉钼矿 MoS_2 等。

（4）混合矿石：含有前三种矿物中两种以上的矿石称为混合矿石。

按品位的高低，金属矿石可分为富矿和贫矿。以磁铁矿矿石为例，品位超过 55% 为平炉富矿，品位在 50%~55% 为高炉富矿，品位在 30%~50% 为贫矿。铜矿石的品位大于 1% 即为富矿，小于 1% 则为贫矿。

1.3 金属矿床的分类

金属矿床的矿体形状（shape）、厚度（thickness）及倾角（dip），对于矿床开拓和采矿方法的选择有直接影响。因此，金属矿床的分类，一般按其矿体形状、倾角和厚度三个指标进行分类。

1.3.1 按矿体形状分类

（1）层状矿床（图 1-1）。这类矿床多为沉积或变质沉积矿床。其特点是矿床规模较大，赋存条件（倾角、厚度等）稳定，有用矿物成分组成稳定，含量较均匀。多见于黑色金属矿床。

（2）脉状矿床（图 1-2）。这类矿床主要是指在热液和气化作用下，矿物质充填于地壳的裂隙中生成的矿床。其特点是矿床与围岩接触处有蚀变现象，矿床赋存条件不稳定，有用成分含量不均匀。有色金属、稀有金属及贵重金属矿床多属此类。

（3）块状矿床（图 1-3）。这类矿床主要是充填、接触交代、分离和气化作用形成的矿床。其特点是矿体大小不一，形状呈不规则的透镜状、矿巢、矿株等产出，矿体与围岩的界限不明显。某些有色金属矿床（铜、铅、锌等）多为块状矿床。

彩色原图

图 1-1　层状矿床

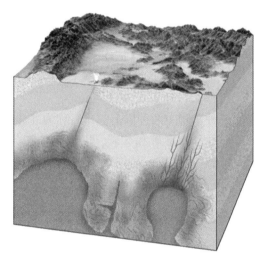

彩色原图

图 1-2　脉状矿床

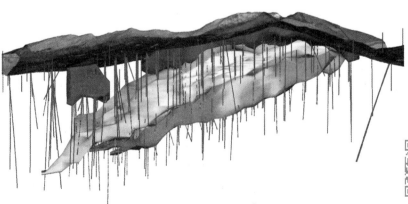

彩色原图

图 1-3　块状矿床

在开采脉状矿床和块状矿床时，要加强探矿工作，以充分回收矿产资源。

1.3.2 按矿体倾角分类

(1) 水平和微倾斜矿床，倾角小于 5°。

(2) 缓倾斜矿床，倾角为 5°~30°。

(3) 倾斜矿床，倾角为 30°~55°。

(4) 急倾斜矿床，倾角大于 55°。

按照倾角对矿体的划分，与采矿过程中采用的运搬方式紧密相关。如在开采水平和微倾斜矿床时，各种有轨或无轨运搬设备可以直接进入采场；在缓倾斜矿床中运搬矿石，可采用人力或电耙、皮带输送机等机械设备；在倾斜矿床中，可借助溜槽、溜板或爆力抛掷等方法辅助自重运搬矿石；在急倾斜矿床中，可利用矿石自重的重力运搬方法。此外，矿体倾角对于开拓方法的选择，也有很大的影响。

应该注意，随着无轨设备和其他机械设备的推广应用，按矿体倾角分类的界限，必然发生相应的变化。如国外近年来以 20° 和 55° 倾角作为界限进行矿体划分：

(1) 缓倾斜矿体（flat angle orebody），倾角小于 20°；

(2) 倾斜矿体（inclined orebody），倾角为 20°~55°；

(3) 急倾斜矿体（steep orebody），倾角大于 55°。

之所以采用 20° 为界限，主要是无轨设备在 20° 倾角内可以工作。

因此，按照倾角进行矿体划分的界限，不是固定不变的。随着设备性能和种类的改变，这种分类方法也应进行调整，以便更好地服务于矿体开采设计。

1.3.3 按矿体厚度分类

矿体厚度是指矿体上盘（hanging wall）与下盘（footwall）间的垂直距离或水平距离。前者叫作垂直厚度或真厚度，后者叫作水平厚度（图 1-4）。开采急倾斜矿床时，常用水平

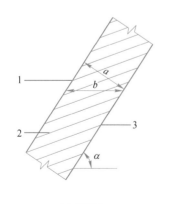

(a) 剖面图

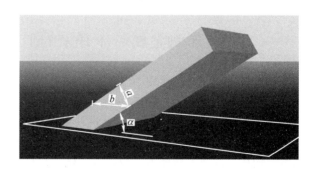

(b) 三维示意图

图 1-4 矿体的水平厚度和垂直厚度

1—矿体上盘；2—矿体；3—矿体下盘；α—矿体倾角

彩色原图

厚度，而开采倾斜矿床、缓倾斜矿床和水平矿床时，常用垂直厚度。二者之间关系如下式：

$$a = b\sin\alpha \tag{1-1}$$

式中，a 为矿体的垂直厚度，m；b 为矿体的水平厚度，m；α 为矿体的倾角，(°)。

根据矿体厚度不同，矿体划分如下：

（1）极薄矿体：厚度在 0.8m 以下。

（2）薄矿体：厚度为 0.8~4m。

（3）中厚矿体：厚度为 4~15m。

（4）厚矿体：厚度为 10~40m。

（5）极厚矿体：厚度大于 40m。

1.4　金属矿床的特征

（1）矿床赋存条件不稳定。矿体的厚度、倾角及形状均不稳定。在同一个矿体内，在走向方向或倾斜方向上，其厚度、倾角经常有较大的变化，且常出现尖灭、分枝复合等现象。这就要求有多种采矿方法，且采矿方法本身要有一定的灵活性，以适应复杂的地质条件。

（2）矿石品位变化大。在金属矿床中，矿石品位在矿体的走向及倾斜方向上，经常有较大的变化。这种变化有时有一定的规律，如随深度的增加，矿石品位变贫或变富；在矿体中经常存在夹石；有些硫化矿床的上部有氧化矿，使同一矿体产生分带现象。这些都对采矿提出特殊的要求，如按不同品种或不同品级进行分采、品位中和、剔除夹石以及重新确定矿体边界等。

（3）地质构造复杂。在矿床中经常有断层、褶皱、穿入矿体中的岩脉、破碎带等地质构造，这些都给探矿和采矿工作带来很大的困难。

（4）矿石和围岩的坚固性。多数金属矿床均有这个特点。因此，一般采用凿岩爆破方法来崩落矿石和围岩，这给实现综合机械化开采造成一定的困难。

（5）矿床的含水性。某些金属矿床大量含水，对开采有很大的影响。矿床含水量大，不仅要增加排水设备及设施，而且给回采工作带来很大的困难（如含水的碎矿石容易结块和堵塞漏斗，大量的含水会降低矿岩的稳固性等）。

1.5　影响金属矿床开采的矿岩物理力学性质

矿石和围岩的物理力学性质中，对矿床开采影响较大的有坚固性、稳固性、结块性、氧化性、自燃性、含水性及碎胀性等。

（1）坚固性。矿岩的坚固性是一种抵抗外力的性能，但它与矿岩的强度是两种不同的概念。强度是指矿岩抵抗压缩、拉伸、弯曲及剪切等单向作用力的性能；而坚固性所抵抗的外力，却是一种综合的外力，即在锹、镐、机械破碎、炸药爆炸等作用下的力。

坚固性的大小，常用坚固性系数 f 表示。它可以衡量矿岩的极限抗压强度、凿岩速度、炸药消耗量的大小目前国内常用矿岩的极限抗压强度来表示，即：

$$f = R/10 \tag{1-2}$$

式中，f 为坚固性系数；R 为矿岩的极限抗压强度，MPa。

（2）稳固性。稳固性是指矿石（体）或岩石（体）在空间允许暴露面积的大小和暴露时间长短的性能。影响矿岩稳固性的因素十分复杂，它不仅与矿岩的成分、结构、构造、节理状况、风化程度以及水文地质条件等因素有关，还与工程设计和开采过程有关（如巷道的方向及其形状、开采深度等）。

矿岩的稳固性，对采矿方法及地压管理方法的选择，均有很大的影响。根据矿石或岩石的稳固程度，可分为以下五种情况：

1）极不稳固：指掘进巷道或开辟采场时，不允许有暴露面积，否则可能产生片帮或冒落现象。在掘进巷道时，须用超前支护方法进行维护。

2）不稳固：在这类矿石或岩石中，允许有较小的不支护的暴露空间，一般允许的暴露面积在 $50m^2$ 以内。

3）中等稳固：允许不支护的暴露面积为 $50 \sim 200m^2$。

4）稳固：允许不支护的暴露面积为 $200 \sim 800m^2$。

5）极稳固：允许不支护的暴露面积在 $800m^2$ 以上。

稳固性和坚固性既有联系又有区别。一般在节理发育、构造破碎地带，矿岩的坚固性虽好，但其稳固性却大为下降。因此，不能将二者混同起来。

矿岩稳固性的确定，需要开展矿山岩体力学调查，通过岩体质量分级的方法，确定矿岩所属级别。根据级别划分，进而确定其允许暴露面积和自稳时间。

（3）结块性。结块性是指采下的矿石，在遇水和受压并经过一段时间后，又黏结成块的性质。一般可能使矿石结块的因素有：

1）矿石中含有黏土质物质，受湿及受压后黏结在一起；

2）高硫矿石遇水后，由于矿石表面氧化，形成硫酸盐薄膜，受压后联结在一起。

矿石的结块性，对放矿、铲装及运输等生产环节，均会造成很大的困难，甚至影响某些采矿方法的顺利使用。

（4）氧化性和自燃性。氧化性是指硫化矿石在水和空气的作用下，变为氧化矿石的性质。采下的硫化矿石，在地下或地面贮存时间过长，就会氧化。矿石氧化后，会降低选矿的实收率。

矿石自燃是指在自然条件下引起的矿石燃烧。有些矿岩氧化性极强，尤其松散状态下氧化更强烈，松散的矿岩可氧化引起自燃。矿岩自燃不仅会引起火灾、损坏设备和危害作业人员安全，恶化矿山环境，而且还将造成资源的重大损失。如高硫矿石（含硫在 18% ~ 20%）具有很强的自燃性。具有自燃性的矿石，对采矿方法选择有特殊的要求。

（5）含水性。矿石或岩石吸收和保持水分的性能，称为含水性。含水性随矿岩的孔隙度和节理而变化。它对放矿、运输、箕斗提升及矿仓贮存等均有很大的影响。

（6）碎胀性。矿岩在破碎后，碎块之间有较大的空隙，其体积比原岩体积增大，这种性质称为碎胀性。破碎后的体积与原岩体积之比，称为碎胀系数（或松散系数）。碎胀系数的大小，主要取决于破碎后矿岩的粒度组成和块度的形状。一般坚硬矿岩的碎胀系数为 1.2 ~ 1.5。

1.6　深部开采环境特征

深部岩体地质力学特点决定了深部开采与浅部开采的明显区别在于深部岩石所处的特

殊环境，即"三高一扰动"的复杂力学环境。"三高"主要是指高地应力、高地温、高井深，"一扰动"是指强烈的开采扰动。

（1）高地应力。进入深部开采以后，仅重力引起的垂直原岩应力通常就超过工程岩体的抗压强度（>20MPa），而由于工程开挖所引起的应力集中水平更是远大于工程岩体的强度（>40MPa）。同时，据已有的地应力资料显示，深部岩体形成历史久远，留有远古构造运动的痕迹，其中存有构造应力场或残余构造应力场。二者叠合累积为高应力，在深部岩体中形成了异常的地应力场。据南非地应力测定结果，3500~5000m的地应力水平达到95~135MPa。在如此高的应力状态下进行工程开挖，必将面临严峻挑战。

（2）高地温。根据实际测量，越往地下深处，地温越高。地温梯度一般在30~50℃/km不等，常规情况下的地温梯度为30℃/km。有些地区，如断层附近或导热率高的异常局部地区，地温梯度有时高达200℃/km。岩体在超出常规温度环境下，表现出的力学、变形性质与普通环境条件下具有很大差别。地温可以使岩体热胀冷缩破碎，而且岩体内温度每变化1℃，可产生0.4~0.5MPa的地应力变化。岩体温度升高产生的地应力变化对工程岩体的力学特性会产生显著的影响。

（3）高井深。矿山进入深部开采后，竖井深度增加，作为地下矿山生产的"咽喉"——深竖井的施工、井筒支护和提升设备选取面临挑战。由于井深的增加，深部采场矿石及废石提升的难度和成本均显著增加，深部矿井的充填与排水难度增大。

（4）采矿扰动。进入深部开采后，在承受高地应力的同时，大多数巷道要经受回采空间引起的强烈支承压力作用，使受采动影响的巷道围岩压力数倍，甚至近十倍于原岩应力，从而造成在浅部表现为普通坚硬的岩石，在深部可能表现出软岩大变形、大地压、难支护的特征；浅部的原岩体大多处于弹性应力状态，而进入深部以后则可能处于塑性状态，即由各向不等压的原岩应力引起的压、剪应力超过岩石的强度，造成岩石的破坏。

习　题

1　名词解释

（1）品位；（2）工业品位；（3）边界品位；（4）矿石；（5）废石；（6）坚固性；（7）稳固性；（8）碎胀性；（9）吸水性；（10）结块性；（11）自燃性。

2　简答题

（1）按照矿体形态，金属矿床如何划分？

（2）参照矿体倾角，金属矿床如何划分？

（3）按照矿体厚度，金属矿床如何分类？

（4）影响金属矿床开采的矿岩物理力学指标有哪些？

3　论述题

（1）金属矿床的工业特征有哪些，如何影响金属矿床的开采？

（2）深部开采环境的特征包括哪些因素，如何影响深部矿体的开采？

4　扩展阅读

［1］蔡美峰，薛鼎龙，任奋华.金属矿深部开采现状与发展战略［J］.工程科学学报，2019，41（4）：417-426.

［2］古德生，周科平.现代金属矿业的发展主题［J］.金属矿山，2012（7）：1-8.

［3］滕吉文，杨立强，姚敬全，等．金属矿产资源的深部找矿、勘探与成矿的深层动力过程［J］．地球物理学进展，2007（2）：317-334.

［4］李夕兵，姚金蕊，宫凤强．硬岩金属矿山深部开采中的动力学问题［J］．中国有色金属学报，2011，21（10）：2551-2563.

［5］古德生．地下金属矿采矿科学技术的发展趋势［J］．黄金，2004（1）：18-22.

［6］黄麟淇，陈江湛，周健，等．未来有色金属采矿可持续发展实践与思考［J］．中国有色金属学报，2021，12（3）：1-17.

2 金属矿地下开采图纸基础

本章课件

本章提要

　　在矿山企业筹建和正常生产过程中，矿山设计单位和矿山企业的采矿技术人员要完成各种设计文档的编写及设计图纸的绘制工作，这些图纸伴随着矿山生产的整个流程，与矿山的计划编制、设计、施工、验收、预算与决算密不可分。通常情况下，生产过程中涉及的采矿工程图纸主要有矿山地质图纸和采矿设计图纸两大类。

2.1 矿山图纸基础

2.1.1 平面图

　　在矿山生产过程中，中段水平探矿工程较多，其相应的实测资料也较多，因此，根据这些资料绘制的中段平面图成为矿山生产过程中的主要图纸，同时也是绘制其他采矿工程图纸的基础。测量人员通过井下测量工作，收集绘制矿图的资料，通过工程测绘，先绘制出测点，再根据测点的位置绘制出巷道轮廓。如图 2-1 所示，为某矿山实测的中段平面图。

　　在中段平面图中，给出了巷道和测点的位置。地质人员根据这些巷道中钻孔、刻槽和取样的分析结果，在图中绘制矿体的边界及主要的地质现象，如图 2-1 中探矿工程控制的矿体边界，用实线表示，由已知资料推断的矿体边界，用点划线或虚线表示。

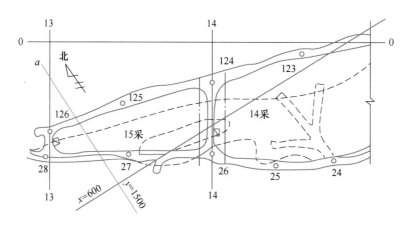

图 2-1　中段平面图

在图 2-1 所示的矿山实际生产中段平面图上，有指北线、坐标线、纵投影线、勘探线（剖面线）等基准线；有施工完毕的已设计但尚未施工的井巷工程；以及矿体、岩层、地质构造线等地质边界。其中，坐标线、勘探线和纵投影线是绘图和识图的基准线，基准线在每个中段水平投影图中的位置不变。根据矿体、井巷工程与基准线的相对关系，可以判断这些井巷工程位置及其之间的相互关系。如图 2-2 所示，上下中段的井筒距离基准线 0—0 的距离和位置均相同，说明该井是一条竖井，角度与水平面垂直。矿体在上中段距离基准线 0—0 较近，在下中段距离基准线 0—0 较远，说明矿体从上到下逐渐倾斜，并可以根据其水平距离之差和高差推断出矿体的倾角。

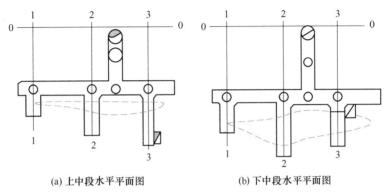

(a) 上中段水平平面图　　　　　　　(b) 下中段水平平面图

图 2-2　简化的中段平面图

矿图上用实线表示沿脉平巷和穿脉平巷，用固定的图例来表示一些井下建构筑物。通常情况下，中段平面图中的巷道线表示的是巷道腰线处（底板算起高 1m 处）两帮的轮廓。同理，矿体边界是在这个高度上矿体被水平面所切割的轮廓线。换句话说，中段平面图相当于矿体的水平剖视图。在中段平面图中实测工程用实线表示，设计工程用虚线表示。通常设计工程要用 3 条线来表示，即两帮和中心线，以便于施工。

2.1.2　剖面图

为了揭露矿体，在沿矿体走向方向上，每隔一定距离布置勘探线，在勘探线上安排探槽或钻孔等探矿工程，井下一般也要在原勘探线的位置上进行坑道探矿。根据这些探槽、钻孔及坑内巷道工程所揭露的资料绘制剖面图，以此来说明矿体形态的变化。图 2-1 所示中段平面图中 13—13、14—14 即表示剖面位置的勘探线。

在工程制图中，剖面图是假想用一个剖切平面将物体剖开，移去介于观察者和剖切平面之间的部分，对于剩余的部分向投影面所作的正投影图。因此，一般情况下，剖面图只绘制剖面形状和剖面所见内部构造。但是结合矿山实际情况，矿图中的剖面图则有所不同：探、采巷道所揭露的地质资料是绘制剖面图的依据；绘制好的剖面图又是布置采准巷道的必要资料。因此，对于平面图中未被剖切平面所切，但位于剖切平面附近的探采工程也要绘制到剖面图上。如图 2-3 所示，图中剖面线并没有切到天井，但工程上须将天井投影到图中，以便绘制出所见矿体的边界。投影到剖面图上的巷道，一般都采用实线绘制。

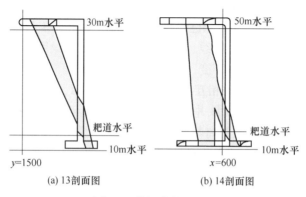

(a) 13 剖面图 　　　　　　　(b) 14 剖面图

图 2-3　勘探线剖面图

2.1.3　平剖面图转换

采矿工程设计中，经常需要根据已知平面图生成指定位置的剖面图，或根据剖面图生成指定位置的平面图。在讲述平、剖面图转化方法之前，首先需要弄清楚平、剖面图的空间对应关系。在图 2-1 中，13、14 表示勘探线；0—0 表示基线；$x = 600$，$y = 1500$ 表示坐标线。这些线在一个矿山中的位置是固定的，在不同的高程平面图中勘探线、基线、坐标网都是一样的。因此，这些线条可以作为阅读和绘制平、剖面图的基准线。采矿工程制图时可以将这些线均看作是与 z 轴形成的平面，图 2-1 中 13、14 勘探线对应图 2-4 中的勘探线剖面为 13 剖面和 14 剖面，图 2-1 中 0—0 基线对应图 2-4 中纵投影面 0—0′，$x = 600$ 的坐标线对应为 $x = 600$ 坐标面，上下中段对应着两个不同高程的平面。从图 2-4 可以看出，13 勘探剖面与上下两个平面图的交线都标记为 13 勘探线，13 勘探剖面与纵投影面的交线也标记为 13 勘探线，平面图中的 0—0′基线在 13 剖面中投影点为 0，下分段中的投影基

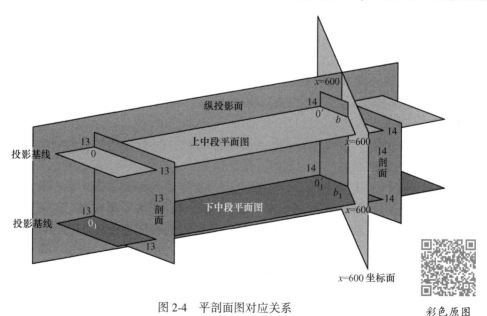

图 2-4　平剖面图对应关系

彩色原图

线 0_1—$0_1'$ 在 13 剖面中投影为点 0_1。因此，平面图中的基线 0—0'在剖面图中对应 0—0_1 基线；平面图中 $x = 600$ 的坐标线与 14 勘探线交于 b 点，下分段中 $x = 600$ 的坐标线与 14 勘探线交于 b_1 点，则 bb_1 就是 $x = 600$ 坐标线在 14 剖面中的投影，bb_1 代表 $x = 600$ 的坐标线。因此，平面图中以 $x = 600$ 坐标线为基准的所有距离，在剖面图中皆转化为以 bb_1 为参照的距离。

平、剖面图转换需要掌握如下对应关系：

（1）剖面图表示平面图中对应编号的勘探线，勘探线在纵投影图中仍然为勘探线。

（2）平面图中的基线在剖面图中对应为一竖向基线。平面图中的坐标线在剖面图中仍为坐标线，坐标线间距与剖面线和坐标线夹角有关。

（3）平面图中距离基线和距离坐标线的距离，在剖面图中转化为对应基线和坐标线的距离。

（4）剖面图中坐标线在平面图上对应为勘探线与该坐标线的交点；剖面图中距离坐标线的距离，在平面图上转化为以该交点为基点沿勘探线方向的距离。

掌握以上四条规律，学习平面图转化剖面图和剖面图生成平面图的方法。

（1）平面图生成剖面图。根据图 2-2 上下两中段平面图绘制 3—3 勘探线剖面图，绘图方法如下：

1）将 3—3 剖面线分别绘制在两张中段平面图上，两张图中的 3—3 剖面线与纵投影线 0—0 的交点为 a 及 a'，则 0—0 在 3—3 勘探线剖面图中对应的基线为 aa'。

2）先画出表示上下中段标高的水平线，再画出垂直水平线的竖线 0—0，与水平线交于 a、a'。

3）沿 3—3 剖面线在上下中段平面图中分别量取基点 a 和 a' 至巷道轮廓点和矿体边界点的距离，并依据所量取的距离，将这些点绘制在剖面图上相应的位置上。

4）按照沿脉巷道中测点的标高，确定沿脉巷道顶板线，绘制巷道断面。中段平面图中矿体边界是高于巷道底部 1m 处的矿体水平剖面的轮廓，矿体边界的点应该绘制在高于水平面 1m 处的位置。绘制出矿体边界点以后，根据巷道中揭露的地质资料和邻近剖面中矿体的变化，同时考虑矿体的变化规律，推断上下中段间的矿体边界。绘制结果如图 2-5 所示。

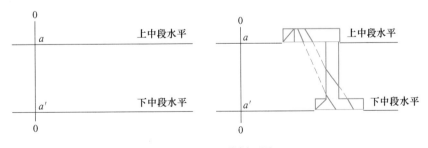

图 2-5　3—3 线剖面图

（2）剖面图生成平面图。在采矿设计中，除了上述的根据平面图绘制剖面图外，还经常需要根据剖面图反过来绘制某一水平的预想平面图。如在图 2-3 中设计 15 号采场的电耙巷道时，就需要首先绘制电耙巷道水平的预想平面图。绘制过程如下：

1）参照图 2-2 所示平面图中基准线、剖面线与坐标网，绘制预想电耙水平平面图的基准线、剖面线和坐标网。

2）由剖面图可知，$y=1500$ 的坐标线在平面图中对应 $y=1500$ 线与 13 勘探线交点 a，$x=600$ 的坐标线对应平面图中 $x=600$ 线与 14 线的交点 b。

3）13 剖面图中沿电耙水平线量取矿体、井巷到 $y=1500$ 的距离，在平面图中以 a 为基点，沿勘探线对应标出点 1、2。同理，在 14 剖面图中，以 $x=600$ 为基线，量取矿体、井巷的距离，在平面图中以 b 点为基点，沿勘探线方向展布点 1、2、3、4。

4）根据上下中段矿体的情况推测出矿体在电耙巷道水平的分布情况，顺次连接矿体边界，描绘出矿体分布。绘制结果如图 2-6 所示。

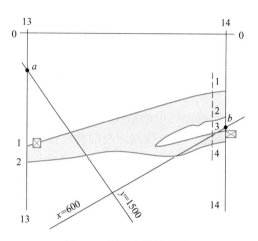

图 2-6   预想中段平面图

2.2   矿山开采基础地质图纸

（1）矿区地形地质图与综合地质图。矿区地形地质图是表征矿区地形和矿床地质特点的图件，通常以精度、比例尺符合要求的地形图为底图，将野外实测的各种原始地质编录资料，按其相应的坐标绘在底图上，连接各种地质界线绘制而成。此图一般由地质队提供，如图 2-7 所示。它是研究矿床赋存条件、成矿规律，合理布置生产勘探工程，进行矿

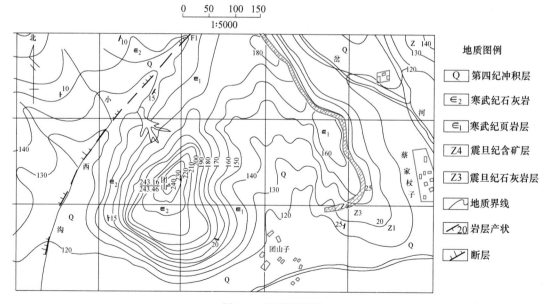

图 2-7   地质地形图

山设计建设及技术改造，编制矿山远景规划所必需的图件。比例尺一般为 1：500～
1：5000。图件中应有：坐标网、地形等高线、主要地物标志；地层、构造、岩浆岩等地
质界线；断层带、蚀变带、含矿带等的分布与编号；矿体的界线、产状以及不同矿石类型
的界线等。

（2）矿床地质剖面图。矿床地质剖面图是垂直矿床或主要构造走向，并反映矿床沿
倾向延伸变化情况及其成矿地质条件的图件，它是进行矿山总体设计，布置生产勘探工
程，确定采矿顺序以及编制其他综合地质图件或进行矿床预测的主要依据。矿床地质剖面
图应有：地形剖面线及方位；坐标线及高程；岩层、构造、岩体、蚀变围岩、矿体的界
线；图签、图例等。多数矿山是把矿床地质剖面图与矿床勘探线剖面图合并编制使用，其
内容则增添勘探工程、采掘工程以及采样的位置和编号、品位及不同矿石类型、夹石的分
布等（图 2-8）。

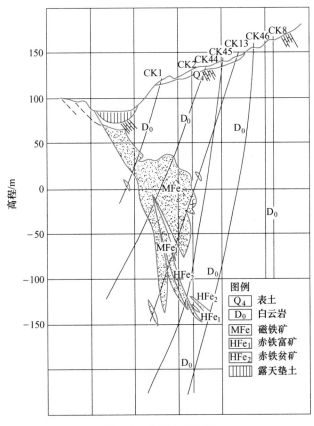

图 2-8　勘探线剖面图

（3）矿体纵投影图。矿体纵投影图是将勘探工程切穿矿体轴面的各个交切点，投影
到与矿体走向平行的投影面上，用以表示矿体纵向分布轮廓、不同勘探工程对矿体的控制
情况及其圈定储量的分布范围等的图件，适用于层状或脉状矿体。当矿体倾角大于 65°～
75°时，采用垂直投影面，称为矿体垂直纵投影图（图 2-9）；当矿体倾角平缓时，采用水
平投影面，称为矿体水平纵投影图。

矿体纵投影图是进行储量计算、编制采掘计划和远景规划的基础图件，同时还能检查

各级储量分布是否达到设计开采要求，勘探工程密度是否已控制了各级储量等。矿体纵投影图比例尺通常为1∶500~1∶1000。矿体纵投影图一般应有：地形线、坐标线、勘探线；各种探矿工程、采矿工程及其编号；矿体厚度及品位；钻孔岩芯采取率；不同矿石类型（或品级）、储量级别范围；主要岩层、断层破碎带及岩浆岩的界线等。

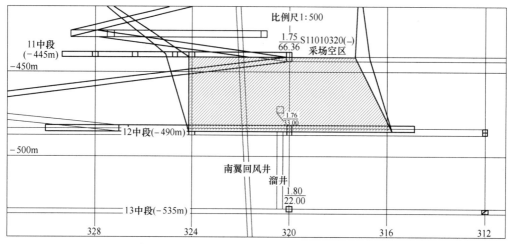

图 2-9　矿体垂直纵投影图

（4）开采阶段地质平面图。开采阶段地质平面图是将巷道原始地质编录资料按比例填绘在相应的阶段水平巷道实测平面图上，用来表示矿山地下开采阶段围岩、构造、矿体平面展布特征、矿化分布规律以及工程揭露情况等

彩色原图

的地质平面图件，它是生产矿山编制生产勘探设计、采掘技术计划，确定开采顺序，布置开采块段的重要依据。目前，我国颇多矿山将此图与阶段样品分布图合并编制，一般采用1∶200、1∶500和1∶1000的比例尺。开采阶段地质平面图应有：坐标网、导线点及标高；勘探线、探矿和采掘工程的位置及编号；岩层、岩体、矿体、蚀变围岩、构造的分布，产状及其符号或编号等。有些矿山把取样位置、编号、品位、厚度、矿石类型（或品级）等资料也填绘在此图上，如图2-10所示。

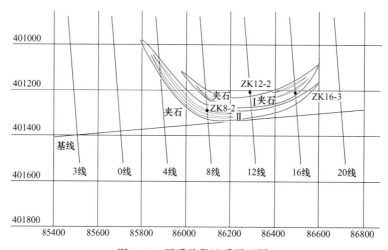

图 2-10　开采阶段地质平面图

（5）回采块段地质图。回采块段地质图是表征开采块段中围岩、构造、矿体变化特征的地质图件，主要突出回采块段中矿体与围岩界线、矿体的形状及产状、矿石类型（或品级）的分布、地质构造及围岩特征等（图2-11）。地下开采矿山则称其为采场地质图，它是研究回采块段矿体赋存地质条件、开采技术条件、进行采场设计、确定施工方向、计算矿石开采贫化率及损失率的必备地质图件。图纸比例一般为1：200、1：500。

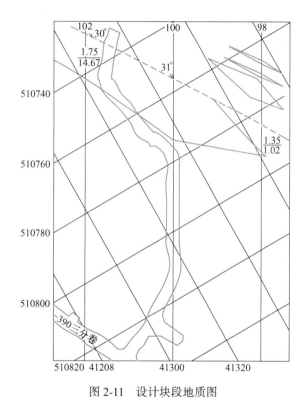

图2-11　设计块段地质图

2.3　矿山开采设计图纸

（1）中段平面图。中段平面图也称为阶段平面图，是地下开拓阶段的总体平面布置图，如图2-12所示。它是在阶段地质平面图的基础上，进行阶段运输巷道、采准巷道、通风巷道、矿石溜井、废石溜井、井底车场及有关采矿生产所需的各种硐室等工程布置，并对阶段平面图内各主要井巷工程控制点进行坐标计算。阶段平面图的主要内容有：坐标网及坐标值、指北方向标志、勘探线及编号；矿体及岩层界限、名称及代表符号；竖井、斜井、充填井、溜井的坐标、标高；井底车场的轮廓线及各种相应硐室的相对位置。

（2）井底车场平面图。井底车场是在井筒与石门连接处所开凿的巷道与硐室的总称。它是转送人员、矿岩、设备、材料的场所，也是井下排水和动力供应的转换中心。将井底车场内所有的巷道和环绕井筒的硐室用正投影的方法投影到一个平面上，并按照一定的比

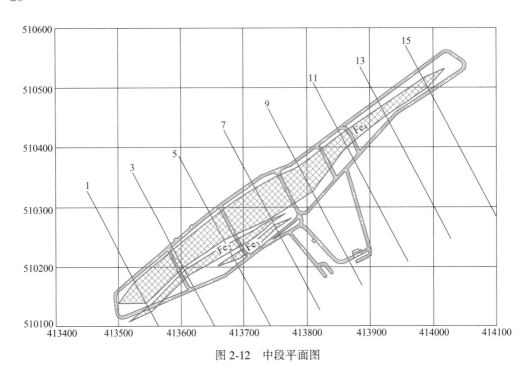

图 2-12 中段平面图

例绘制出的图纸称为井底车场平面图。井底车场的类型依据开拓系统的不同，有不同的布置形式，如图 2-13 所示为竖井井底车场平面图。

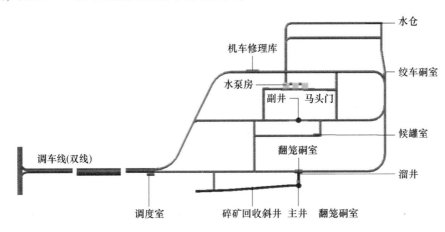

图 2-13 竖井井底车场平面图

（3）井巷工程断面图。描述地下工程巷道横断面的形状和尺寸的图纸称为巷道断面图，描述井巷工程的横断面的形状及提升容器和辅助设施的图纸称为井巷断面图。如图 2-14 所示，（a）为带水沟的三心拱断面图，（b）为不带水沟的三心拱断面图。

（4）采矿方法图。采矿方法是研究矿块的开采方法，包括回采工艺和采场结构两大方面的内容。因此，表示矿块开采工艺过程及采场结构的图纸称为采矿方法图。图 2-15 所示为进路充填采矿方法图。

（5）井上下对照图。井上下对照图是反映井下开采工程与地表的地形地物关系的图

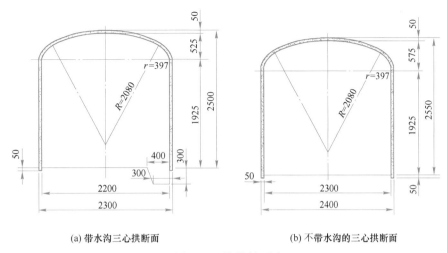

(a) 带水沟三心拱断面　　　(b) 不带水沟的三心拱断面

图 2-14　巷道断面图

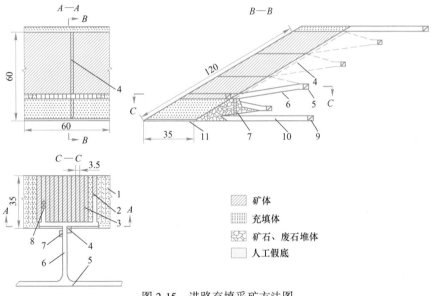

图 2-15　进路充填采矿方法图

1—已充填进路；2—炮孔；3—待开采进路；4—通风充填井；5—分段运输巷；6—分层联巷；
7—泄水井；8—崩落矿石；9—阶段运输巷；10—出矿穿脉；11—人工假底

纸，图纸内容有：地形等高线、地表河流、水体、积水区、主要建筑物、主要道路、井口、工业广场等地形地物；矿体露头线、断层构造线、钻孔位置、勘探线等地质及勘探工程信息；井下各开采水平的主要巷道位置和标高、采空区位置、地表塌陷影响范围等地下开采工程信息等（图 2-16）。利用井上下对照图，可以了解地面的地形、地物及其与井下巷道工程、采区的相互关系，便于地面建设和地下开采的规划和设计，以方便布置地表建筑物和留设保安矿柱，可供地质、测量、设计和采掘等部门使用。井上下对照图的比例尺与地形地质图一致，一般为 1∶5000 或 1∶2000。

（6）生产系统图。为了方便矿山生产管理，矿山各个部门都需要有专用的生产系统。

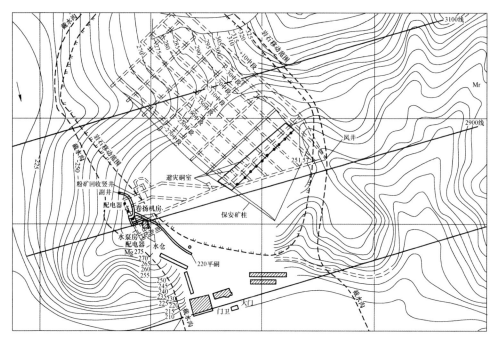

图 2-16　井上下对照图

为了描述各生产系统而绘制的纵投影图称为生产系统图（图 2-17）。正常生产的矿山需要提升系统、排水系统、供水系统、通风系统、压风系统、供电系统、通信系统、运输系统，以及为了安全生产需要绘制的避灾系统图等，均是在开拓系统投影图的基础上添加各种相关信息所绘制的。

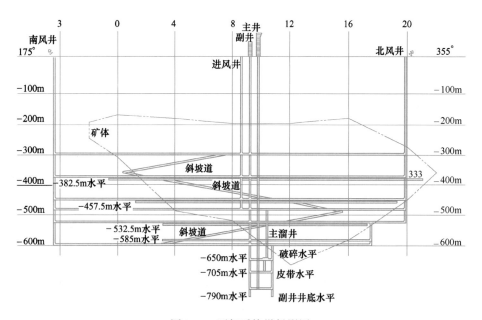

图 2-17　开拓系统纵投影图

（7）三维立体图。矿山三维立体图是展示矿床及其周围地质体、井下工程等在三维空间上形态、产状、空间位置等的图件，也是研究矿床空间展布规律，进行成矿预测和确定生产勘探区段的主要图件。一幅完整的矿床立体图除了表现矿床（体）及其周围的各种地质体外，还应标明方位，如图2-18所示为矿山三维开拓系统图。

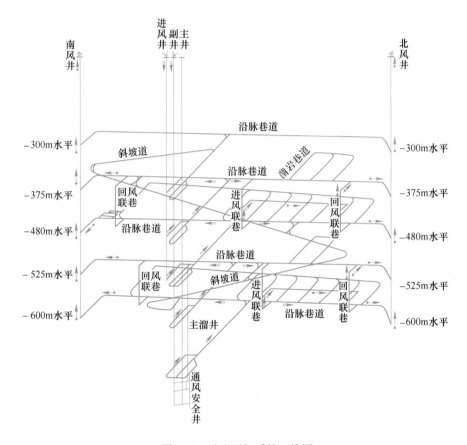

图 2-18 矿山开拓系统三维图

由上述常用的矿山地质图和采矿设计图纸可知，采矿工程图纸可归纳为三种基本类型：平面图、剖视图、投影图（以及立体图）。地质地形图、开采阶段地质图、开采中段地质图均属于平面图；矿床地质剖面图属于剖视图；矿体纵投影图，开拓系统投影图，通风、避灾、通信、排水系统图等均属于投影图。这些图纸以比例尺、坐标网、勘探线、纵投影线等为基础参照，同时辅以矿体、地层、构造、构建筑物、井巷、硐室等线条和图例，构成所需要的不同类型的矿图。

1 简答题

（1）矿山地质图纸中包括哪些图纸？

（2）矿山生产过程中涉及的图纸包括哪些图纸？

2   矿图的平剖转换

已知某矿体 5 条勘探线剖面图（图 2-19），在图 2-20 和图 2-21 中分别绘制-200m 深度和-300m 深度平面图。

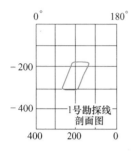
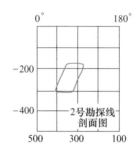
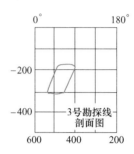

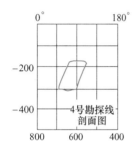
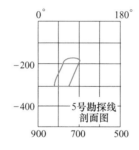

图 2-19   勘探线剖面图

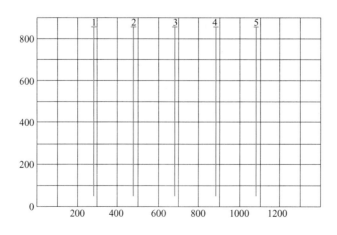

图 2-20   -200m 深度平面图

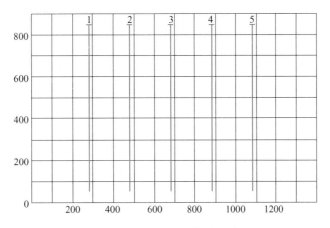

图 2-21 −300m 深度平面图

3　矿床回采单元划分及开采顺序

本章课件

本章提要

本章主要介绍矿床回采单元的划分，并针对不同的矿体赋存条件明确了阶段和矿块、盘区和采区的概念；分别详述了阶段内、阶段间和矿体间的开采顺序。

3.1　矿　区　划　分

按照企业生产组织模式，划归一个矿山企业开采的全部矿床叫作矿区。在一个矿山企业中划归一个矿井开采的部分矿床叫作分矿。矿区内包含一个或多个分矿。

当矿区内矿床的范围不大，且矿床赋存相对集中时，为了生产管理方便，可用一个独立的分矿进行开采，此时矿区范围与分矿范围相同。当矿床范围很大，或矿区内矿体较为分散，如用一个独立分矿开采全部矿床，所开掘的井巷工程量大，生产地点过于分散，因而会造成经济上和安全管理上的不合理，此时，矿区范围内应划分为多个独立的分矿。

随着我国矿山安全管理的规范化，国家矿山安全监察局于 2021 年发布了矿安〔2021〕123 号文，对矿山产业结构的调整做了明确的规定：

（1）科学规划设置矿权，按照"一个矿体原则上设置一个矿权"进行资源配置，杜绝人为分割资源。

（2）整合优化生产系统，全面消除相互开采存在风险隐患、互联互通的多个独立生产系统的矿山，实现一个采矿证范围内原则上只有一个独立生产系统，独立生产系统必须达到最小开采规模和最低服务年限标准，不同开采主体相邻地下矿山之间必须留设不少于 50m 的永久保安矿（岩）柱。

（3）一个采矿证范围内矿产资源开发只能由一个生产经营单位管理。

（4）严格安全设施设计，安全设施设计依据的矿产勘查资料必须达到勘探程度，一个采矿证范围内矿产资源开发必须一次性总体设计。

当开采一个大型矿床或矿区内的多个矿体时，确定合理的分矿范围，须考虑下列因素：

（1）对矿山基本建设时间和年产量的需求。一般而言，分矿范围越大，基建时间越长，设备需要得越多且大，基建投资越多；反之则相反。因此，应根据国民经济发展的需要，并考虑当前设备材料供应的条件，确定合适的分矿范围。

（2）矿床的勘探程度。当生产前勘探不够时，可能在矿井生产之后，又发现大量矿体，此时分矿尺寸需要加大，并相应增加投资。

（3）矿床的埋藏特征。矿体的埋藏特征包括矿体数目及其厚度、有无区域地质构造、有无规模较大的无矿带等。一般情况下，为使一个独立分矿有足够的储量，并从方便生产管理的角度出发，如果矿体走向长度为 500～800m 至 1000～1500m，深度为 500～600m，用一个分矿开采是合理的。当开采极厚且埋藏较深的矿床，为便于分期建设，可采用较小的分矿尺寸。

（4）矿区地表地形条件。矿区地表地形条件指有无河流、湖泊、铁路干线穿过矿体等。

（5）最优的经济政策。分矿是独立的生产单位，因此，在划分分矿时就应考虑该生产单位在基建时期的投资费用以及生产时间内的经营费用。

3.2 阶段和矿块

3.2.1 阶段及影响阶段高度的因素

（1）阶段。在开采缓倾斜、倾斜和急倾斜矿床时，在井田中每隔一定的垂直距离，掘进一条或几条与走向一致的主要运输巷道，将井田在垂直方向上划分为矿段，这个矿段称为阶段（level）。阶段的范围沿走向以井田边界为限，沿倾斜以上下两个主要运输巷道为限（图 3-1）。

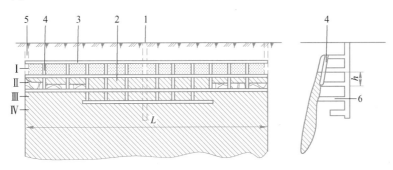

(a) 阶段三视图

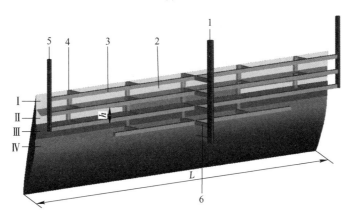

(b) 阶段三维图

图 3-1 阶段和矿块的划分

Ⅰ—已采完阶段；Ⅱ—正在回采阶段；Ⅲ—开拓、采准阶段；Ⅳ—开拓阶段；
h—阶段高度；L—矿体走向长度；
1—主井；2—矿块；3—阶段运输巷道；4—天井；5—排风井；6—石门

彩色原图

（2）阶段高度。上下两个相邻阶段运输巷道底板之间的垂直距离，称为阶段高度；上下两个相邻阶段运输巷道沿矿体的倾斜距离，称为阶段斜长。开采倾斜和急倾斜矿体时一般均采用阶段高度；只有开采缓倾斜矿体时才采用阶段斜长。

影响阶段高度的因素有很多，包括：

1）矿体的倾角、厚度和沿走向的长度；

2）矿岩的物理力学性质；

3）采用的开拓方法和采矿方法；

4）阶段开拓、采准、切割和回采时间；

5）阶段矿柱的回采条件；

6）每吨矿石所摊的提升、排水及回采费用；

7）每吨矿石所摊的基建开拓和采准费用；

8）地质勘探和生产探矿的要求、矿床勘探类型和矿体形态变化。

一般来说，增大阶段高度可减小阶段数目，使开拓、采准、切割工程量及其总费用得以相应减少，并且在一个阶段中获得的储量更多，因而每吨采出矿石所摊的开拓、采准和切割费用随之减少。

许多采矿方法常留设阶段矿柱，回采这些矿柱的损失和贫化很大。增大阶段高度，可使回采阶段矿柱所造成的损失和贫化相对减小。但是，增加阶段高度会给采矿准备和回采工作带来许多技术上的困难。如掘进很长的天井较为困难；在矿石和围岩不够稳固时，回采工作不安全，而且会使天井的掘进费用、材料和设备运送到采场的费用及运矿费用（自重溜放除外）等增加。

（3）阶段高度的确定。阶段的合理高度应符合下列条件：

1）阶段高度的基建费和经营费摊到每吨备采储量的数额应最少；

2）保证能及时准备阶段；

3）保证工作安全。

然而，按经济计算方法求算阶段高度，其变化范围很大，很难得出确切的数值。

在设计实践中，一般均按当前的实际技术水平选定阶段高度。

我国许多金属矿山在地质勘探过程中兼用坑探，即按勘探用巷道已将矿床上部划分几个阶段，掘进几个阶段的探矿巷道。因此，在设计阶段高度时，应对原有勘探巷道及其阶段高度进行综合分析，如原定勘探高度大体合理，就可利用原有阶段探矿巷道，或在原有勘探阶段高度的基础上加以适当调整。

按我国矿山实际，当开采缓倾斜矿床时，阶段高度一般小于 20~25m。开采倾斜至急倾斜矿床时，阶段高度常采用 40m、50m、60m。随着生产技术的不断提高，阶段高度也可相应加大。如近年来我国有些矿山采用大量落矿的采矿方法，巷道掘进往往跟不上回采工作的需要；为减少掘进工程量，增大阶段回采矿量，曾将阶段高度增至 100~120m。但在回采过程中，曾出现落矿、放矿和地压管理等方面困难，此时只得在阶段中加掘副阶段。所以，在确定阶段高度时，应对影响阶段高度的诸多因素进行深入的调查研究，并在技术和经济上进行综合分析，以求得合理的阶段高度。

3.2.2 分段

开采过程中，根据需要将阶段在垂直方向上进一步划分成分段（sublevel）。

分段高度是一个重要参数，直接关系着采准切割工程量和矿石损失贫化等。当矿体倾角不是很陡时，下盘矿石损失数量随着分段高度的增大而增大；此外，分段高度也要与上盘岩石稳固性相适应，在崩落矿石放出之前，上盘岩石最好不发生大量崩落，否则矿石被岩石截断，将造成较大的矿石损失贫化；再有，分段要与电耙巷道的稳固性相适应，保证电耙巷道在出矿期间不被破坏。在生产实际中常用的分段高度为 15~25m。

3.2.3　矿块

在阶段中沿走向每隔一定距离，掘进天井连通上下两个相邻阶段运输巷道，将阶段再划分为独立的回采单元，称为矿块（block）（图 3-2）。根据矿床的埋藏条件，选择不同的采矿方法来回采矿块。关于矿块的结构和参数，将在采矿方法各章中分别论述。

当矿体厚度较小，划分出的矿块的长与矿体的走向一致，此时称矿块沿走向布置；当矿体厚度较大，划分出的矿块的长与矿体走向垂直，此时，称矿块垂直走向布置。

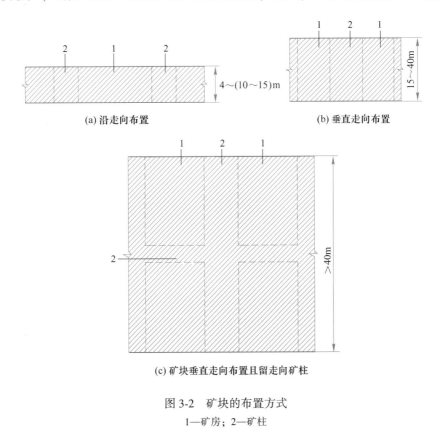

图 3-2　矿块的布置方式
1—矿房；2—矿柱

3.3　盘区和采区

3.3.1　盘区

在开采水平和微倾斜矿床时，如果矿床的厚度不超过允许的阶段高度，则在井田内不再划分阶段。此时，为了采矿工作方便，将井田用盘区运输巷道划分为长方形的矿段，此矿段称为盘区（panel）。盘区的范围是以井田的边界为其长度，以两个相邻盘区运输巷道之间的距离为其宽度。后者主要由矿床的开采技术条件、所采用的采矿方法以及所选用的矿石运搬机械决定。

3.3.2　采区

在盘区中沿走向每隔一定距离，掘进采区巷道连通相邻两个盘区运输巷道，将盘区再划分为独立的回采单元，这个单元称为采区（mining district）（图 3-3 中 6）。

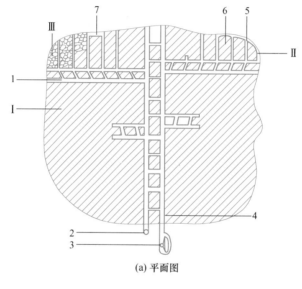

(a) 平面图

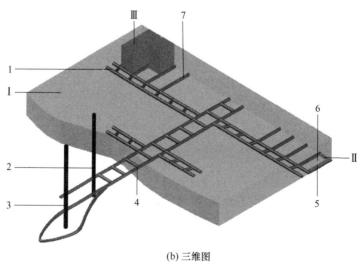

(b) 三维图

图 3-3　盘区和采区的划分

Ⅰ—开拓盘区；Ⅱ—采准盘区；Ⅲ—回采盘区；

1—阶段运输巷道；2—副井；3—主井；4—盘区运输巷道；5—采区巷道；6—采区；7—切割巷道

彩色原图

3.4 开 采 顺 序

3.4.1 阶段间的开采顺序

当用阶段开采时，井田中阶段的开采顺序，可用下行式开采（underhand）或上行式开采（overhand）两种。下行式开采是指先采上部阶段，后采下部阶段，由上而下地逐个阶段（或几个阶段）开采的方式；上行式则相反。

在生产实际中，一般多用下行式开采顺序。这种开采顺序有很多优点：节省初期投资；缩短基建时间；在逐步向下的开采过程中能进一步探清深部矿体，避免浪费；生产安全条件好；适用的采矿方法范围广泛等。

上行式开采顺序，仅在某些特殊条件下采用。如在井田中有几条矿脉，其中有的矿脉相距较远，不受采空后岩层移动的影响，则其中一条矿脉采用上行式开采，矿块采空后可用其他矿脉下行式开掘上部阶段巷道所产出的废石充填采空区，这样废石可不必运出地表。

3.4.2 阶段内矿块的开采顺序

按回采工作相对主要开拓巷道（主井、平硐）的位置关系，阶段中矿块的开采顺序可分为3种：

（1）前进式开采（in by mining）。当阶段运输巷道掘进一定距离后，从靠近主要开拓巷道的矿块开始回采，向井田边界依次推进（图3-4中Ⅰ）。这种开采顺序的优点是矿井基建时间短，缺点是增加了采准巷道的维护费用。

（2）后退式开采（out by mining）。阶段运输巷道掘进到井田边界后，从井田边界的矿块开始，向主要开拓巷道方向依次回采（图3-4中Ⅱ）。后退式开采的优缺点，与前进式开采基本相反。

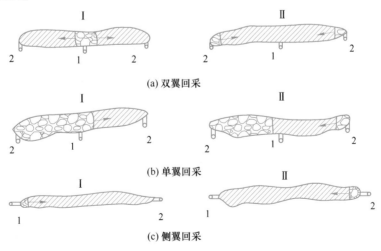

图 3-4 阶段中矿块的开采顺序平面图
Ⅰ—前进式开采；Ⅱ—后退式开采；
1—主井；2—排风井

（3）混合式开采（mixed mining）。初期用前进式开采，待阶段运输平巷掘完后，改为后退式开采，或者既前进又后退同时开采。这种开采顺序利用了上述两种开采顺序的优点，但生产管理比较复杂。

在生产实际中，只有当矿床埋藏条件简单，矿岩稳固，要求尽早在阶段中开展回采工作时，采用前进式开采顺序才比较合理；否则以采用后退式为好。双翼回采（图3-4（a））可以形成较长的回采工作线，获得较多的采矿量，从而缩短阶段的回采时间，在生产中使用最为广泛。单翼回采（图3-4（b））使用很少，侧翼回采（图3-4（c））只在受地形条件限制、矿体走向长度不大等情况下使用。

3.4.3　矿体间的开采顺序

一个矿床若有多个彼此相距很近的矿体，开采其中某个矿体时，将影响邻近的矿体。这时合理确定各矿体的开采顺序，对生产的安全和资源的回收都有很重要的意义。其开采顺序主要有：

（1）矿体倾角小于或等于围岩的移动角时，应采取从上盘向下盘推进的开采顺序（图3-5（a））。此时先采位于上盘的矿体Ⅱ，其采空区的下盘围岩不会移动，因此不会影响下盘矿体Ⅰ的开采。如果开采顺序相反，将使矿体Ⅱ处在矿体Ⅰ采空区的上盘移动带之内，影响矿体Ⅱ的开采（图3-5（b））。

（2）矿体倾角大于围岩移动角，且两矿体又相距很近时，无论先采哪个矿体，都会因采空区围岩移动而相互影响（图3-5（c））。这时相邻矿体的开采顺序，应根据矿体之间夹石层的厚度、矿石和围岩的稳固性以及所选取的采矿方法和技术措施而定。一般是选用先采上盘矿体、后采下盘矿体的开采顺序。如夹石层厚度不大，采用充填法时，也可采用由下盘向上盘的开采顺序。

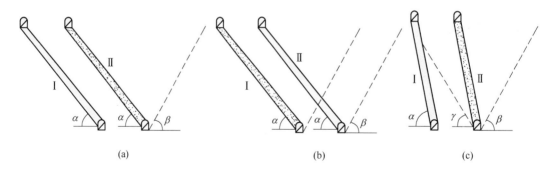

（a）　　　　　　　　　　　　（b）　　　　　　　　　　　　（c）

图3-5　相邻矿体的开采顺序

（a），（b）矿体倾角小于或等于围岩移动角；（c）矿体倾角大于围岩移动角

α—矿体倾角；γ—下盘围岩移动角；β—上盘围岩移动角；

Ⅰ，Ⅱ—相邻两条矿脉

必须指出，在同一个井田内的数个矿体，往往有品位不均、厚薄不匀、大小不一及开采条件难易不同等许多复杂条件。在这种情况下，确定矿体的开采顺序时，要注意贯彻贫富兼采、厚薄兼采、大小兼采、难易兼采的原则。否则，将破坏合理的开采顺序，并造成严重的资源损失。

习　题

1　名词解释

（1）矿区；（2）分矿；（3）阶段；（4）矿块；（5）盘区；（6）采区；（7）前进式开采；（8）后退式开采；（9）混合式开采；（10）上行式开采；（11）下行式开采。

2　简答题

（1）阶段间的开采顺序有哪些，其优缺点如何？

（2）阶段内的开采顺序有哪些，使用条件如何？

3　论述题

阶段高度确定的影响因素有哪些？

4　绘图题

请利用 AutoCAD 软件，绘制图 3-2 阶段和矿块示意图。图中：阶段高度 50m，矿房长度 50m，矿区长度 500m；阶段运输巷道断面为矩形，宽度为 2.8m，高度为 2.5m；天井断面为矩形，参数为 2m×2m。

5　扩展阅读

[1] 李元辉，刘炜，解世俊 . 矿体阶段开采顺序的选择及数值模拟 [J]. 东北大学学报，2006（1）：88-91.

[2] 胡建华，雷涛，周科平，等 . 基于采矿环境再造的开采顺序时变优化研究 [J]. 岩土力学，2011，32（8）：2517-2522.

[3] 蔡晓盛，李胜，卢宏建，等 . 石人沟铁矿地下三期矿体开采顺序优化 [J]. 矿业研究与开发，2019，39（7）：61-65.

[4] 王成，杜泽生，张念超，等 . 上行开采顶板煤巷围岩稳定性控制技术研究 [J]. 采矿与安全工程学报，2012，29（2）：220-225.

4　矿床开采步骤和三级储量

本章提要

　　本章详细介绍了开拓、采准、切割、回采等矿床开采步骤的定义，分析了金属矿床地下开采步骤之间的关系，以矿床开采的准备程度为依据，划分了开拓、采准和备采的三级矿量，明确了地下矿山投产时的采矿生产准备矿量的保有期限。

4.1　矿床开采步骤

　　金属矿床地下开采可分为开拓（development）、采准（preparation）、切割（cutting）和回采（mining）四个步骤。这些步骤反映了采矿的不同工作阶段。

　　（1）矿床开拓。从地面掘进一系列巷道通达矿体，以便把地下将要采出的矿石运至地面，同时把新鲜空气送入地下并把地下污浊空气排出地表，把矿坑水排出地表，把人员、材料和设备等送入地下和运出地面，形成提升、运输、通风、排水以及动力供应等完整系统，称为矿床开拓，为此目的而掘进的巷道，称为开拓巷道。开拓系统如图4-1所示。

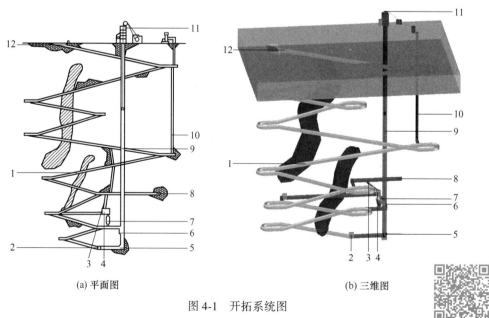

(a) 平面图　　　　　　　　　　　(b) 三维图

图 4-1　开拓系统图

1—斜坡道；2—泵房；3—溜井；4—破碎机站；5—积水池；6—装载站；
7—破碎矿仓；8—平巷；9—主竖井；10—风井；11—井架；12—入口

（2）矿块采准。采准是指在已开拓完毕的矿床里，掘进采准巷道，将阶段划分成矿块作为回采的独立单元，并在矿块内创造行人、凿岩、放矿、通风等条件。

由于矿床赋存条件和所采用的采矿方法不同，所需掘进的采准巷道类型、数量和位置均有很大差别，这将在讲述采矿方法时具体介绍。

矿块采准工作包括施工采准巷道和切割巷道（为进行切割工作所需掘进的巷道，含拉底巷道、切割天井等）。

（3）切割工作。切割工作是指在已采准完毕的矿块里，为大规模回采矿石开辟自由面和自由空间（拉底或切割槽），有的还要把漏斗颈扩大成漏斗形状（称为辟漏），为以后大规模采矿创造良好的爆破和放矿条件。

（4）回采工作。切割工作完成之后，就可以进行大量的采矿（有时切割工作和大量采矿同时进行），称为回采工作，包括落矿、运搬和地压管理三项主要作业。

落矿是以切割空间为自由面，借助凿岩爆破方法来崩落矿石。一般根据矿床的赋存条件、所采用的采矿方法及凿岩设备，选用浅孔、中深孔、深孔及药室等落矿方法。

矿石运搬（ore handling）是指在矿块内把崩下的矿石，运搬到阶段运输巷道，并装入矿车。运搬方法主要有两种：重力运搬和机械运搬（电耙、铲运机等）。有时单独采用一种运搬方法，有时两种运搬方法联合使用，这要根据矿床的赋存条件、所选用的采矿方法和运搬机械来确定。

地压管理（ground pressure mangement）是指矿石采出后在地下形成的采空区，经过一段时间，矿柱和上下盘围岩就会出现变形、破坏、移动等地压现象，为保证开采工作的安全，针对这种地压现象所采取的必要技术措施，以控制地压和管理地压，消除地压所产生的不良影响。地压管理方法有三种：留设矿柱支撑采空区、充填采空区和崩落采空区。

4.2 矿床开采步骤间的关系

开拓、采准、切割和回采是按编定的采掘技术计划进行的。在矿山生产初期，上述各步骤在时间上是依次进行的；到正常生产时期，则下阶段的开拓、上阶段的采准与再上阶段的切割和回采同时进行。

为了保证矿山持续均衡地进行生产，避免出现生产停顿或产量下降等现象，应保证开拓必须超前于采准，采准必须超前于切割，切割必须超前于回采。

由于开拓和采准是通过掘进各种巷道来实现的，因此对生产矿山提出了"采掘并举，掘进先行"的方针。

4.3 三 级 储 量

4.3.1 三级储量的意义及其划分

为保证矿山持续、均衡地进行生产，按照我国矿山历年来所积累的经验，在矿山生产管理中，各个开采步骤互为超前的关系，实际上是用获得一定储量来实现的。因此，将矿石储量按开采准备程度划分为开拓储量、采准储量和备采储量三级，称为三级储量。三级储量的划分标准说明如下：

（1）开拓储量。如设计所包括的开拓巷道，均已开掘完毕，构成主要运输和通风系统（提升、放矿设施及主要运输巷道铺轨架线工程），并可掘进采准巷道，则在此开拓巷道水平以上的设计储量，称为开拓储量。

当用平硐、竖井或斜井开拓时，应完成以下开拓巷道及附属硐室：

1）平硐、竖井、斜井、井底车场及其附属硐室；

2）从竖井或斜井通往矿体的石门；

3）脉内或脉外主要运输巷道；

4）回风巷道及通风井。

（2）采准储量。在已开掘的矿体范围内，按设计规定的采矿方法所需掘进的采准巷道均已完毕，则此矿块的储量，称为采准储量。

（3）备采储量。已做好采矿准备的矿块，完成了拉底空间或切割槽、辟漏等切割工程，可以立即进行采矿时，则此矿块内的储量，称为备采储量。

不同的采矿方法，应完成不同的采准工程和切割工程，才能获得采准储量和备采储量。我国规定，三级储量是保证矿山正常生产的一项重要指标。如矿山三级储量不足，将会影响产量的完成；反之，如保有的三级储量过多，不仅积压资金，而且也会使某些生产经营费用，如通风、巷道维护以及生产管理等费用增加，从而使产品成本增高。

4.3.2　三级储量的计算

我国现行规定的三级储量用生产保有期限来表示，见表 4-1。

表 4-1　生产储备矿量保有期

储备矿量级别	冶金矿山	有色金属矿山
开拓矿量	3~5 年	3~5 年
采准矿量	6~12 个月	6~12 个月
备采矿量	3~6 个月	3~6 个月

习　　题

1　名词解释

（1）开拓；（2）采准；（3）切割；（4）回采；（5）开拓巷道；（6）三级储量；（7）开拓储量；（8）采准储量；（9）备采储量。

2　简答题

（1）金属矿床地下开采的步骤有哪些？

（2）金属矿床地下开采步骤间的关系是什么？

3　论述题

如何确保金属矿床开采过程的生产平稳？

4　扩展阅读

［1］李跃红．地下矿山投产时三级矿量合理保有期限的确定［J］．有色金属设计，2012，39（4）：21-24，28.

［2］王会春，苏宏志. 关于矿山三级矿量的计算［J］. 中国矿业，1994（5）：30-35.

［3］曲胜利，孙豁然，李少辉. 论精细采矿［J］. 金属矿山，2011（3）：22-26.

［4］王志杰，付丽莉，汪云甲. 基于 MapX 的矿山生产矿量管理系统［J］. 中国矿业，2005（8）：17-18，40.

［5］朱明德，许梦国，王平，等. 基于矿体赋存条件的三级矿量优化管理［J］. 中国矿业，2013，22（4）：87-89，93.

［6］刘永旭. MineSight 软件在矿山三级矿量动态管理中的应用［J］. 中国矿业，2017，26（12）：166-170.

5　矿床开采强度

本章课件

本章提要

本章主要介绍了矿床开采强度、矿井生产能力的概念，详细讲解了矿床生产能力的计算和验证方法，并在此基础上提出了对矿床开采的基本要求。

5.1　矿床开采强度

矿床开采强度是指矿床开采的快慢程度。当矿体范围及埋藏条件一定时，矿体的开采强度取决于开拓、采准和切割的连续性以及回采强度。

当从井筒向矿床边界方向开采时，即前进式开采，开拓和采准工作对开采强度的影响最大；而当由矿床边界向井筒方向开采时，即后退式开采，开拓采准工作对开采强度的影响最小。

为了比较矿床的开采强度，在相类似的条件下使用强度指标。常用的强度指标为回采工作年下降深度和开采系数。

（1）年下降深度。年下降深度（m）指标一般由矿山测量人员按年初及年终测定的数据、采出矿石量及矿体水平面积推算确定。年下降深度不能反映矿山开采过程中下降深度的具体位置，它是一个抽象的概念，但在表示矿体开采强度时却是一个可用的指标。

年下降深度可按下列公式计算：

$$h = \frac{A(1 - r)}{S\gamma K} \tag{5-1}$$

式中，h 为年下降深度，m；A 为矿井的生产能力，t/a；S 为矿体水平面积，m²；γ 为矿石体重，t/m³；r 为废石总混入率，%；K 为矿石总回采率，%。

当其他条件相同时，回采工作的年下降深度随矿体厚度的减小、倾角的增大及同时开采数个阶段而增大的。

地下金属矿山矿床开采年下降深度见表 5-1，该表是按矿体厚度为 5～15m、矿体倾角为 60°作为标准条件整理的。如果条件不同，可按表 5-2 的矿体厚度修正系数和矿体倾角修正系数进行修正。

单阶段回采时的年下降深度为 10～15m，而某些高效率的采矿方法（如分段崩落法、阶段崩落法、垂直深孔球状药包落矿阶段矿房法等），可以达到 15～20m。因此，随着采矿技术的不断发展，矿山生产中改用新方法、新工艺和新设备，年下降深度也将不断增加。所以，在设计新矿井时，必须根据采矿技术水平、矿床自然条件和矿床可采的技术经济条件，合理地选取矿床开采年下降深度指标。

（2）开采系数。在某些情况下，用每 $1m^2$ 矿体的水平面积每年（或月）采掘吨数所表示的单位生产能力来评价矿床的开采强度，这个指标叫作开采系数，其表达式如下：

$$C_K = \frac{A}{S} \tag{5-2}$$

式中，A 为矿井（或矿块）年生产能力，t/a 或 $t/$月；S 为矿体（或矿块）水平面积，m^2。

表 5-1　地下金属矿山矿床开采年下降深度

井田长度/m		可采面积 /m^2	矿床开采年下降深度/$m \cdot a^{-1}$					
薄及中厚矿体	厚矿体		平均		最小		最大	
			单阶段回采	双阶段回采	单阶段回采	双阶段回采	单阶段回采	双阶段回采
>1000	>600	12000~25000	15	20	12	18	20	20
600	300~600	5000~12000	18	25	15	20	25	30
<500~600	<300	<4000~5000	20	30	18	25	30	40

表 5-2　矿床开采年下降深度按矿体厚度和倾角的修正系数

矿体厚度/m	<5	5~15	15~25	>25
矿体厚度修正系数 K_H	1.25	1.0	0.8	0.6
矿体倾角/(°)	90	60	45	30
矿体倾角修正系数 K_q	1.2	1.0	0.9	0.8

5.2　矿山生产能力

矿山生产能力是指在正常生产时期，单位时间内采出的矿石量。一般按年采出矿石量计算，称为矿山年产量。有时也用日采出矿石量计算，称为矿山日产量。

矿山生产能力，是矿床开采的主要技术经济指标之一。它决定了矿山的基建工程量、主要生产设备的类型、构筑物和其他建筑物的规模和类型、辅助车间和选冶车间的规模、职工人数等，从而影响基本建设投资和投资效果、企业的产品成本和生产经营效果。

地下矿山生产能力的确定应符合下列规定：

（1）阶段生产能力应根据阶段上同时回采的矿块数和矿块生产能力计算。

（2）矿山设计生产能力应以一个开采阶段保证，在条件许可时，可适当增加回采阶段，但上、下相邻阶段的对应采场不得同时回采；采用一步骤连续回采的矿山，应以一个阶段回采计算矿山生产能力；划分矿房、矿柱两步骤回采的矿山，应以一个阶段回采矿房、一个阶段回采矿柱为基础进行计算，当矿柱矿量比例小于20%时，可不计其生产能力。

（3）计算的生产能力应按合理服务年限、年下降速度、新阶段准备时间分别进行验证；开采技术条件复杂的大中型矿山，应编制采掘进度计划表最终验证。

（4）矿山生产能力应根据计算的生产能力，并结合矿床勘探类型、勘探程度、开采技术条件和采矿工艺复杂程度、市场需求、资金筹措等因素，经多方案综合比较后确定。

（5）矿山生产规模必须达到国家和地方最小开采规模标准。铁、铜、铅、锌、钼等主要矿种地下矿山规模不小于 30 万吨/年，地下金矿不小于 6 万吨/年、露天采石场不小于 50 万吨/年，服务年限不少于 5 年。

地下矿山生产能力可按下式计算：

$$A = \frac{NqKEt}{1 - Z} \tag{5-3}$$

式中，A 为地下矿山生产能力，t/a；N 为同时回采的可布置矿块数，个；K 为矿块利用系数，可按表 5-3 选取；q 为矿块生产能力，t/d，可通过计算或按表 5-4 选取；E 为地质影响系数，一般取 0.7~1.0；Z 为副产矿石率，%；t 为年工作天数，d。

表 5-3 矿块利用系数

采 矿 方 法	矿块利用系数
分段空场法	0.3~0.6
房柱法、全面法	0.3~0.7
上向水平分层充填法	0.3~0.5
薄矿脉浅孔留矿法	0.25~0.5
有底柱分段崩落法、阶段崩落法、壁式崩落法、分层崩落法	0.25~0.35
点柱充填法	0.5~0.8
无底柱分段崩落法、下向充填法	≤0.8

注：当矿体产状规整、矿岩稳固、矿块矿量大、采准切割量小、阶段可布矿数少或矿体分散，矿块间通风、运输干扰少，以及单阶段回采时，应取大值。

矿块生产能力应根据采场构成要素、凿岩方式、装备水平等，结合回采作业循环计算，也可按表 5-4 选取。

表 5-4 矿块生产能力   (t/d)

采矿方法	矿体厚度/m			
	<0.8	0.8~5	5~15	≥15
全面法	—	80~120	—	—
房柱法	—	100~150	150~250	—
分段空场法	—	—	200~350	300~500
阶段空场法	—	—	300~600	600~900
浅孔留矿法	—	80~120	100~150	—
上向水平分层充填法	—	60~100	100~200	200~400
下向充填法	—	30~60	60~100	100~200
削壁充填法	40~60	—	—	—
大直径深孔落矿嗣后充填法	—	—	200~400	400~600
壁式崩落法	—	100~150	—	—
分层崩落法	—	—	60~100	80~120
有底柱分段崩落法	—	—	150~200	200~300
无底柱分段崩落法	—	—	150~300	300~500
阶段强制崩落法	—	—	—	400~600

注：当机械化程度较高、矿体厚度较厚时，取大值；当机械化程度较低、矿体厚度较薄时，取小值。

矿山生产能力应按下列规定验证：

（1）按合理服务年限验证。矿山服务年限可按下式计算，计算的服务年限应符合表 5-5 的规定。

$$T = \frac{Q}{A(1-\beta)} \tag{5-4}$$

式中，T 为合理服务年限，a；Q 为设计可采储量，t；β 为矿石贫化率，%。

表 5-5　新建矿山的设计合理服务年限　　　　　　　　　　（a）

矿山类别	大型	中型	小型
地下矿山	>25	>15	>8

（2）按年下降深度验证。年下降深度可按下式计算，计算的年下降深度应与开采技术条件和装备水平类似的生产矿山进行分析比较：

$$h = \frac{A(1-r)}{S\gamma K} K_H K_q E \tag{5-5}$$

式中，h 为回采工作年下降深度，m/a；A 为矿井生产能力，t/a；r 为废石总混入率，%；S 为矿体开采面积，m^2；γ 为矿石密度，t/m^3；K 为采矿回收率，%；K_H 为矿体厚度修正系数；K_q 为矿体倾角修正系数；E 为地质影响系数，取 0.7~1.0。

（3）按新阶段准备时间验证。新阶段准备时间可按下式计算，新阶段开拓、采切工程完成时间应小于计算的新阶段准备时间。

$$T_Z = \frac{Q_Z E}{K(1-\beta)A_Z} \tag{5-6}$$

式中，T_Z 为新阶段准备时间，a；Q_Z 为回采阶段可采储量，t；A_Z 为回采阶段生产能力，t/a；K 为超前系数，一般取 1.2~1.5，工程地质和水文地质条件复杂的矿山取大值，简单的矿山取小值。

5.3　矿床开采的要求

（1）基本要求：

1）开采作业安全性要好。安全生产和良好的劳动条件是矿山企业进行正常生产的前提。由于采矿生产是在复杂且困难的条件下进行的，保证工人、设备、设施以及整个矿井的安全，确保工作的良好环境，是评价矿床开采方法好坏的重要原则。

2）劳动生产率要高。由于采矿生产的复杂性和繁重性，目前生产每吨矿石的劳动消耗较大。因此，采用高效率的采矿方法，应用先进技术和工艺，不断提高矿山生产的机械化水平，加强企业的科学管理，以提高劳动生产率，就显得非常重要。

3）开采强度要大。开采强度是指矿田、井田、阶段、矿块的开采速度。提高开采强度，有利于完成计划生产任务，降低巷道的维修费和生产管理费。同时，提高开采强度，也是保证工作安全的重要措施之一。

4）矿石的损失贫化要小。矿石损失，不仅造成了地下资源的浪费，而且还会增加矿石成本。矿石的贫化增加，会使矿石的运输、提升和加工费用增加，并使选矿实收率和最终产品质量降低，使企业的金属产量降低。

5）矿石开采成本要低。矿石开采成本是评价矿山开采工作的一项重要综合指标。在采矿生产中，降低劳动消耗，提高采出矿石品位，提高劳动生产率，减少材料和动力消耗等，是降低矿石开采成本的主要途径。

（2）对环境保护的要求：

1）保护大气、森林、水域和其他自然环境条件，以及永久重要建筑物和构筑物，以免受到因开采矿产资源而造成的有害影响。

废气应排送到非居民区；含有害物质的矿井废水在排放前应当加以净化，以免污染农田和水域；如果矿床上面有珍贵建筑物和构筑物、水域等，应采用能保护地表的采矿法；应注意保护自然和文化名胜古迹，以免受到利用矿床资源所引起的有害影响。

2）消除生产废料对环境的有害影响。利用采出的废石和选厂尾矿充填采矿区；选厂尾矿水向外排放前，应作净化处理；尾砂应尽可能地进行综合利用，化废为宝，如烧制地砖、建筑用砖等。

3）恢复因开采矿产资源而遭受破坏的农田和土地，使其变为耕地或适于国民经济所利用的土地。

（3）对提高开采技术水平的要求。随着科学技术的不断发展，采矿装备应不断革新。矿山企业应大力采用先进技术，迅速提高开采技术水平和管理水平，以提高生产能力，改善劳动条件。对于提高开采技术水平有以下几点要求：

1）完善矿山生产过程的机械化、自动化。矿床开采的主要工作是井巷掘进和回采。实现井巷掘进的综合机械化，能提高掘进速度，改善劳动条件。回采的主要生产过程包括落矿、运搬和地压管理（采空区支护、充填或崩落），实现回采过程的全部机械化对提高生产能力、减轻劳动强度、保证安全生产具有重要作用。

2）推进工艺系统和主要生产环节的自动化。当前矿山在提升、运输、通风、压气、排水和破碎等设备方面的自动化程度已达到了相当高的水平。今后应推广自动化建设经验，逐步推广和普及开采工艺系统及主要生产环节的自动化。

3）研究组织生产过程的智能化。在矿山企业中，除逐步实现生产工艺设备的自动化运行外，还应研究组织管理的自动化。组织管理自动化是指利用技术手段收集和传送信息，使用电子计算机处理信息和决策，其中包括实施矿山工作计划、调度管理、矿山供应和产品销售的全部自动计算。如对一系列生产过程中可能出现的调度管理自动化计算，并用电子计算机对其他过程发出工艺管理建议，在矿山企业范围内组织管理全部工作的自动化控制系统。

习　　题

1　名词解释

（1）年下降深度；（2）开采系数；（3）矿井生产能力。

2　简答题

简述矿床开采的基本要求。

3　设计题

已知辽宁省某铜矿，矿体倾角 70°～80°，矿体东西走向，向北倾斜，矿体平均真厚度 5m，走向长度 500m，埋深 300m，矿体垂直延伸 400m，设计中段高度 50m，副产矿石率 2%，矿山年生产天数 330 天，根据以上基本条件，计算并验证矿山的生产能力。

4　扩展阅读

［1］赵源，赵国彦，裴佃飞，等. 地下金属矿绿色开采模式的内涵、特征与类型分析［J］. 中国有色金属学报，2021，31（12）：3700-3712.

［2］黄麟淇，陈江湛，周健，等. 未来有色金属采矿可持续发展实践与思考［J］. 中国有色金属学报，2021，31（11）：3436-3449.

［3］程海勇，吴爱祥，吴顺川，等. 金属矿山固废充填研究现状与发展趋势［J］. 工程科学学报，2022，44（1）：11-25.

［4］张国强，徐志宏，吴立活. 某地下金属矿山生产能力与采矿凿岩作业的关系研究［J］. 金属矿山，2018（11）：49-52.

［5］鲁忠华，万串串. 基于采充现状的矿山全生命周期生产规划论证［J］. 湖南有色金属，2020，36（2）：9-15.

［6］中国冶金建设协会. 冶金矿山采矿设计规范：GB 50830—2013［S］. 北京：中国计划出版社，2013.

［7］中国有色金属工业协会. 有色金属采矿设计规范：GB 50771—2012［S］. 北京：中国计划出版社，2012.

6 矿石的损失与贫化

本章课件

本章提要

　　本章详细介绍了矿石贫化和损失的概念以及计算方法，简单介绍了产生矿石损失和贫化的原因，系统阐述了矿石损失和贫化统计的方法，包括直接法、间接法，简要梳理了当前降低矿石损失和贫化的措施。

6.1　矿石损失和贫化的概念

　　在矿床开采过程中，由于某些原因造成一部分工业储量不能采出，或采下的矿石未能完全运出地表而损失在地下。凡在开采过程中造成矿石数量上的减少，称为矿石损失（ore loss）。

　　在开采过程中损失的工业储量与工业储量的比值，叫作矿石损失率（loss ratio）。采出的纯矿石量与工业储量的比值，叫作矿石回采率（recovery ratio）。损失率和回采率均用百分数（%）表示。

　　在开采过程中，不仅有矿石损失，还会造成矿石质量的降低，叫作矿石贫化（dilution）。它有两种表示方法：凡混入采出矿石中的废石量与采出矿石量的比值，叫作废石混入率；凡因混入废石量和在个别情况下高品位粉矿的流失而造成矿石品位降低的百分率，叫作矿石贫化率（dilution ratio）。在开采过程中混入废石是造成矿石贫化的主要原因，主要是在落矿过程中，因对矿体边界控制不好，夹石未剔出和在覆岩下放矿时发生的。

　　矿石损失与贫化这两项指标，是评价矿床开采的主要指标，表示地下资源的利用情况和采出矿石的质量情况。在金属矿床开采中，降低矿石损失率、废石混入率和贫化率，具有重大意义。如开采一个储量1亿吨的金属矿床，矿石的损失率从15%降到10%，就可以多回收500万吨矿石。这对充分利用地下资源，延长矿山企业的寿命都有很大意义。同时，矿石的损失必然使采出的矿石量减少，进而导致分摊到每吨采出矿石的基建费用增加，并引起采出矿石成本的提高。此外，在开采高硫矿床中，损失在地下的高硫矿石，可能引起地下火灾。再如，一个年产500万吨铜矿石的矿山，采出的铜矿石品位为1%时，忽略加工过程的损失不计，每年可产5万吨金属铜；当采出矿石品位降低0.1%时，每年就要少生产5千吨金属铜。废石混入率的增加，必然增加矿石运输、提升和加工费用。同时，矿石品位降低，也会导致选矿流程的金属实收率和最终产品质量的降低。因此，矿石贫化所造成的经济损失是巨大的。

　　另一方面，资源损失还对矿山及矿区外围环境带来严重污染。损失在地下的矿石、地表废石场含有品位的废石，其中的金属元素被溶析于水体中，这些都将直接威胁周围农田作物与河、湖、池塘鱼类的生长，污染工业与民用水源。所以，降低矿石损失与贫化是提高矿山及社会效益的重要环节。

因此，应当把降低矿石损失、贫化作为改进矿山工作及提高经济效益的重要环节，可从采用先进开采技术和加强科学管理两个方面入手，寻求降低矿石损失和贫化的有效措施。

6.2　矿石损失和贫化的原因

6.2.1　矿石损失的原因

按矿石损失的类别，可将矿石损失的原因大体归纳如图 6-1 所示。

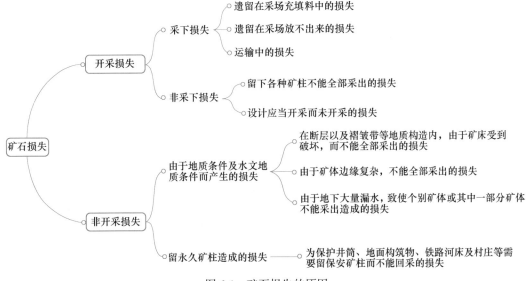

图 6-1　矿石损失的原因

6.2.2　矿石贫化的原因

矿床开采过程中，产生矿石贫化的原因有以下几个方面：

（1）采矿过程中，废石的混入；

（2）采矿过程中，高品位粉矿损失；

（3）矿床开采过程中，有用成分氧化或被析出等。

6.3　矿石损失与贫化的计算

6.3.1　矿石损失与贫化计算

设某矿体（矿块）工业储量为 Qt，品位为 α，开采过程中损失的工业储量为 Q_0t。开采出来的矿石量为 Tt，品位为 α'，开采出的矿石中混入的废石量为 Rt，混入的废石的品位为 α''。

根据矿体（矿块）开采结果，可列出如下矿石量和金属量各自平衡的方程组：

矿石量的平衡式：

$$T = Q - Q_0 + R \tag{6-1}$$

金属量的平衡式：

$$T\alpha' = (Q - Q_0)\alpha + R\alpha'' \tag{6-2}$$

由式（6-1）$R = T - Q + Q_0$，代入式（6-2），得：

$$\frac{Q_0}{Q} = \left(1 - \frac{\alpha' - \alpha''}{\alpha - \alpha''} \cdot \frac{T}{Q}\right) \times 100\% \tag{6-3}$$

即矿石损失率 q 的定义式为：

$$q = \frac{Q_0}{Q} \times 100\% \, (\text{用直接法计算} \, q \, \text{的公式}) \tag{6-4}$$

或

$$q = \left(1 - \frac{\alpha' - \alpha''}{\alpha - \alpha''} \cdot \frac{T}{Q}\right) \times 100\% \, (\text{用间接法计算} \, q \, \text{的公式}) \tag{6-5}$$

由式（6-1）$Q_0 = Q + R - T$ 代入式（6-2），得：

$$\frac{R}{T} = \frac{\alpha - \alpha'}{\alpha - \alpha''} \times 100\% \tag{6-6}$$

废石混入率的定义为：

$$r = \frac{R}{T} \times 100\% \, (\text{用直接法计算} \, r \, \text{的公式}) \tag{6-7}$$

$$r = \frac{\alpha - \alpha'}{\alpha - \alpha''} \times 100\% \, (\text{用间接法计算} \, r \, \text{的公式}) \tag{6-8}$$

当混入废石不含品位时，$\alpha'' = 0$，则式（6-5）变为：

$$q = \left(1 - \frac{\alpha'}{\alpha} \cdot \frac{T}{Q}\right) \times 100\% \tag{6-9}$$

式（6-8）变为：

$$r = \frac{\alpha - \alpha'}{\alpha} \times 100\% \tag{6-10}$$

矿石贫化率的定义，应是工业储量矿石品位与采出矿石品位的差与采出工业储量矿石品位的比值，用百分数表示，则矿石贫化率的定义式为：

$$\rho = \frac{\alpha - \alpha'}{\alpha} \times 100\% \tag{6-11}$$

废石混入率是反映回采过程中废石混入的程度；矿石贫化率是反映回采过程中矿石品位降低的程度，故矿石贫化率又可称为矿石品位降低率。按混入废石是否含有品位，就可剖析出二者在数值上的关系。当混入废石不含品位（$\alpha'' = 0$）时，二者在数值上相等，即 $\rho = r$。但这仅仅是在数值的关系上，在概念上二者不得混淆。当混入废石含有品位时，则矿石贫化率应小于废石混入率，即 $\rho < r$。由此可见，废石混入率和矿石贫化率是表示在开采过程中矿石质量降低的两个不同概念的指标，应当分别进行计算，而不应误将废石混入率作为矿石贫化率来进行计算。

6.3.2　矿石损失与贫化的计算

（1）直接法。凡采用的采矿方法容许地质测量人员进入采场进行实地观测，则可用直接法计算矿石损失率与废石混入率。

1）矿石损失率。按式（6-4）计算，矿石回采率为：

$$K = 1 - q \tag{6-12}$$

2）废石混入率。按式（6-7）中 $r = \dfrac{R}{T} \times 100\%$ 计算。

（2）间接法。凡采用的采矿方法，地质测量人员不能进入采场进行实地观测，则只能用间接法计算，其计算项目和计算程序如下：

1）计算废石混入率。按式（6-8）计算。

2）计算矿石回采率。矿石回采率是矿体（矿块）工业储量减去开采过程中的损失的工业储量与工业储量的比值，即：

$$K = \frac{Q - Q_0}{Q} = \frac{T}{Q}(1 - r) \times 100\% \tag{6-13}$$

3）计算矿石贫化率。按式（6-11）计算。

4）计算金属回收率。金属回收率是采出矿石中的金属量与工业储量中所含金属量的比值，即：

$$E = \frac{T\alpha'}{Q\alpha} = \frac{T}{Q}(1 - \rho) \times 100\% \tag{6-14}$$

对于单个矿块，计算废石混入率、矿石回采率、矿石贫化率三项指标即可。至于金属回收率，一般可不进行计算。计算多矿块总的矿石损失贫化时，除计算废石混入率、矿石回采率和矿石贫化率三项指标外，还要计算金属回收率。上述四项指标，可按下列公式计算。

1）计算总的废石混入率：

$$r_z = \frac{\sum R}{\sum T} \times 100\% \tag{6-15}$$

2）计算总的矿石回采率：

$$K_z = \frac{\sum Q - \sum Q_0}{\sum Q} = \frac{\sum T}{\sum Q}(1 - r_z) \times 100\% \tag{6-16}$$

3）计算总的矿石贫化率：
①工业储量总的平均品位：

$$\alpha_{z \cdot p} = \frac{\sum Q_\alpha}{\sum Q}$$

②采出矿石总的平均品位：

$$\alpha'_{z \cdot p} = \frac{\sum T\alpha'}{\sum T}$$

③总贫化率:

$$\rho_z = \frac{\alpha_{z\cdot p} - \alpha'_{z\cdot p}}{\alpha_{z\cdot p}} \times 100\% \tag{6-17}$$

④金属回收率:

$$E_{z\cdot j} = \frac{T\alpha'}{Q\alpha} = \frac{\sum T}{\sum Q}(1 - \rho_2) \times 100\% \tag{6-18}$$

当 $\alpha'' = 0$ 时（即混入废石不含品位），直接对比 $E_{z\cdot j}$ 与 K_z。当 $E_{z\cdot j} < K_z$ 时，表明高品位矿块的矿石损失率大于低品位矿块；当 $E_{z\cdot j} > K_z$ 时，与上面情况相反。在生产中力求 $E_{z\cdot j} > K_z$。

当 $\alpha'' > 0$ 时（即混入废石含有品位），为了对比 $E_{z\cdot j}$ 与 K_z 的关系，需从金属回收总量中减去混入废石中的金属量后，再计算 $E'_{z\cdot j}$，将 $E'_{z\cdot j}$ 与 K_z 进行对比。$E'_{z\cdot j}$ 按下式计算。

$$E'_{z\cdot j} = \frac{\sum T\alpha' - \sum R\alpha''}{\sum Q\alpha} \tag{6-19}$$

6.4　矿石损失与贫化的统计

为了最大限度地利用地下资源和提供高质量的矿产原料，在矿床开采过程中，必须经常统计计算矿石损失与贫化所需的参数。

在生产实践中，根据采矿方法特点，按直接法或间接法，统计矿石损失与贫化所需要的参数。

6.4.1　直接法

直接法适用于地质测量人员可以进入采场的采矿方法。用直接法计算矿石损失率（式（6-4））和废石混入率（式（6-7）），所需的参数包括开采过程损失的工业储量（Q_0）、矿块工业储量（Q）、混入废石量（R）和采出矿石量（T）。Q_0、Q、R 是通过直接测量的方法测出的，T 是用矿石称量法或装运设备计数法统计出来的。

直接法不能反映放矿过程中因围岩片落而引起的二次贫化。

6.4.2　间接法

为了统计矿石的损失和贫化，首先要获得采场的实际形态和体积。传统的测量方法一般采用全站仪在不同水平对同一空区的边界实施单点测量，最后通过连线方式构建采空区的大致边界，这种手段测量效率低、劳动强度大、测量边界与实际边界存在较大误差。

随着三维激光扫描技术的发展，彻底改变了地下采场的测量手段。该方法可准确、高效地获取采空区的三维形态，并赋以矿山真实坐标，可得到采空区实际形态及空间位置，进而通过相关软件计算采场或空区的体积，截取采场的特征剖面即可进行超欠挖体积和残存矿量计算。主要步骤为:

（1）采空区三维探测。在探测时，应根据采空区的设计形态和相应采准工程的分布，合理选择扫描位置和扫描站点，并根据实际坐标对采空区三维点云坐标进行真实化校正。

（2）采空区三维实体模型构建。根据扫描得到的点云数据，对所得到的点云进行噪点处理，并辅助相关软件建立生产采空区三维模型。

（3）采空区体积计算和对比分析。根据所得到的采空区三维壳体模型，采用块体模型填充的方法建立采空区的实体模型，进而计算出采空区的体积。

（4）超欠挖体积计算。建立采空区回采设计模型，并与测量得到的采空区实体模型进行复合，采用布尔运算即可求得采场的超欠挖位置和体积。

（5）矿石损失和贫化指标计算。采用本章的计算方法，即可根据所得到的超欠挖体积计算矿石的损失和贫化指标。

间接法适用于地质测量人员不能进入采场的采矿方法。用间接法计算废石混入率（式（6-8））、矿石回采率（式（6-13））、矿石贫化率（式（6-11））所需的参数为工业储量矿石的品位（α）、采出矿石品位（α'）、混入废石品位（α''）、采出矿石量（T）、矿块工业储量五项。根据化验资料确定 α、α'，按矿块所圈入的矿体形态计算 Q，用从装运设备内采集矿样并经过样品化验统计 α'，按矿石称量法或装运设备计数法统计出 T。

使用间接法时，必须注意 α、α'、α'' 及 T 等参数的准确性，否则，计算结果将不能如实反映情况。

6.4.3　基于三维激光扫描技术的中深孔开采矿石损失贫化计算示例

本书以某金矿中深孔采场开采为工程背景，介绍如何采用三维激光扫描技术进行中深孔采场矿石损失贫化指标的计算。

（1）采用三维激光扫描仪获得回采后空区的三维模型如图 6-2 所示，该中深孔采场可分为上幅采场和下幅采场两个部分。

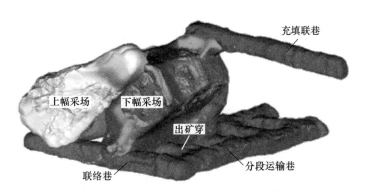

彩色原图

图 6-2　中深孔采场回采后的空区三维模型

（2）根据获得的中深孔采场的形态特征与矿体赋存形态，分别建立实际设计与回采复合模型（图 6-3）以及中深孔采场与矿体的复合模型剖面（图 6-4），分别计算开采过程中的超欠挖量，在此基础上，根据矿体与中深孔采场复合模型计算矿石的损失和贫化指标。

（3）根据以上所建立的矿体-采场复合模型可知，除去中深孔开采所引起的超欠挖之外，损失的矿石主要是中深孔开采后残留的三角矿柱，引起矿石贫化的主要原因是下盘围岩的混入。其回采指标计算过程如下：

该矿山矿石密度为 $2.7 \times 10^3 \mathrm{kg/m^3}$；

工业试验采场设计区域的矿石总量为 18553.84t；

下幅采场回采矿岩总量为 9628.42t；

上幅采场回采矿岩总量为 8889.61t；

双幅采场之间损失的三角矿柱矿量为 729.46t；

下幅采场回采欠挖矿石量为 582.96t；

上幅采场回采欠挖矿石量为 682.36t；

损失矿石总量为 1994.78t；

混入围岩（废石）量为 1958.96t。

$$矿石回收率 = \frac{18553.84 - 1994.78}{18553.84} \times 100\% = 89.25\%$$

$$矿石贫化率 = \frac{1958.96}{9628.42 + 8889.61} \times 100\% = 10.58\%$$

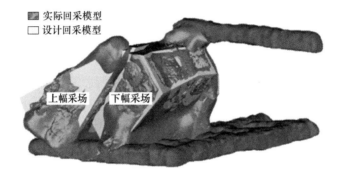

彩色原图

图 6-3 设计与回采的复合模型

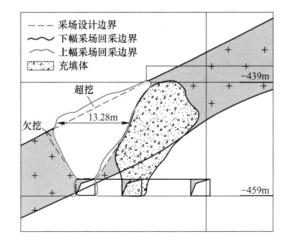

彩色原图

图 6-4 中深孔采场与矿体的复合模型剖面

6.5　降低矿石损失与贫化的措施

为了充分利用地下资源，减少因矿石损失与贫化所引起的经济损失，提高矿产原料的数量与质量，应该针对产生矿石损失与贫化的原因，采取下列有效的措施。

（1）加强地质测量工作，及时为采矿设计和生产提供可靠的地质资料，以便正确确定采掘范围，减少废石混入量。

（2）选择合理的开拓方法，尽可能避免留设保安矿柱。

（3）选择合理的开采方法，及时回采矿柱和处理采空区。

（4）选择合理的采矿方法及其结构参数，改进采矿工艺，以减少回采的损失与贫化。

（5）改革底部出矿结构，推广无轨运卸设备和振动放矿设备，加强放矿管理，以提高矿石回采率，降低矿石贫化率。

（6）选择适宜的提升、运输方式和盛器，避免多次转运矿石，以减少粉矿损失。

1　名词解释

（1）矿石损失；（2）矿石损失率；（3）矿石贫化；（4）矿石贫化率；（5）矿石回采率；（6）废石混入率。

2　简答题

（1）矿石损失的原因有哪些？

（2）矿石贫化的原因有哪些？

（3）降低矿石贫化的措施有哪些？

3　损失贫化计算

开采某铁矿床，已知条件如下：矿块工业储量 Q 为 84000t，矿块工业储量的品位 α 为 60%，从该矿块采出的矿石量 T 为 80000t，采出矿石的品位 α' 为 57%，混入废石的品位 $\alpha''=15\%$。试求：（1）废石混入率；（2）矿石回采率；（3）矿石贫化率；（4）金属回收率。

4　扩展阅读

［1］张绍周，陈玉明，张鲲华．改进采矿工艺降低损失贫化［J］．金属矿山，2014（1）：16-19.

［2］李昌宁，任凤玉，徐小荷．我国矿产资源开采中的损失贫化浅析［J］．自然资源学报，2000（1）：36-39.

［3］李胜辉，秦利斌，孙光华．采场结构参数对矿石损失贫化的影响分析［J］．矿业工程，2009，7（2）：20-22.

［4］何懿．复杂矿体开采中矿石损失贫化原因及其对策［J］．湖南有色金属，2009，25（3）：8-10.

［5］鞠玉忠，原丕业，朱卫东，等．降低矿石损失贫化的综合技术措施研究［J］．金属矿山，1997（1）：15-19.

7　深 部 开 采

本章课件

本章提要

本章主要讲解了深部开采的基本概念，界定了临界深度的划分，解答了"多深才是深部开采"的问题。围绕深部矿岩体的赋存条件，讲解了深部开采工程岩体的力学响应特征，展望了深部开采将面临的系列挑战。

7.1　深部开采基本概念

7.1.1　临界深度的划分

地下工程存在某一个深度，在该深度以上的工程建设采用常规的施工工艺和支护方法即可控制围岩的稳定，但在该深度以下的地下工程中，巷道围岩的变形破坏明显加剧，地压显现剧烈，出现大变形、岩爆等工程灾害，采用常规的支护对策及施工工艺已不能对围岩起到有效控制，这一深度即为临界深度。因此，为便于正确认识深部工程，对其采取有效的控制对策，事先必须对深部工程的临界深度有一明确概念和理解。在深部概念的基础上，对临界深度可定义为：工程岩体最先开始出现非线性力学现象的深度称为临界深度。

7.1.2　深部开采的定义

近年来，国内外许多学者对深部及深部开采的科学定义进行了研究。何满潮院士提出把工程岩体开始出现非线性力学现象的深度及其以下的深度区间称为深部，并提出临界深度、上临界深度、下临界深度的概念，建立了深部工程的评价指标体系。钱七虎院士根据深部岩体工程中出现新的特征科学现象的情况，提出基于分区破裂化现象来界定深部岩体工程，可以得到深部岩体工程明确的具体概念。也有学者以国际岩石力学学会定义的硬岩发生软化的深度作为进入深部工程的界限。对于深部开采的划分问题，很多学者给出不同见解：

（1）根据地温的高低划分。有学者从地热增温的角度出发，认为-600m以下的叫作深井，其理由是深度每增加30m，地温增加1℃。600m深的矿井地温增加20℃，若恒温带为0m，地温为20℃，则-600m深的矿井，地温相差悬殊。南非大多数矿井，到1500m深时，地温不到40℃，从此观点出发，南非认为井深1500m以上才叫深井。我国石咀子铜矿由于平均气温低，地温梯度为每百米2~2.5℃，在开采到986m时，地温才26.5℃。

（2）根据发生岩爆的程度划分。有学者从地压角度来确定深井的划分，认为大于800~1000m深的矿井，因其易发生岩爆而称之为深井。但有些矿井，开采深度并不大，而岩爆却频频发生，如北乌拉尔铝土矿，从 360~500m 深起就频繁发生岩爆。相反，有的矿井虽超过千米，但并未发生岩爆。

因此，确定深井的界限应结合地温、地压和开采技术条件等因素综合考虑，有学者设想最好能用一个方程式来表达，但到目前为止，还找不到这样的方程式。

（3）根据绝对深度划分。开采深度小于 300m 称为浅部开采，在此深度内采矿时，一般地压显现不严重，即使发生地压活动，也属静压问题，易于处理。开采深度介于300~600m 称为中等深度开采，在此深度内采矿时，根据矿体赋存条件、矿岩的物理力学性质，在掘进采准巷道或开拓的过程中，可能发生轻度岩爆，如岩石弹射等现象。开采深度在 600~2000m 为深部开采，在此深度开采时，具有 Ⅱ 类变形特征的岩石会发生频繁的岩爆，而且某些采矿方法在深度超过 700m 时，将会遇到难以克服的困难，甚至无法在采场中进行正常的回采工作。回采深度大于 2000m 以上为超深开采，目前处于超深开采的矿山不多，世界上也只有为数不多的几座矿山。如南非的姆波尼格金矿矿井是世界上深井之一，开采深度为 4350m；南非撒武喀金矿开采深度达 4000m；南非的陶托那盎格鲁金矿，其开采深度为 3900m。美国西部采矿业以 1874 年布莱克山金矿的发现为标志，将开采划分为前后两个时期，即浅层开采时期和深层挖掘（即深部开采）时期，把 1524m（5000 英尺）定为进入深部开采的深度。南非将 1500m 的矿井称为深矿井。俄罗斯学者对于深矿井的划分有两种：一种是两分法，深度为 600~1000m 的矿井称为深矿井，深度为 1000~1500m 的矿井称为大深度矿井；另一种是三分法，开采深度超过 600m 的矿井统称深矿井，其中，第 1 类矿井深 600~800m，第 2 类矿井深 800~1000m，第 3 类矿井深 1000m 以上。日本把深部开采的临界深度定为 600m，而英国和波兰为 750m，德国为 900m。

根据目前现状和未来的发展趋势，结合我国矿山开采的客观实际，多数专家认为，中国深部开采的起始深度可界定为非煤矿山开采深度超过 800m 为深井开采。

7.2 深部岩体工程力学特征

深部岩体的地质力学特点决定了深部岩体工程与浅部岩体工程的明显区别在于深部岩石所处的特殊环境，即高地应力、高地温、高岩溶水压的复杂力学环境。

进入深部以后，受"三高"作用，深部工程围岩的地质力学环境较浅部发生了很大变化，从而使深部巷道围岩表现出其特有的力学特征现象，主要包括以下几方面：

（1）围岩应力场的复杂性。浅部巷道围岩状态通常可分为松动区、塑性区和弹性区三个区域，其本构关系可以采用弹塑性力学理论进行推导求解。然而研究表明，深部巷道围岩产生膨胀带和压缩带（或称为破裂区和未破坏区）交替出现的情形，且其宽度按等比数列递增，这一现象被称为区域破裂现象。现场实测研究也证明了深部巷道围岩变形力学的拉压域复合特征。因此，深部巷道围岩的应力场更为复杂。

（2）围岩的大变形和强流变性特性。研究表明，进入深部后岩体变形具有两种完全不同的趋势。一种是岩体表现为持续的强流变特性，即不仅变形量大，而且具有明显的"时间效应"，如煤矿中有的巷道 20 余年底鼓不止，累计底鼓量达数十米。另一种是岩体并没有发生明显变形，但十分破碎，处于破裂状态，按传统的岩体破坏、失稳的概念，这种岩体已不再具有承载特性，但事实上，它仍然具有承载和再次稳定的能力，借助这一特性，有些巷道还特地将其布置在破碎岩体中，如沿空掘巷。

（3）动力响应的突变性。浅部岩体破坏通常表现为一个渐进过程，具有明显的破坏前兆（变形加剧）。而深部岩体的动力响应过程往往是突发的、无前兆的突变过程，具有强烈的冲击破坏特性，宏观表现为巷道顶板或周边围岩大范围的突然失稳、坍塌。

（4）深部岩体的脆性-延性转化。试验研究表明，岩石在不同围压条件下表现出不同的峰后特性，由此最终破坏时应变值不相同。在浅部（低围压）开采中，岩石破坏以脆性为主，通常没有或仅有少量的永久变形或塑性变形；而进入深部开采以后，因在"三高一扰动"作用下，岩石峰后强度的影响显著增加，在高围压作用下岩石可能转化为延性，破坏时其永久变形量通常较大。因此，随着开采深度的增加，岩石已由浅部的脆性力学响应转化为深部潜在的延性力学响应行为。

（5）深部岩体开挖岩溶突水的瞬时性。浅部资源开采中，矿井水的主要来源是第四系含水层或地表水通过采动裂隙网络进入采场和巷道，水压小，渗水通道范围大，基本服从岩体等效连续介质渗流模型，涌水量也可根据岩体的渗透率张量进行定量估算，因此突水预测预报尚具可行性。而深部的状况却十分特殊，首先，随着采深加大，承压水位高，水头压力大；其次，由于采掘扰动造成断层或裂隙活化，而形成渗流通道相对集中，矿井涌水通道范围窄，使岩溶水对巷道围岩和顶底板形成严重的突水灾害。另外，突水灾害往往发生在采掘活动结束后的一段时间内，具有明显的瞬时突发性和不可预测性。

7.3　深部工程开采过程面临的挑战

由于深部岩石力学行为具有明显区别于浅部岩石力学的重要特征，再加上赋存环境的复杂性，致使深部资源开采中以岩爆、突水、顶板大面积来压和采空区失稳为代表的一系列灾害性事故与浅部工程灾害相比较，程度上加剧，频度上提高，成灾机理更加复杂，具体表现如下：

（1）岩爆频率和强度均明显增加。统计资料表明，岩爆多发生在强度高、厚度大的坚硬岩层中，主要影响因素包括顶底板条件、原岩应力、埋深、矿岩物理力学特性、厚度及倾角等。尽管在极浅的硬岩层中（深度小于100m，有的甚至在30~50m）也有发生岩爆的记载，但总的来看，岩爆与采深有密切关系，即随着开采深度的增加，岩爆的发生次数、强度和规模也会随之上升。

（2）采场地压显现剧烈。随着采深的增加，覆岩自重压力增大，且构造应力增强，表现为围岩发生剧烈变形、巷道和采场失稳，并易发生破坏性的冲击地压，给顶板管理带来许多困难。

（3）突水事故趋于严重。河北某铁矿开采过程中，由于开采扰动引起阻水断层活化，阻水断层连通了-260m中段巷道与上覆奥灰强岩溶含水层，进而引发矿山突水事故。山东某金矿地下导水构造复杂，因此该矿在开采过程中，在不同中段累计发生了几十次突水事故，最大的涌水量达到200m³/h。2021年，山西省某铁矿在开采过程中导水构造沟通，造成严重的突水事故，导致13人遇难。云南某铅锌矿也属于大水矿山，自建矿以来多次发生突水事故，最大的一次突水，造成了淹井事故的发生，也是由于在工程掘进过程中沟通了隐伏导水断层，本次突水的最大涌水量达到了 6000m³/h。

（4）巷道围岩变形量大、破坏具有区域性。与浅部一样，深部巷道支护的目的仍是尽量保持围岩的完整性以及避免破碎岩体进一步产生位移。深部开采一方面自重应力逐渐增加，同时，由于深部岩层的构造一般比较发育，其构造应力十分突出，致使巷道围岩压力大，巷道支护成本增加。据有关资料统计，随着矿山开采深度的增加，近 10 年巷道支护成本增加了 1.4 倍，巷道翻修量占整个巷道掘进量的 40%。

习　　题

1　名词解释

（1）临界深度；（2）深部开采。

2　简答题

（1）简述当前有关深部开采的定义。

（2）深部岩体的工程力学特征有哪些？

（3）深部开采面临的挑战有哪些？

3　论述题

（1）简述深部工程岩体力学特性。

（2）简述深部开采围岩稳定性分析方法。

4　扩展阅读

[1] 解世俊，孙凯年，郑永学，等. 金属矿床深部开采的几个技术问题 [J]. 金属矿山，1998 (6)：3-6.

[2] 李元辉，解世俊，孙凯年，等. 红透山铜矿深部开采技术研究 [J]. 有色金属（矿山部分），1998 (6)：10-15.

[3] 谢和平，高峰，鞠杨. 深部岩体力学研究与探索 [J]. 岩石力学与工程学报，2015，34 (11)：2161-2178.

[4] 谢和平. 深部岩体力学与开采理论研究进展 [J]. 煤炭学报，2019，44 (5)：1283-1305.

[5] 谢和平. "深部岩体力学与开采理论"研究构想与预期成果展望 [J]. 工程科学与技术，2017，49 (2)：1-16.

[6] 郭奇峰，蔡美峰，吴星辉，等. 面向 2035 年的金属矿深部多场智能开采发展战略 [J]. 工程科学学报，2022，44 (4)：476-486.

[7] 李夕兵，宫凤强. 基于动静组合加载力学试验的深部开采岩石力学研究进展与展望 [J]. 煤炭学报，2021，46 (3)：846-866.

[8] 谢和平，李存宝，高明忠，等. 深部原位岩石力学构想与初步探索 [J]. 岩石力学与工程学报，2021，40 (2)：217-232.

[9] 蔡美峰. 深部开采围岩稳定性与岩层控制关键理论和技术 [J]. 采矿与岩层控制工程学报，2020，2 (3)：5-13.

8 绿 色 开 采

本章课件

本章提要

本章主要介绍了深部金属矿山绿色开采的意义和内涵，阐述了深部金属矿山绿色开采的关键技术体系，给出了金属矿山绿色开采模式分类及其相应的实现途径。

8.1　深部金属矿山绿色开采意义

矿山开采和选冶过程与矿山环境承载能力密切相关，传统矿山开采毁坏地表植被，产生粉尘、固废、废水、废气等污染物，引发地质环境破坏、采空区地表沉降、重金属污染、地下水系破坏等严重后果，且这种生态破坏具有影响范围大、治理周期长的特点，有些生态破坏甚至是不可逆的。同时，矿山生产过程往往危险程度较高，属于安全生产监管中的高危行业，稍有不慎，都有可能引发造成重大人员伤亡、巨大财产损失、群体性职业病危害和重大环境污染等生产安全事故。另外，矿山企业的发展在给社区带来就业和商业机会的同时，也往往伴随着对社区生态环境的改变，甚至是破坏，从而与矿区社区形成既互惠又矛盾的复杂关系。因此，为了使传统的环境破坏型矿业成为与生态环境和谐相处的绿色产业，采矿业提出了绿色开采的发展理念。

以加拿大和澳大利亚为代表的矿业强国在 21 世纪初提出可持续开采的概念，提出以安全且对环境负责的开采方式促进金属和矿物的生产、使用和再循环，力求最大限度地减少矿山开采对环境和生物多样性的影响。

8.2　深部金属矿山绿色开采内涵

在我国，绿色开采这一概念由钱鸣高院士在 2003 年首次提出，针对煤矿采掘业阐述了绿色开采"低开采、高利用、低排放"的内涵，并建立了包括减沉开采、煤与瓦斯共采、保水开采、矸石减排、土地复垦与综合治理在内的绿色开采技术体系。由于金属矿的开采方式、选矿技术、主要污染物等条件与煤矿有较大的区别，因此，金属矿绿色开采与煤炭资源绿色开采在内涵上存在一些差异。

金属矿绿色开采（green mining）是一种环境影响最小化、资源利用效率最大化且安全的新型开采模式。金属矿绿色开采主旨是将金属矿生产活动对生态环境的影响和破坏降到最低水平，实现绿色开采。金属矿资源绿色开采的内涵是避免金属矿开发造成生态环境的失衡，形成一种资源利用与生态环境的相互协调，不同于传统开采的"高开采、低利用、高排放"，而是实现"高开采、高利用、低排放"这一目标。金属矿绿色开采的根本出发点是预防或尽量减少金属矿开采对环境的负面影响，以及提高对共伴生资源的综合利用，实现在矿产资源高效开发过程中，对生态环境的影响极小，实现社会、经济和环境三者协调发展。

金属矿资源绿色开采具备 4 个方面的内涵和特点：

（1）在开采理念上坚持从源头消除或减少采矿对环境的影响，而不能先污染后治理；

（2）在技术上采用先进的工艺设备和采矿方法，达到低能耗、污染物低排放的目标；

（3）在设计上通过最优开采顺序的调整，保护地下水，减缓地面沉降，减少排放尾矿、矸石和资源的浪费，保护自然环境；

（4）在开采方式上实行金属资源及共伴生资源同采，综合利用，使产品梯度深度增加，实现金属矿资源开采及相关产业均衡发展。

8.3 深部金属矿山绿色开采关键技术体系

深部金属矿的绿色开采关键技术主要兼顾开采高效、无废无害和环境生态三方面（图 8-1）。

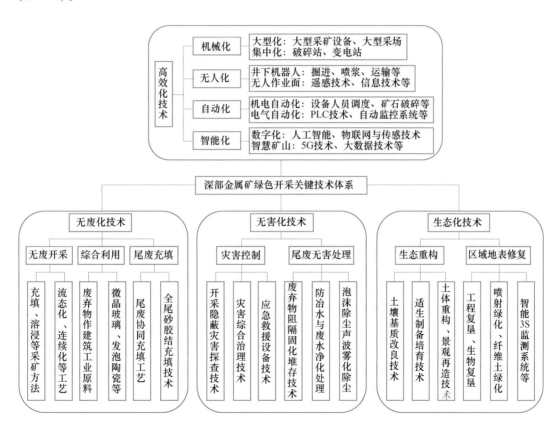

图 8-1 深部金属矿绿色开采关键技术体系

（1）高效开采关键技术。高效开采技术是促进矿业发展的主要研究方向，通过应用学科融合理论及计算机信息网络技术，从而提升采矿设备和采矿工艺的工作效率。在矿山机械化方面，通过研发大型、液压、集中和无轨化机械设备，从而达到提高效率和降低劳动强度的目的；在自动化方面，通过机电和电气自动化，从而完成人力难以实现的工作；在无人化方面，通过遥感、信息与控制技术，研发无人作业模式，进而保障施工人员安全。

（2）无废无害关键技术。矿山开发产生的废物主要有前期废石、开采阶段废石，以及选矿及冶炼阶段的尾砂和炉渣。无废处理关键技术主要包括减少尾废产生和最大限度回收两方面。无害化关键技术是指通过物理、化学或生物技术手段处理尾废中的有害物质或元素。

（3）环境生态关键技术。传统矿业重视经济效益而忽视生态环境，环境生态关键技术主要有生态重构和区域地表修复两方面。生态重构是指在无人为干扰下生态系统的自我修复；区域地表修复是指通过植物修复、生态灌浆和微生物修复等技术对尾矿库和采空区所在的地表的修复。

8.4　金属矿山绿色开采模式

绿色开采模式类型根据不同的划分标准可以有多种类型组合。比如按照矿山的开采方式，可以分为露天矿山绿色开采模式和地下矿山绿色开采模式；按照矿山伴生资源及尾废特征，可以将绿色开采模式划分为无废开采主导型、资源化利用主导型、无害化生态化堆存主导型；按照矿山的开采规模，可以分为大型、中型、小型矿山绿色开采模式；按照矿山开采的工艺流程和生命周期，可以划分为源头预防型、末端治理型和全程管控型三种绿色开采模式。开采方式和生产规模都主要取决于矿体本身的储藏条件和储量，属于先天条件。下面重点介绍基于矿山伴生资源及尾废特征的绿色开采模式，以及基于工艺流程和生命周期的绿色开采模式。

8.4.1　基于伴生资源及尾废特性的模式分类

（1）无废开采主导型。无废开采主导型的绿色开采模式一方面要通过低废采准和控制爆破技术降低废石的产量，另一方面将废石和尾矿用于充填采空区，最终实现矿山地表无废化。

低废采准是通过采矿方法设计，减少采准工程开凿和采场冒落的废石，降低矿石贫化率指标。常用的措施有：采场顶部设计为菱形或拱形结构，充分利用岩体的自稳能力，防止岩石冒落。控制爆破技术是实施低废采的重要手段，钻爆法具有设备简单、开采效率高、适用性强的优点，目前仍然是金属矿地下开采的主要方法。合理的爆破设计能够在提高产量的同时减少超挖，降低贫化率。

尾矿充填利用是无废开采主导型绿色开采模式的核心。目前最流行的全尾砂充填技术是将选厂排放的尾砂通过旋流器、浓密机或压滤机进行浓缩脱水后，添加一定的胶凝材料和改性剂，制备成高浓度的充填料浆，实现粗颗粒和细颗粒尾砂的全部利用，理论利用率可达100%。

相对于常规的采、选、冶开采方法，原位浸出开采是一种新型的无废开采工艺，能够节约提升成本，而且不产生尾砂和废石。一般采用钻孔的方式将浸矿溶液通过注入管道，输送到已经压裂或者破碎的矿层，经过充分反应后，将浸出的矿物富集液由抽送管道返回至地表回收金属。但是，由于原位浸出开采要求浸矿液与矿石内部充分反应，且开采效率较低，目前多应用于低品位砂岩型铀矿、铜矿和金矿，大多数地下金属矿开采仍然要采用常规的采、选、冶开采方法。

（2）资源化利用主导型。资源化利用主导型绿色开采模式主要对尾砂和废石进行资源化加工，尤其像铜矿和金矿这样尾废产率在90%以上的矿种，有一半以上的尾矿都需要采用资源化利用的方式处置，因此适合资源化利用主导的绿色开采模式。

资源化利用主导型模式需要根据尾废的成分和粒径特性，选择合适的利用方式。对于多伴生金属矿，有价成分再选是优先考虑的资源化利用方式。例如，某大型金矿的尾矿中含有0.6g/t的金和39.65%的钨，经过重选脱泥、磁选除铁、浮选回收金硫、分级磁选的联合再选工艺流程，可以回收品位56.22%的钨精矿和24.25g/t的金精矿。钨精矿和金精矿的产率分别为39.65%和1.19%，由此推算，再选环节的尾矿产率在60%左右，资源化利用了近一半的尾矿。

对于因有价成分含量不高而难以提取出来的尾矿，在不含有有害成分的前提下可以作为建筑材料利用，具体的利用方式和尾砂的粒径和成分有关。按照建筑用砂粒径的要求，粒径250μm的尾砂可以用作砂子的替代品；粒径为100~250μm的尾砂可以加工成轻质免烧砖；粒径为10~150μm且含有长石的尾砂，在降低铁和硫的含量之后，可以生产用作建筑陶瓷原料的长石粉；在生产超高性能混凝土时，粒径10~120μm的尾砂可以替代12%的水泥，粒径12μm的尾砂可以替代40%的粉煤灰；粒径75μm的尾砂可以经过热处理工艺生产烧结砖和微晶玻璃。以上利用方式均取得了不错的效果。目前，为了提高选矿回收率，需要将矿石磨得更细，所以尾矿粒度也越来越细。细粒级尾砂用于加工陶瓷原料或者制备超高性能混凝土时利用量有限，且制作烧结砖和烧结微晶玻璃需要建设额外的生产线。因此，部分尾砂也会需要临时性的堆存。

（3）无害化生态化堆存主导型。部分矿山由于尾矿仍然具有有价成分再选的潜力，或是因加工生产线没有到位，不能采取充填的方式处置尾矿，仍然需要将尾矿堆存在地表。这些矿山适合采取无害化生态化堆存主导的绿色开采模式。这一模式的主要思想是对排土场和尾矿库进行无害化封闭，对长期堆存的尾矿库进行绿化，以杜绝堆存的尾废危害人类和环境。

无害化堆存一般是将尾矿经浓密处理后，进行干式堆存、膏体堆存或者固结堆存。我国矿山以前主要采用的湿式堆存不易将尾矿完全封闭，尾矿坝设施也存在安全风险，不适合作为无害化堆存的方式。干式堆存将尾矿料浆压滤成滤饼后进行排放，滤饼质量分数在80%以上，具有大幅提升有效库容量、延长尾矿库服务年限、大幅降低建库成本和管理成本、经济效益显著等优点。

膏体堆存是20世纪90年代后期，综合尾砂湿排和干堆的优点，提出的一种尾砂半干排的方法。膏体堆存具有尾砂不离析、高黏度、渗透率低等特点，既能够管道输送，又能减轻环境污染和溃坝、渗水危险，有利于尾矿堆体的稳定性。

固结堆存是一种平地堆存方式。通过选择性地向堆场四周的尾砂添加适当胶凝材料，将尾砂堆场四周固结，形成表层为硬壳的尾砂堆场。固结堆存形成的尾矿堆体具有自稳性高、防渗能力强、成本低、安全性好的特点。对于长期甚至永久性堆存的尾矿库，在无害化封闭的基础上还要进行生态化修复。由于重金属污染物具有难降解、易聚集、污染时间长的特点，潜在污染风险较严重，因此需要采用改良剂修复、植物修复、微生物修复三类技术手段来降低长期堆存的风险。最后在修复后的尾矿库表面进行绿化，使尾矿库与环境融为一体。

8.4.2 基于矿山开采的工艺流程和生命周期的模式分类

（1）源头预防型。这种模式主要是从采矿前期工艺进行考虑，如改变开采方式以减少废石；对产生的废矿石直接在井下分类，将废石直接用于充填。

（2）尾端治理型。这种模式主要是从采矿后期环境保护角度进行考虑，对后期进入地表的污染物（废水、废气、废石和尾矿）进行处理，使其符合相关规范要求。这种模式对设备要求较高，且无法处理前期已经排放的污染物，具有一定的局限性。

（3）全程管控型。这种模式既考虑开采过程，又考虑后期处理过程，争取做到开采过程中"无废开采"，既对废石、尾矿和矿井水进行综合利用，还要做到开采过程中"协同开采"，即开采与灾害管理和污染物处理协同进行，如充填采矿法。

习　题

1　名词解释

（1）金属矿绿色开采；（2）无废化开采；（3）无害化堆存；（4）源头预防型绿色开采。

2　简答题

（1）简述金属矿资源绿色开采的内涵和特点。

（2）金属矿山绿色开采模式如何分类?

3　扩展阅读

［1］吴爱祥，王勇，张敏哲，等．金属矿山地下开采关键技术新进展与展望［J］．金属矿山，2021（1）：1-13.

［2］赵国彦，吴攀，裴佃飞，等．基于绿色开采的深部金属矿开采模式与技术体系研究［J］．黄金，2020，41（9）：58-65.

［3］赵威，李威，黄树巍，等．三山岛金矿智能绿色矿山建设实践［J］．黄金科学技术，2018，26（2）：219-227.

［4］王建法，刘建兴，陈晃．金属矿绿色开采的理念与技术框架［J］．矿业工程，2016，14（6）：16-18.

［5］张传信，刘培正，郭伟．绿色开采技术在金属矿山开采中的应用［C］//中国矿业科技文汇（2015），2015：62-65.

［6］中华人民共和国自然资源部．有色金属行业绿色矿山建设规范 DZ/T 0320—2018［S］．北京：人民交通出版社，2018.

［7］中华人民共和国自然资源部．黄金行业绿色矿山建设规范 DZ/T 0314—2018［S］．北京：地质出版社，2018.

9　金属矿山智能开采

本章课件

本章提要

　　随着金属矿山不断向深部、三高一扰动的复杂环境开采，岩爆、大变形、大体积塌方等工程灾害频发，严重威胁着人员、设备作业安全，指数下降的开采效率，不断提升的开采成本，严重地制约着深地工程建设和深部资源开采的进展。而智能开采是化解深部开采风险的必由之路。

　　当前智能矿山的建设如火如荼，围绕着智能开采和智能矿山建设，东北大学、北京科技大学、中南大学、北京矿冶研究总院、中国恩菲工程技术有限公司等众多科研单位围绕智能矿山建设进行了深入研究，系统地研究了我国金属矿山智能开采的概念、框架、建设内容、实现途径、存在的问题和未来的发展方向。本章内容基于国内相关学者的最新研究成果，进行系统梳理和整合，为学生了解智能矿山建设提供支撑。

9.1　金属矿智能开采

　　互联网时代数字化催生着各行各业的变革与创新，金属矿产开采也不例外。智能开采是解决"深地、深海、深空"资源开采的必由之路。对于金属矿开采而言，智能开采也不是一个固定的概念，随着智能开采技术的进步，其定义、概念和要求也在不断地发展。

　　智能开采是基于传感器、通信、人工智能、自动控制、虚拟现实等技术，通过对开采过程的作业环境、作业对象、作业设备、作业效果的单体及相互间泛在信息的快速、精准感知、高速传输、快速分析、高效决策以及决策结果精准展示，以达到提高开采过程的智能化水平，减少对人工的依赖，使得开采过程更加高效、经济、安全，确保矿山开采处于最佳的状态和最优的水平。

　　智能开采是指采用人工智能、工业互联网、新一代通信技术、大数据、区块链、边缘计算、精确定位与导航、虚拟现实等智能技术和信息化技术，深化改造并重塑矿山采、选、冶等核心生产环节，实现矿山全链条的智能化与协同化，从而达到矿山经营处于高效、安全、绿色、和谐及经济效益最优的目标。

　　智能矿山以基础信息化设施、矿山资源数字化系统、安全管理信息化系统为支撑，以矿山大数据与运营决策系统为决策核心，通过固定设施自动化系统、无轨装备智能化系统、有轨装备智能化系统等智能化作业系统，完成矿山各作业环节的实际执行和闭环反馈，形成透明化、一体化和规范化的生产、运营、决策体系。

9.2　金属矿智能开采现状

9.2.1　国外金属矿智能开采现状

为了取得采矿工业的技术优势，从 20 世纪末开始，欧美国家先后实施了智能开采研究，如德国设置了"工业 4.0"、加拿大执行的"2050 计划"、瑞典的"无人化矿山"、芬兰的"智能化矿山"建设。

芬兰通过智能矿山技术研究，对资源及其生产过程中的实时管理、设备自动化和生产维护自动化等三个方向开展研究，建立了智能矿山技术体系，开发了智能机械装备与系统，并成功地将其应用于凯米地下矿，取得了较好的经济效益。

瑞典通过智能采矿国家综合研究计划，研发遥控铲运机、自动化和半自动化的凿岩、装药和爆破系统，提高生产效率，降低矿山生产成本，建成了世界上第一座智能化的地下铁矿山——瑞典基律纳铁矿。

加拿大启动了采矿自动化项目，依托国际镍公司，研发地下高频宽带通信系统、开发地下装备远程遥控、自主智能运行系统等核心技术，推动了加拿大在智能采矿方面处于国际领先位置。

澳大利亚日出坝金矿（Sunrise Dam）采用物联网、人工智能和大数据挖掘等技术，实现了矿山生产过程管理的智能化。引进 MineSuite 智能矿山管理系统，实现了矿山进度计划与井下生产现场之间的无障碍沟通，完整有效地连接企业经营价值链的各个环节。奥林匹克坝铜铀矿进行铲运机远程自动控制研究，将 MINEGEM 系统安装在铲运机上，采用光纤和微波无线电网络通信在地表进行控制；2003 年，该矿山首次实现由一名操作员在地表控制中心同时遥控两台铲运机和一台位于卸载点的碎石机。

智利依托全球最大的地下矿山特尼恩特铜矿，开展智能铲装应用。采用山特维克的地下矿山自动化矿石运输系统，在距生产区约 15km 的地表实施控制。控制室只有两人工作，一人负责操作地下铲运机，随时可将铲运机在线转至遥控等待、自动或遥控操作状态，而无需停车；另一人负责生产计划和协调工作。

由此可见，欧美国家智能矿山的建设在国家政策的引导下，在企业发展的需求下，起步早、成效快，在浅部规模化开采的条件下，在远程遥控运搬、无人值守运输、车辆人员调度等方面，取得了较大进步。

9.2.2　国内金属矿山智能开采现状

经过多年发展，在国家科技研发项目支持和企业发展需求推动下，我国智能矿山建设从理论研究、技术攻关、设备研制和工程示范等方面，均取得了显著的进步，提升了矿山技术设备、生产控制、安全管理和经营管理的综合水平，促进了矿业的科学发展。矿业软件的应用和主体设备的自动化在国内矿山企业已经基本实现，部分矿山实现了生产管理远程化、遥控化和局部作业的无人化。一些企业正在利用人工智能、大数据和云计算技术，创新矿山智能操控、决策系统，争取实现生产作业、经营管理全流程智能管控。

（1）开采环境智能感知。对开采环境的全面智能感知，获取开采环境的泛在信息，并高速传输到分析决策系统是智能矿山的基础。开采环境感知包括感知和传输两个方面。感知是指利用传感技术、非接触式监测、智能机器人巡检等方式获取环境、人员、设备、开采效果等数据；传输技术是指利用有线、无线高速通信网络，对原始或预处理后的数据，融合、加密、压缩等处理后，快速传递到分析决策系统的过程。

当前4G无线网络在矿山已经大范围推广应用，5G网络也开始进入使用。中国移动山东分公司携手华为在山东黄金矿业（莱西）有限公司成功部署首批5G基站并进行应用组网，实现了地下-500m矿井的5G全覆盖，并成功开通无人驾驶电机车运输系统，这是国内首次实现5G在矿业井下作业场景的部署及应用。2021年5月，由云南迪庆有色金属有限责任公司、中铝智能铜创科技（云南）有限公司、中国移动云南公司、华为技术有限公司联合攻关打造的5G智能矿山在国内最大地下有色金属矿山——普朗铜矿正式实现工业应用。高速通信传输系统在矿山建成并投入应用，为智能矿山建设提供了坚实的保障。

（2）矿山设备智能化。新一代信息技术快速发展，我国地下金属矿智能开采装备技术水平也得到了长足的进步，已研发设计出一批具有国际领先水平的智能化采矿装备，如地下智能铲运机、地下智能矿用卡车、智能凿岩台车、智能装药车等，基本实现了远程遥控作业及部分环节的自主作业。

1）智能凿岩台车。智能凿岩台车具备智能开孔、智能凿岩、智能防卡、岩石特性采集、自动接卸杆和异常工况处理等功能，大大简化了凿岩作业的难度，提高了凿岩的效率，降低了劳动强度。

2）地下智能装药车。地下智能装药车是地下金属矿爆破作业的关键设备。地下智能乳化炸药混装车已实现了智能寻孔、智能送管、电液比例负载敏感控制、自主行驶等关键功能，并在首钢集团、酒钢集团等推广应用。

3）地下智能铲运机。以高速通信网络为基础，以精确定位与智能导航及智能调度控制等技术为支撑的地下智能铲运机，已具备远程遥控铲装、自动称重计量、无人驾驶等功能。

4）地下智能矿用汽车。地下矿用汽车是井下运输的重要支撑设备。我国已研发出35t交流电传动智能矿用汽车，采用双动力电传动全轮驱动技术，实现了视距遥控、远程遥控及自主行驶等模式，且实现了电动化、网联化和智能化，并在山东黄金矿业股份有限公司进行了工业试验。

（3）调度管理系统的智能化。

1）马钢张庄矿智能矿山建设。张庄矿业智能采矿首先从井下无人驾驶系统入手，综合应用网络通信技术、过程控制技术、激光及传感器技术、电气及自动化监测技术等，实现了井下矿山生产作业监控监测、自动控制、安全管理，有效地减少了井下作业人员及物资投入，实现了最大限度的安全运输。

2）三山岛金矿智能矿山建设。三山岛金矿升级和扩展了企业网、工业环网、井下无线网络、井下5G网络建设，建成了矿山物联网平台，实现了矿山信息高速公路的全面升级。引进了地下智能铲运机，实现了智能铲运机在各种巷道环境下的自主驾驶。基于井下环境、设备、人员、生产等大数据的集成管理与科学可视化，建成了基于增强现实（AR）/虚拟现实技术（VR）构建的矿山安全仿真与培训一体化系统。

9.3 金属矿智能开采存在的问题

（1）开采环境智能感知技术薄弱。对采矿导致的岩石力学条件和环境改变的多场信息监测感知，是当前地质信息透明化的主要数据信息源。目前，单一变化量的测试感知尚可，但其整体效应、参数融合不足，对岩层介质变化的规律及判断未形成统一标准。数据和信息孤岛问题、异构多源多模态数据融合问题、标准滞后问题是当前必须解决的问题。

（2）矿山机械化装备配套性差，井下大型采掘设备的制造水平低。我国大多数矿山采用的仍然是传统设备，其自动化及信息化水平尚不能满足智能开采要求，缺少成熟的、智能化的国产凿岩钻车、铲运机和矿用汽车等现代装备，缺乏适合于井下的精确定位导航技术。

（3）采矿生产管控一体化综合信息平台开发相对滞后。在开采优化设计、生产管理、开采环境监测、安全预警等方面，信息难以共享，不能为科学决策与管理提供有效的技术支撑。需要开发全新的具有高度智能化、信息化和协同性的控制技术、决策技术、开采技术和装备体系。

（4）缺乏深部高应力、高温条件下的高效采矿技术，采矿成本高，井巷工程掘进速度慢。深部环境复杂，开采过程精确定位导航技术缺乏，安全应急指挥与调度智能化技术急需提高，开采过程工艺复杂、设备繁多，导致行进路线长、行进阻力大、行程困难多，急需研发自主行走、智能控制等关键技术。

9.4 金属矿智能开采的关键技术

智能采矿是一个复杂的系统工程，国内外的成功案例表明，智能采矿需要合理高效的开采工艺、智能化采矿设备、自动化的提升和运输设备、先进的生产管控模式的有机配合。因此，基于人工智能、物联网、大数据等技术，集成各类传感器、自动控制器、传输网络、组件式软件等，建立深部环境智能感知方法、深井智能开采标准、矿业大数据，构建深部资源智能化开采理论体系；攻克深部开采环境智能探测和采矿作业智能化技术，逐步实现井下无人、井上遥控的智能化开采新模式；研制深部开采智能传感器和智能采掘设备，建设矿山云计算大数据管控平台；通过深部金属矿智能化开采示范矿山的建设，由点及面，逐步推进我国智能矿山建设。

（1）地下金属矿无线通信技术。随着智能化装备越来越多的应用，井下通信传输面临带宽更大、时延更低、切换速度更快等需求。因此，应紧跟行业发展，将通信技术最新成果及时应用到矿山信息高速传输网络建设，为智能化建设提供高速高质通信环境。

（2）地下金属矿泛在信息采集技术。金属矿开采作业面走向长度从几百米到几千米，开采深度延伸到千米以下，矿山井巷长度多达100km。深部开采高温、高湿、高粉尘作业环境下，基于激光、压力、变形、振动、温度、风速等泛在数据采集，极易受到复杂环境的影响，导致数据精度、准确度均受到很大干扰。此外，传感器数量多、协议不统一，泛在信息采集、传输、存储存在多源、异构、海量困难等问题。因此，构建高可靠性、高通用性的地下金属矿泛在信息采集技术可为矿山智能化开采提供可靠的数据支撑。

（3）井下高精度定位与智能导航技术。对环境高危的矿山行业而言，安全生产是不容逾越的红线。稳步推进的智能矿山建设，重中之重就是通过高新技术手段健全安全生产管控体系。高精度定位与智能导航系统是人员、设备精准定位、智能导调、远程遥控乃至无人作业的关键。激光扫描测量、航迹推测、UWB 定位、信标修正、激光雷达、IMU 惯性测量单元、视觉导航等单一或多技术的融合定位和智能规划技术的研究是未来井下高精度定位的发展趋势。创建深井条件下全区开采、多系统自适应智能调度技术与系统，形成开采全过程智能管理及调配解决方案。

（4）地下开采装备智能控制技术。技术的进步和装备的革新是推动采矿技术的源动力。基于人工智能、自动控制、图像识别、深度学习等技术，突破远程装矿、自动卸矿技术、障碍物检测、铲运机精准自动卸载技术，实现铲运机智能作业、振动放矿机智能装卸、凿岩机自动寻孔、破碎机自主作业。通过设备的智能化，减少作业人员，降低安全风险。

（5）地下金属矿多装备协同控制技术。我国地下金属矿凿岩台车、装药车、铲运机、破碎机、矿用卡车、有轨电机车等典型智能作业装备已部分实现了多种单体设备的自动化、智能化控制，但多装备协同控制技术还有待突破。矿山生产过程中受作业场地限制，多台套设备并行作业，设备间协同作业机制和安全控制技术亟待突破，以实现全矿区域、多中段、多采场、多作业面、多装备协同生产，达到产能最大和效益最优。

（6）智能采矿生产运营一体化集控平台技术。地下金属矿山现有管理系统多处于离散化状态，数据孤岛、数据资源浪费等现象严重，需要生产运营一体化集控平台对地下金属矿生产规划、排产计划、采矿设计、运营调度等整个生产过程进行集中管控与调度。未来需要攻克矿山生产计划、凿岩作业、爆破作业、铲装运输、溜井破碎、集中运输等生产工序的高效协同作业、集成管控与智能调度，全面支撑智能采矿生产模式。

习　题

1　名词解释

智能开采。

2　讨论题

（1）当前我国金属矿智能开采存在的问题是什么？

（2）开展文献阅读与分析，我国金属矿山智能开采实施的途径是什么？

3　扩展阅读

［1］冯夏庭．岩石力学智能化的研究思路［J］．岩石力学与工程学报，1994（3）：205-208.

［2］冯夏庭，王泳嘉．采矿科学发展的新方向——智能采矿学［J］．科技导报，1995（8）：20-22.

［3］冯夏庭，王泳嘉．智能岩石力学及其内容［J］．工程地质学报，1997（1）：29-33.

［4］冯夏庭．智能岩石力学的发展［J］．中国科学院院刊，2002（4）：256-259.

［5］冯夏庭，刁心宏，王泳嘉．21 世纪的采矿——智能采矿［C］//第六届全国采矿学术会议论文集，1999：93-95.

［6］冯夏庭，刁心宏．智能岩石力学（1）——导论［J］．岩石力学与工程学报，1999（2）：104-108.

［7］冯夏庭，杨成祥．智能岩石力学（2）——参数与模型的智能辨识［J］．岩石力学与工程学报，

1999 (3)：350-353.

[8] 冯夏庭. 智能岩石力学 (3) ——智能岩石工程 [J]. 岩石力学与工程学报，1999 (4)：107-110.

[9] 冯夏庭，王泳嘉. 关于智能岩石力学发展的几个问题的讨论 [J]. 岩石力学与工程学报，1998 (6)：705-710.

[10] 孙钧. 世纪之交的岩石力学研究 [C]//面向国民经济可持续发展战略的岩石力学与岩石工程——中国岩石力学与工程学会第五次学术大会论文集，1998：11-26.

[11] 蔡美峰，谭文辉，吴星辉，等. 金属矿山深部智能开采现状及其发展策略 [J]. 中国有色金属学报，2021，31 (11)：3409-3421.

[12] 康红普，王国法，姜鹏飞，等. 煤矿千米深井围岩控制及智能开采技术构想 [J]. 煤炭学报，2018，43 (7)：1789-1800.

[13] 战凯，吕潇，金枫，等. 地下金属矿智能开采技术与装备现状及“十四五”的思考 [J]. 智能矿山，2021，2 (1)：11-15.

[14] 刘晓明，邓磊，王李管，等. 地下金属矿智能矿山总体规划 [J]. 黄金科学技术，2020，28 (2)：309-316.

[15] 郭奇峰，蔡美峰，吴星辉，等. 面向 2035 年的金属矿深部多场智能开采发展战略 [J]. 工程科学学报，2022，44 (4)：476-486.

[16] 李国清，王浩，侯杰，等. 地下金属矿山智能化技术进展 [J]. 金属矿山，2021 (11)：1-12.

[17] 张元生，战凯，马朝阳，等. 智能矿山技术架构与建设思路 [J]. 有色金属（矿山部分），2020，72 (3)：1-6.

第二篇

矿床开拓系统

工程问题

某矿体，走向东西，长度 500m，倾向北，矿体倾角 70°~80°，埋深 500m，垂直方向延深超过 600m，矿体平均厚度 5m；矿体上盘围岩不够稳固，围岩坚固性系数 f=8~10，下盘岩石稳固，坚固性系数 f=10~12，矿石稳固，坚固性系数 f=8~10；矿石密度为 2.8t/m³，岩石密度为 2.6t/m³；矿山规划产能 20 万吨／年，中段高度 50m。根据第一篇知识的了解，请考虑：

（1）矿体埋藏于地下，如何建立矿体与地表的联系？

（2）开采出的矿石如何运出到地表？

（3）随埋深增大地温升高，在高温、高湿、高井深区域，如何保证作业人员健康、高效工作？

（4）采矿后，在深部形成空区，水往低处流，地下水汇集，如何保证作业安全？

（5）地下环境中，采矿过程中需要分离矿岩。钻爆法是当前破岩的主要方法，穿孔如何进行，凿岩的动力何来？

（6）地下开采后，随着矿石的运出，地下采空区越来越大，采空区的存在对地表是一个潜在的危险源，如何处理这些采空区？

本篇学习后，学习者要能够回答哪些开拓方法可以使用，哪种方法最好，所选择的方法中，开拓工程如何布置。

10 矿床开拓方法

本章提要

　　介绍矿床开拓的概念以及矿床开拓所包含的井巷工程，简要概述矿床开拓方法的分类，详细介绍了每一个开拓方法的适用条件和典型布置方案以及其优缺点。

10.1 开拓方法分类

　　（1）矿床开拓及开拓巷道。为了开采地下矿床，需从地面掘进一系列巷道通达矿体，使之形成完整的提升、运输、通风、排水和动力供应等系统，称为矿床开拓（development），如图 10-1 所示。

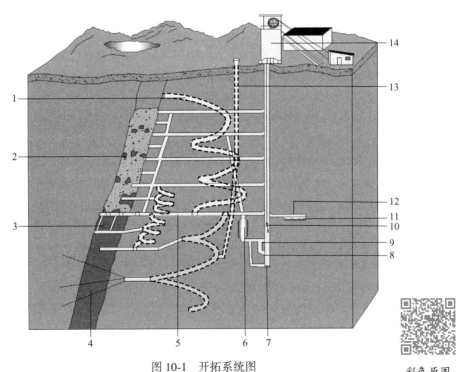

图 10-1　开拓系统图

1—斜坡道；2—已充填采场；3—待采采场；4—勘探钻孔；5—运输巷道；6—破碎站；
7—集水坑；8—箕斗装载站；9—矿仓；10—箕斗；11—水池；12—泵站；13—通风井；14—井架

　　为了开拓矿床而掘进的井巷，称为开拓巷道。依照在矿床开采中所起的作用，开拓巷道可分为主要开拓巷道和辅助开拓巷道两类。主要开拓巷道是指与矿石提升运输相关的井巷，如运输矿石的主平硐和主斜坡道、提升矿石的井筒（如竖井、斜井）均属于主要开拓巷道；在开采矿床中只起辅助作用的巷道，如通风井、溜矿井、充填井等，属于辅助开拓巷道。

（2）开拓方法分类。按照开拓巷道的类型，开拓方法分为单一开拓法和联合开拓法。凡用一种主要开拓巷道开拓矿床，称为单一开拓法，主要包括平硐开拓法、斜井开拓法、竖井开拓法和斜坡道开拓法。基于两种单一开拓方法进行组合的开拓方法，称为联合开拓法，包括平硐和井筒的联合开拓、明井和盲井的联合。

按照主要开拓巷道与矿体的位置关系，开拓方法又可以划分为上盘开拓法、下盘开拓法和侧翼开拓法。

本书采用的开拓方法分类见表 10-1。

表 10-1　开拓方法分类

开拓方法分类		主要开拓巷道类型	典型的开拓方法
单一开拓法	1. 平硐开拓法	平硐	（1）垂直矿体走向下盘平硐开拓法 （2）垂直矿体走向上盘平硐开拓法 （3）沿矿体走向平硐开拓法
	2. 斜井开拓法	斜井	（1）脉内斜井开拓法 （2）下盘斜井开拓法
	3. 竖井开拓法	竖井	（1）下盘竖井开拓法 （2）上盘竖井开拓法 （3）侧翼竖井开拓法
	4. 斜坡道开拓法	斜坡道	（1）螺旋式斜坡道开拓法 （2）折返式斜坡道开拓法
联合开拓法	1. 平硐与井筒联合开拓法	平硐与竖井或斜井	（1）平硐与盲（明）竖井联合开拓法 （2）平硐与盲（明）斜井联合开拓法
	2. 明井与盲井联合开拓法	明竖（斜）井与盲竖（斜）井	（1）明竖井与盲竖井联合开拓法 （2）明竖井与盲斜井联合开拓法 （3）明斜井与盲竖井联合开拓法 （4）明斜井与盲斜井联合开拓法

10.2　平硐开拓

平硐（adit access）是指硐口直接连通地面的水平巷道。平巷（drift）是指地表没有开口的巷道。

适用条件：当矿体或其大部分赋存在地平面以上时，广泛地采用平硐开拓法。

典型方案：

（1）垂直矿体走向下盘平硐开拓法。当矿脉和山坡倾斜方向相反时，由下盘掘进平硐穿过矿脉开拓矿床，这种开拓方法叫作下盘平硐开拓法。图 10-2 为我国某矿下盘平硐开拓法示意图。该矿开掘主平硐 3，各阶段采下的矿石通过主溜井 4 溜放至主平硐水平，再用电机车运出硐外。人员、设备、材料由辅助竖井 1 提升至上部各阶段。为改善通风、人行、运出废石的条件，设辅助平硐通达地表。

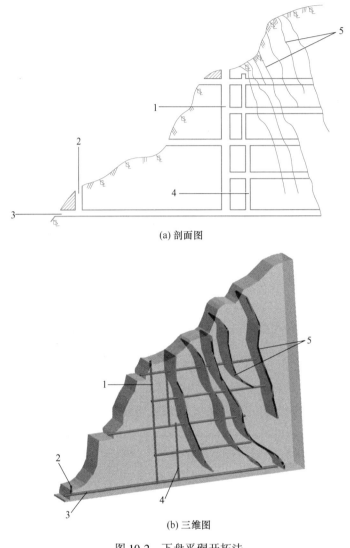

(a) 剖面图

(b) 三维图

图 10-2　下盘平硐开拓法

1—辅助竖井；2—人风井；3—主平硐；4—主溜井；5—矿脉

彩色原图

（2）垂直矿体走向上盘开拓法。当矿脉与山坡的倾斜方向相同时，则由上盘掘进平硐穿过矿脉开拓矿床，这种开拓法叫作上盘平硐开拓法。图 10-3 为上盘平硐开拓法示意图，图中 V24、V26 表示急倾斜矿脉。各阶段平硐穿过矿脉后，再沿矿脉掘沿脉巷道。各阶段采下来的矿石经溜井 2 溜放至各个阶段。

采用下盘平硐开拓法和上盘平硐开拓法时，平硐穿过矿脉，可对矿脉进行补充勘探。我国各中小型脉状矿床，广泛采用这种开拓方法。

（3）沿矿体走向平硐开拓法。当矿脉侧翼沿山坡露出，平硐可沿矿脉走向掘进，称为沿脉平硐开拓法。平硐一般设在脉内。但当矿脉厚度大且矿石不够稳固时，则平硐设于下盘岩石中。

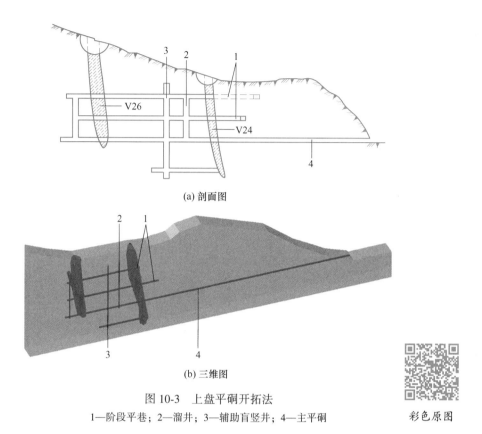

(a) 剖面图

(b) 三维图

图 10-3 上盘平硐开拓法

1—阶段平巷；2—溜井；3—辅助盲竖井；4—主平硐

彩色原图

图 10-4 表示脉内沿脉平硐开拓法。Ⅰ阶段采下的矿石经溜井 5 溜放至Ⅱ阶段，再由主溜井 3 或 4 溜放至主平硐 1 水平。Ⅱ、Ⅲ、Ⅳ阶段采下的矿石经主溜井 3 或 4 溜放至主平硐水平，并由主平硐运出，形成完整的运输系统。人员、设备、材料等由辅助盲井 2 提升至各阶段。平硐口如图 10-5 所示。

这种开拓方法的优点是能在短期开始采矿，各阶段平硐设在脉内时，在基建开拓期间可顺便采出一部分矿石，以抵偿部分基建投资。平硐还可起补充勘探作用。它的缺点是平硐设在脉内时，必须从矿体边界后退回采。

平硐开拓方法有下列优点：

（1）基建时间短。由于施工简便，施工条件好，平硐的施工速度通常为 120~150m/月，比竖井或斜井的掘进速度快得多。

（2）基建投资少。通常情况下，平硐的掘进成本与其断面尺寸有关，当断面尺寸为 6m² 时，施工成本为 2000 元/m；当断面尺寸为 14m² 时，施工成本为 7000 元/m。平硐单位长度掘进费用比井筒低得多，维护费用也少。用平硐开拓时，基建工程量小，没有井底车场巷道，硐口设施简单，不需建井架和提升机房，而且所需重型设备少，所以投资费用小。

（3）排水费用低。因为坑内水可通过平硐排水沟自流排出，从而减少大量的坑内排水费用。

（4）矿石运输费用低。在单位长度内，平硐每吨矿石的运输费比井筒每吨矿石的提升费低得多。

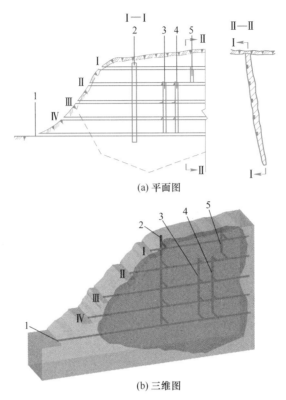

(a) 平面图

(b) 三维图

彩色原图

图 10-4　脉内沿脉平硐开拓法
1—主平硐；2—辅助盲竖井；3，4—主溜井；5—溜井

图 10-5　平硐口

（5）通风容易，通风费用低。平硐掘进时的通风比井筒容易，平硐开拓的通风费用往往比井筒开拓低。

（6）生产安全可靠。平硐的运输能力很大，平硐运送人员和材料、矿岩要比井筒安全可靠。

由于平硐存在以上许多优点，故埋藏在地平面以上的矿体或矿体的上部，只要地形合适，应尽量采用平硐开拓。根据生产实践，主平硐长度一般以 3000~4000m 以下为宜。超过此长度时，应考虑采用其他开拓方法，否则有可能拖延基建时间。

10.3 斜 井 开 拓

斜井（inclined shaft）是指井口与井底不在一条铅垂线上，具有倾斜角度的井。矿山用于开拓的斜井的轴线与水平面的夹角为斜井倾角，矿山斜井的角度在 15°~30°。

适用条件：倾斜或缓倾斜矿体，矿体的倾角为 15°~45°，矿体赋存在地平面以下，矿体埋深小于 500m 的中小型矿山，地表无过厚的表土层，可采用斜井开拓法。

典型方案：

（1）脉内斜井：

1）矿体范围大，厚度小，下盘岩石不稳固，矿石稳固，矿石价值不高；

2）矿井急需短期投产，争取早日见矿，并需做补充勘探。

当矿体沿倾斜起伏不大，无褶皱和断层，才有可能采用脉内斜井开拓。如图 10-6 所示，斜井沿矿体底板掘进。由于金属矿床一般变化较大，脉内斜井需留保安矿柱，而且还受甩车道限制，故金属矿采用脉内斜井开拓得甚少。

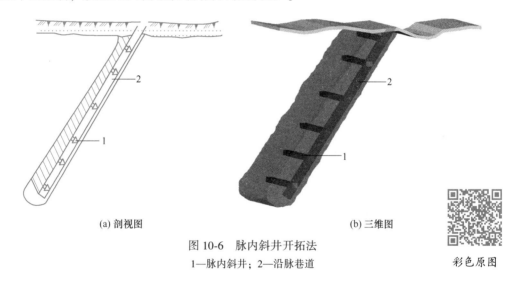

(a) 剖视图　　　　　　　　　　　　　(b) 三维图

图 10-6　脉内斜井开拓法

1—脉内斜井；2—沿脉巷道

彩色原图

（2）脉外斜井。当下盘围岩稳定，矿体倾角变化大时，可将斜井布置在矿体下盘岩石中，通过施工斜井井底车场和中段联络巷道，建立矿体与地表的通道。为了保证工程安全，斜井距离矿体的距离不小于 15m。脉外斜井开拓法与脉内斜井开拓相比，不需要留设保安矿柱，井筒维护条件好，不受矿体起伏的影响，但连通矿体的联络巷道要长。

图 10-7 表示下盘斜井开拓法，它的石门要比下盘竖井开拓的石门短得多。

斜井实物如图 10-8 所示。

斜井的布置形式：斜井倾角一般与矿体倾角相同，此时斜井的轴向与矿体的走向垂直。但在少数情况下，也可采用伪倾斜斜井。伪倾斜是指斜井的轴向在水平面上的投影与矿体走向方向平行；当矿体走向较长时，可采用伪倾斜斜井，如图 10-9 所示。这时斜井的实际倾

角 γ 与矿体倾角 α 及斜井水平投影线与走向线的夹角 β 的关系，如图 10-10 所示。

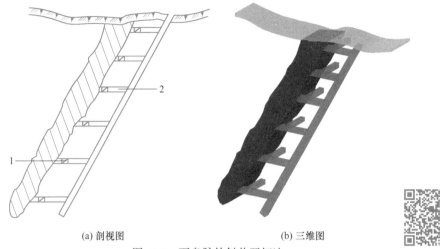

(a) 剖视图   (b) 三维图

图 10-7 下盘脉外斜井开拓法

1—脉外斜井；2—沿脉巷道

彩色原图

图 10-8 斜井实物

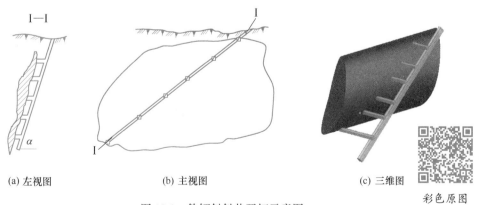

(a) 左视图   (b) 主视图   (c) 三维图

图 10-9 伪倾斜斜井开拓示意图

彩色原图

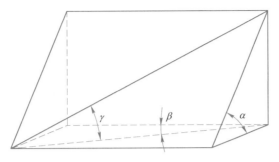

图 10-10　伪倾斜关系图

其关系式如下：

$$\tan\gamma = \sin\beta\tan\alpha$$

斜井内的提升方式：斜井内所采用的提升方式主要取决于斜井的倾角。

当斜井倾角大于 25°～30° 时，一般采用箕斗提升（图 10-11），斜井长度小于 300m 时，提升速度小于 5m/s，斜井长度大于 300m 时，提升速度小于 7m/s。

当斜井倾角小于 25°～30° 时，用串车提升（图 10-12）。斜井长度小于 300m 时，提升速度小于 3.5m/s，斜井长度大于 300m 时，提升速度小于 5m/s。

当斜井倾角小于 18° 时，可采用胶带运输机运输（图 10-13）。斜井采用胶带输送机时，生产能力大，工艺系统简单，易于实现自动化。

图 10-11　斜井箕斗

图 10-12　斜井串车

图 10-13　胶带输送机

10.4　竖井开拓

竖井（shaft）是指井口与设计目标点在一条铅垂线上的井。

适用条件：当矿体赋存在地平面以下，矿体倾角大于 45° 或小于 15° 而埋藏较深的矿体，常采用竖井开拓法。竖井的生产能力比斜井大，且易于维护，故竖井开拓是金属矿山最广泛采用的开拓方法。

典型布置方式：

（1）下盘竖井开拓法。图 10-14 为下盘竖井开拓法，V_1、V_2、V_3 表示急倾斜矿体。在矿体下盘岩石移动带以外开掘竖井，再掘阶段石门通达矿脉。这种开拓法在国内金属矿中使用最广。

下盘竖井开拓法的最大优点是井筒的保护条件好，不需留保安矿柱。其缺点是石门的

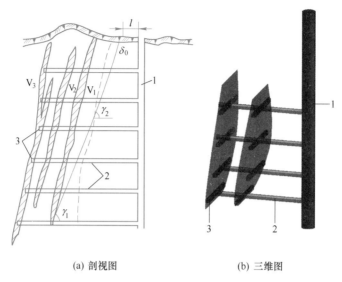

(a) 剖视图　　　　　　(b) 三维图

彩色原图

图 10-14　下盘竖井开拓法

1—下盘竖井；2—阶段石门；3—沿脉巷道；

γ_1，γ_2—下盘岩石移动角；δ_0—表土层移动角；l—下盘竖井至岩石移动界线的安全距离

长度随开采深度的增加而加长。当矿体倾角变小时，下部石门特别长。故下盘竖井开拓法适用于埋藏在地平面以下的急倾斜矿体，矿体倾角大于 75° 时更为有利。

（2）上盘竖井开拓法。上盘竖井开拓法是指在矿体上盘岩石移动带以外开掘竖井，再掘阶段石门通达矿体。图 10-15 为上盘竖井开拓法。

这种开拓方法与下盘竖井开拓法比较，存在着严重的缺点。主要是上部阶段要掘进很长的石门，基建时间长，基建初期投资较大，只有在某些特殊条件下才考虑采用。

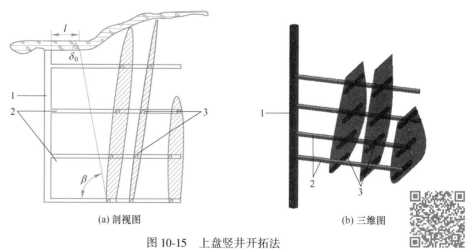

(a) 剖视图　　　　　　(b) 三维图

彩色原图

图 10-15　上盘竖井开拓法

1—上盘竖井；2—石门；3—沿脉巷道；

β—上盘岩石移动角；l—上盘竖井至岩石移动界线之间的安全距离

（3）侧翼竖井开拓法。井筒布置在矿体侧翼。采用这种开拓法时，巷道掘进和井下运输只能是单向的，故掘进速度会受到一定的限制。

图 10-16 为侧翼竖井开拓法。侧翼竖井开拓法一般在下列条件下采用：

1）上、下盘地形和岩层条件不利于布置井筒，矿体侧翼有合适的工业场地，选厂和尾矿库宜布置在矿体侧翼，采用侧翼竖井，可使地下和地面运输的方向一致；

2）矿体倾角较缓，竖井布置在下盘或上盘时石门都很长；

3）矿体沿走向长度小，阶段巷道的掘进时间不长，运输费用也不大。

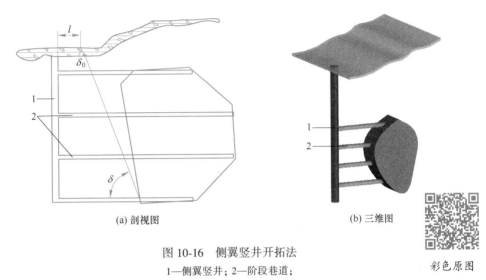

(a) 剖视图   (b) 三维图

彩色原图

图 10-16 侧翼竖井开拓法

1—侧翼竖井；2—阶段巷道；

δ—矿体走向端部岩石移动角；δ_0—表土移动角；l—侧翼竖井至岩层移动界线的安全距离

竖井与斜井开拓方法的比较：

（1）在基建工程量方面：当开采深度相同时，斜井的长度比竖井长，但斜井开拓比竖井开拓的石门长度短；当矿体倾角较缓时，斜井的长度比竖井更长，但斜井开拓比竖井开拓的石门长度更短；斜井的井底车场一般比竖井的井底车场简单。

（2）在井筒装备方面：竖井井筒装备比斜井复杂，斜井内的管道、电缆、提升钢丝绳比竖井要长。

（3）在地压和支护方面：斜井承受的地压较大，维护费用较高。

（4）在提升方面：竖井的提升速度快，提升能力大，提升费用较低。斜井提升设备的修理费和钢丝绳磨损较大。

（5）在排水方面：斜井的排水管路较长，设备费、安装费和修理费较大，同时因摩擦损失消耗的动能较大，故斜井的排水费用比竖井要高。

（6）在施工方面：竖井比斜井容易实现机械化，采用的施工设备和装备较多，要求技术管理水平较高。斜井施工较简便，需要的设备和装备少。当斜井倾角较缓时，成井速度比竖井快。

（7）在安全方面：竖井井筒不易变形，提升过程中停工事故较少。斜井承受地压大，井筒易变形，提升容器容易发生脱轨、脱钩等事故。

10.5 斜坡道开拓

10.5.1 斜坡道开拓的定义与分类

斜坡道（ramp）开拓是指从地表施工带有一定坡度的巷道连通井下各中段，形成无轨设备上下通行的通道，为设备进出、人员材料运输、通风、矿岩运输提供的通道。

矿山采用的斜坡道分为主斜坡道和辅助斜坡道。主斜坡道是指连通地表的斜坡道，主要服务于无轨设备通行，用于运输矿岩、通风和运送设备材料，辅助斜坡道是指连接部分生产段，与地表没有实现贯通的斜坡道。辅助斜坡道仅服务于采场或中段间无轨设备转运，一般用作行人、运料和通风，采场斜坡道、中段斜坡道均属于辅助斜坡道。

10.5.2 斜坡道的类型

（1）螺旋式斜坡道。螺旋式斜坡道（spiral ramp）如图 10-17（a）所示，它的几何形式一般是圆柱螺旋线或圆锥螺旋线，根据具体条件可以设计成规则螺旋线或不规则螺旋线。不规则螺旋线斜坡道的曲率半径和坡度在整个线路中是有变化的。螺旋线斜坡道的坡度一般为 10%~30%。

（2）折返式斜坡道。折返式斜坡道（retrace ramp）如图 10-17（b）所示，它是由直线段和曲线段（或折返段）联合组成的；直线段变换高程，曲线段变换方向，便于无轨设备转弯；曲线段的坡度变缓或近似水平，直线段的坡度一般不大于 15%。

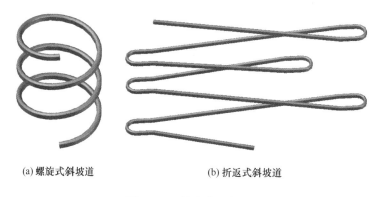

(a) 螺旋式斜坡道   (b) 折返式斜坡道

图 10-17 斜坡道的类型

10.5.3 斜坡道的典型开拓法

（1）螺旋式斜坡道开拓法。螺旋斜坡道具有以下优点：没有缓坡段或平坡段，同样高差下螺旋式斜坡道线路短，开拓工程量小；与矿石溜井配合施工时，通风条件和出渣条件好；适用于走向长度较小的矿体开拓。其不足之处是：掘进技术难度大，并且要克服定向测量和外侧超高的施工难度；无轨设备的操作者能见距离短，安全性受到影响；设备的轮胎和差速器失效较快，道路维护困难。图 10-18 为螺旋式斜坡道布置三维图。

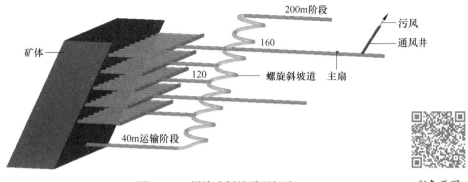

图 10-18　螺旋式斜坡道开拓法

彩色原图

（2）折返式斜坡道开拓法。折返式斜坡道的整个线路中，直线段长，折返段短。其优点是掘进施工难度小；无轨设备操作者能见距离长，且有缓坡和平坡段，行车安全性好；行车速度可加快，设备排出废气的有害成分降低；线路与矿体可保持固定距离；道路维护方便。其缺点是开拓工程量大；掘进施工时通风和出渣条件差。图 10-19 为山东黄金集团三山岛金矿西山矿区的斜坡道布置图。

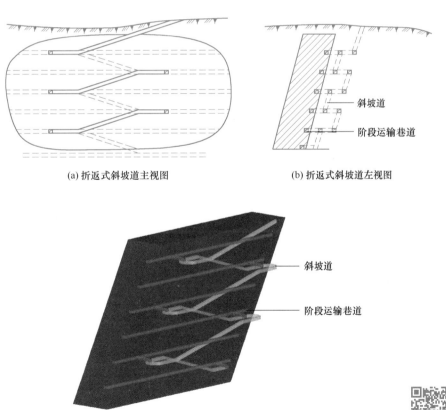

(a) 折返式斜坡道主视图　　　　　　　(b) 折返式斜坡道左视图

(c) 折返式斜坡道三维模型

图 10-19　折返式斜坡道开拓法

彩色原图

10.5.4 螺旋式斜坡道与折返式斜坡道的对比

螺旋式斜坡道的优点：

（1）由于没有折返式那么多的缓坡段，故在同等高程间，螺旋式较折返式的线路短，开拓工程量小；

（2）与溜井等垂直井巷配合施工时，通风和出渣较方便；

（3）适合圆柱形矿体的开拓。

螺旋式斜坡道的缺点：

（1）掘进施工要求高（改变方向、外侧超高等）；

（2）司机能见距离较小，故安全性较差；

（3）车辆轮胎和差速器磨损增加；

（4）道路维护工作量较大。

折返式斜坡道的优点：

（1）施工较易；

（2）司机能见距离大，行车较安全；

（3）行车速度较螺旋式大，排出有害气体量较少；

（4）线路便于与矿体保持固定距离；

（5）道路易于维护。

折返式斜坡道的缺点：

（1）较螺旋式斜坡道开拓工程量大；

（2）掘进时需要有通风和出渣用的垂直井巷配合。

一般来说，折返式的优点较多。但如果能解决螺旋式倾斜曲线段的施工困难，那么也可设计为螺旋式。螺旋式斜坡道的总掘进量约可减少 25%。

10.5.5 斜坡道类型的选择

斜坡道类型的选择与下列因素有关：

（1）斜坡道的用途。如果主斜坡道用于运输矿岩，且运输量较大，那么应以折返式斜坡道为宜；辅助斜坡道可用螺旋式斜坡道。

（2）使用年限。使用年限较长的以折返式斜坡道为好。

（3）开拓工程量。除斜坡道本身的工程量外，还应考虑掘进时的辅助井巷工程（如通风天井、出渣溜井等）和各分段的联络巷道工程量。

（4）通风条件。斜坡道一般都兼作通风用，螺旋式斜坡道的通风阻力较大，但其线路较短。

（5）斜坡道与分段的开口位置。螺旋式斜坡道的上、下分段开口位置布置在同一剖面内，折返式斜坡道的开口位置可错开较远。

10.5.6 斜坡道开拓的优缺点

斜坡道开拓的优点：

（1）矿体开拓速度快、投产早。可利用无轨设备掘进斜坡道和其他开拓巷道。如采用竖井和斜坡道平行施工，当斜坡道掘到矿体后，即使竖井尚未投入使用，也可利用无轨设备通过斜坡道运出矿岩，因此，可加快矿体的开拓工作，缩短矿山投产时间。

（2）斜坡道可代替主井或副井。当矿体埋藏较浅时，可不施工提升井，而采用自卸卡车由斜坡道出矿，此时整个矿体由斜坡道和通风井等构成完整的运输、通风系统。当矿体埋藏较深时，可考虑采用竖井开拓法并另设斜坡道，此时利用竖井提升矿石，而斜坡道则用作运送设备、材料、人员并兼作通风，即斜坡道起副井的作用。当用平硐开拓法时，上、下阶段巷道也可用斜坡道连通，此时可不掘设备井，即斜坡道起设备井的作用。

（3）节省大量钢材。采用斜坡道时，可取消轨道，因而节省了大量钢材。

（4）产量大，效率高。能实现地下开采的综合机械化。无轨设备的效率高，可提高劳动生产率，降低采矿成本。

斜坡道的缺点是当无轨设备采用柴油机为动力时，需加大矿井通风量，致使通风费用增加。此外，无轨设备的投资大，维修工作量大，备品备件需要量大。

10.6　联合开拓法

用平硐、竖井或斜井开拓方法中的两种主要开拓巷道组合起来开拓一个或几个矿体，称为联合开拓法。联合开拓法主要包括如下两种类型：

（1）平硐与竖井联合开拓法。矿体的一部分赋存在地平面以上，而其下部延伸至地平面以下；此时上部用平硐开拓，而下部则用竖井开拓。

平硐与竖井联合开拓，可采用盲竖井，也可采用明竖井，图10-20为平硐与盲竖井联合开拓法。盲竖井开拓时，井筒和石门短，但需增掘地下调车场和卷扬机硐室；明竖井开拓时，井筒和石门的长度大，井口要安装井架，但掘进施工方便。

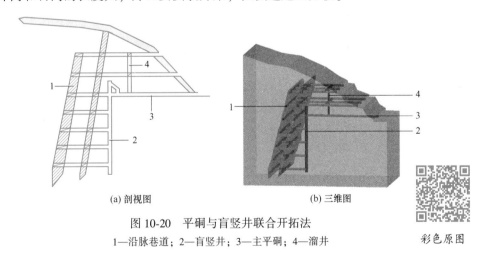

(a) 剖视图　　　　　　　　(b) 三维图

图 10-20　平硐与盲竖井联合开拓法

1—沿脉巷道；2—盲竖井；3—主平硐；4—溜井

彩色原图

（2）明竖井与盲竖井联合开拓法。矿体上部用明竖井，下部改用盲竖井（矿体下部倾角变缓时，也可用盲斜井）开拓（图10-21）。这样可缩短石门长度及开拓时间，但需设二段提升，多一段转运，易产生运输与提升间的不协调现象。故在设计开拓方法时，尽量使第一段竖井的开拓深度加大。

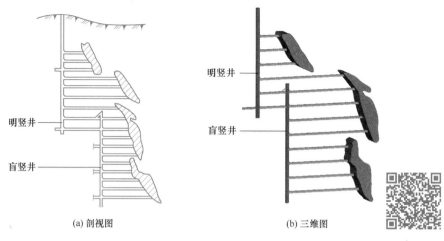

(a) 剖视图　　　　　　　　　　(b) 三维图

图 10-21　明竖井与盲竖井联合开拓法　　　　彩色原图

此外，如果深部发现了矿体，原有井筒不适合继续延深，此时改用盲竖井（或盲斜井）开拓较为合理。

10.7　深部开拓系统

金属矿床深井开拓方式：金属矿床深井开拓最主要、最经济的开拓方式是竖井开拓。竖井开拓提升相对比较安全，特别是针对地质相对复杂、岩爆现象多发的矿区，竖井开拓方式则更为安全。立井或竖井采用的断面多为圆形或者椭圆形，断面的截面大小依据实际采矿用的设备而确定，也有一些大型矿区依据深井通风量确定其大小等。

金属矿床深井开拓应注意以下几个问题：首先，要在需开拓的金属矿床上科学、合理地选择要开采的主井口及副井口的位置，并针对不同的地域及天气环境，科学地布置风井位置及其井筒数目。其次，依照金属矿床深井开拓的需求，在主要运输水平巷道上对开拓巷道布置方式要合理安排等。

当前国内外对超深井、超大规模矿山提升设备的设计、制造和应用水平尚未成熟，超过千米深的一条箕斗竖井其提升能力很难超过 600 万~700 万吨/年，提升能力严重受限。胶带斜井，特别是大运量、长距离胶带斜井开拓方式逐渐引起矿山管理者和工程技术人员的重视。为解决深井开采垂深大的难题，当前采用多段组合的方式替代相对简单的单段胶带运输。采用多机驱动，具有电机功率小、驱动系统简单、投资低、附属设施少、驱动站土建结构简单，斜井施工造价低等优点，并且胶带运输维护简单容易，对维护人员技术要求低，胶带损坏后可以分段更换，对生产影响小、费用低。

习　　题

1　名词解释

（1）矿床开拓；（2）主要开拓巷道；（3）辅助开拓巷道；（4）单一开拓；（5）联合开拓；（6）平硐；（7）斜井；（8）竖井；（9）斜坡道。

2　简答题

（1）单一开拓包括哪些类型，各自的适用条件如何？

（2）联合开拓包含哪些类型，各自的适用条件如何？

（3）平硐开拓的布置形式有哪些，适用条件和优缺点如何？

（4）斜井开拓的布置形式有哪些，适用条件和优缺点如何？

（5）竖井开拓的布置形式有哪些，适用条件和优缺点如何？

（6）斜坡道开拓的布置形式有哪些，适用条件和优缺点如何？

3　扩展阅读

［1］谭杰，刘志强，宋朝阳，等．我国矿山竖井凿井技术现状与发展趋势［J］．金属矿山，2021（5）：13-24.

［2］王靖文，王平，王臣．超深金属矿床开采及开拓运输方案的技术经济论证［J］．中国矿业，2012，21（S1）：257-261.

［3］张国平，苏锡安．玉石洼铁矿深部矿床开拓和采矿方案设计［J］．有色矿冶，2013，29（3）：17-19，22.

［4］梁宵．地下矿床开拓系统空间优化的粒子群方法［D］．武汉：武汉理工大学，2011.

［5］张成祥．地下矿山斜井与竖井开拓及提升方式的分析比较［J］．采矿技术，2003（3）：17-27.

［6］孙丽军．矿山开拓系统设计优化研究［D］．武汉：武汉科技大学，2006.

11 主要开拓巷道类型和位置选择

本章提要

　　本章明确了主要开拓巷道的定义，划分了主要开拓巷道的类型，详细介绍了主要开拓巷道的布置原则。重点介绍了地表移动带和保安矿柱的概念，并详细介绍了地表移动带和保安矿柱的圈定方法。简要介绍了副井、风井和其他辅助巷道的布置原则，明确了矿山总平面布置的概念、考虑因素以及各个因素之间的制约关系。

11.1　主要开拓巷道类型与位置选择

11.1.1　主要开拓巷道类型选择

　　主要开拓巷道的类型是根据矿山地形、地质条件和矿体赋存条件来选定的。

　　(1) 在国内金属矿山中，埋藏在地平面以上的脉状矿床或矿床上部，多用平硐开拓。

　　(2) 当地面为丘陵地区或地势较为平缓，埋藏在地面以下的矿床，多选用竖井开拓。

　　(3) 掘进斜井所需技术装备和施工技术要求较竖井低，故有些中小型矿山，多采用斜井开拓。

　　(4) 竖井比斜井的提升能力大，安全性好，故新建矿山多采用竖井开拓。

　　(5) 斜坡道由于便于无轨设备通行，在大型矿山中逐渐被普遍使用。在小型矿山中，逐渐出现了采用两条以上的斜坡道进行开拓的矿山。

　　(6) 深部开采多采用竖井开拓，辅助主斜坡道或斜井胶带运输。

11.1.2　主要开拓巷道类型位置选择

　　当主要开拓巷道类型确定以后，就要确定它的具体位置。

　　主要开拓巷道是矿井生产的咽喉，是联系井下与地面运输的枢纽，是通风、排水、压气及其动力设施由地面导入地下的通路。井口附近也是其他各种生产和辅助设施的布置场地。因此，主要开拓巷道位置的选择是否合适对矿山生产有着深远的影响。此外，主要开拓巷道位置会直接影响基建工程量和施工条件，从而影响基建投资和基建时间。因此，正确地解决主要开拓巷道位置问题是矿山设计中一个关键问题。

　　选择主要开拓巷道位置的基本准则是：基建与生产费用应最小，尽可能不留保安矿柱，有方便和足够的工业场地，掘进条件良好等。在具体选择时应考虑以下因素：

　　(1) 矿区地形、地质构造和矿体埋藏条件。

　　(2) 矿井生产能力及井巷服务年限。

（3）矿床的勘探程度、储量及远景。

（4）矿山岩石性质及水文地质条件。井巷位置应避免开凿在含水层、受断层破坏和不稳固的岩层中，尤其应避开岩溶发育的岩层和流砂层。井筒一般均应施工工程勘探钻孔，查明地质情况。选用平硐时，应制作好平硐所通过地段的地形地质纵剖面图，查明地质和构造情况，以便更好地确定平硐的位置、方向和支护形式。

（5）井巷位置应考虑地表和地下运输联系方便使运输功最小，开拓工程量最小。如果选厂和冶炼厂位于矿区内，选择井筒位置时，应选取最短及最方便的路线向选厂或冶炼厂运输矿石。

（6）地表主要构建筑物、主要开拓工程入口应布置在不受地表滑坡、滚石、泥石流、雪崩等危险因素影响的安全地带，无法避开时，应采取可靠的安全措施。

（7）井巷出口的标高应在历年最高洪水位1m以上，以免被洪水淹没。同时，也应根据运输的要求，稍高于选厂贮矿仓卸矿口的地面水平，保证重车下坡运行。

（8）井筒（或平硐）位置应避免压矿，尽量位于岩层移动带以外，距地面移动界线的最小距离应大于20m，否则应留保安矿柱。

（9）井巷出口位置应有足够的工业场地，以便布置各种建筑物、构筑物、调车场、堆放场地和废石场等。但同时应尽可能不占农田（特别是高产良田）或少占农田。

（10）改建或扩建矿山时应考虑原有井巷和有关建筑物、构筑物的充分利用。

11.2　主要开拓巷道垂直矿体走向位置

在垂直矿体走向方向上，井筒应布置在距地表移动界线以外20m以远的地方，以保证井筒不受破坏。当井筒布置在移动界线以内时，必须留保安矿柱。

11.2.1　地表移动带的圈定

地下开采形成采空区以后，由于采空区周围岩层失去平衡，引起采空区周围岩层的变形和破坏，以致大规模移动，使地表发生变形和塌陷（图11-1）。

图11-1　地表变形和破坏

地表按照出现变形和塌陷状态，可分为崩落带和移动带。在地表出现裂缝的范围内称为崩落带（region of caving）；崩落带的外围，即由崩落带边界起至出现变形的地点止，称为移动带（region of deformation）。

从地表崩落带的边界至开采最低边界的连线和水平面所构成的倾角，称为崩落角（angle of caving）。同样，从地表移动带边界至开采最低边界的连线和水平面所构成的倾角，称为移动角（angle of deformation）。在矿山设计中经常使用的是移动角和移动带。

影响岩层移动角的因素很多，主要是岩石性质、地质构造、矿体厚度、倾角与开采深度，以及使用的开采方法等。设计时可参照条件类似的矿山数据选取。

一般来讲，上盘移动角 β 小于下盘移动角 γ，而走向端部的移动角 δ 最大。各种岩石的移动角概略数据见表 11-1。

表 11-1　岩石移动角

岩石类型	垂直矿体走向的岩石移动角/(°)		走向端部移动角
	β（上盘）	γ（下盘）	δ/(°)
第四纪表土	45	45	45
含水中等稳固片岩	45	55	65
稳固片岩	55	60	70
中等稳固致密岩石	60	65	75
稳固致密岩石	65	70	75

图 11-2 绘出了矿体横剖面及沿走向剖面的崩落带和移动带，并标出了危险带。所谓危险带，就是在这个范围内布置井筒或其他建筑物、构筑物有危险，必须布置在这个范围以外才安全。

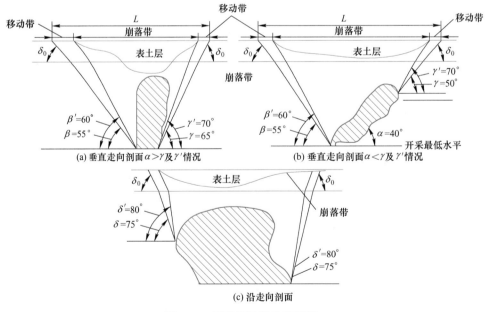

图 11-2　崩落带及移动带界限

α—矿体倾角；γ'—下盘崩落角；β'—上盘崩落角；δ'—走向端部崩落角；γ—下盘移动角；
β—上盘移动角；δ—走向端部移动角；δ_0—表土移动角；L—移动带

　　由于岩石的崩落角大于其移动角，故设计时只需按岩石移动角画出矿体上、下盘及沿矿体走向两端的岩石移动界线，就可圈出地表的岩石移动范围。

　　为了具体阐明地下采空区可能引起地表塌陷和移动范围，特将其设计作图方法和步骤说明如下：

　　（1）在勘探线剖面图上按矿体设计开采的最低水平画出矿体下盘和上盘的岩石移动界线（在岩层中按岩石移动角画移动界线，遇土层时按表土的移动角画移动线），可参见图 11-3 中的 0 线剖面图。图 11-2 中设计开采的最低水平为$-300\mathrm{m}$。在沿脉纵剖面图上画出矿体两端的岩石移动界线，如图 11-3 中的 V_2 沿脉纵剖面图。

　　（2）在地形地质平面图上，画出勘探线剖面图岩石移动界线与地表交点的坐标点位置，如图 11-3 中 0 线的岩石移动界线与地表下、上盘的两交点的坐标为 $0_下$、$0_上$；同理可求得 1 线的两交点为 $1_下$、$1_上$；2 线的两交点为 $2_下$、$2_上$，以下类推。

　　在地形地质平面图上相应绘出沿脉纵剖面图矿脉两端岩石移动界线与地表交点的坐标点位置。如图 11-3 中地形地质平面图上 V_2 脉两端岩石移动线与地面的交点，在东端为 V_{2E}，在西端为 V_{2W}。

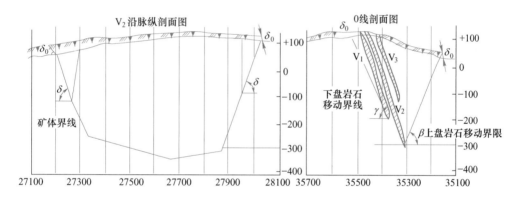

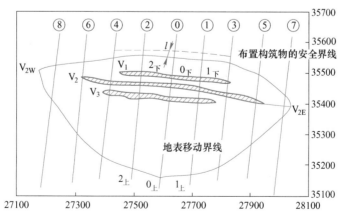

图 11-3　急倾斜矿脉采空后预计地表的移动边线

V1～V3—矿体编号；①～⑧—勘探线编号；γ—下盘岩石移动角；

β—上盘岩石移动角；δ—沿矿体走向的岩石移动角；δ_0—表土层移动角

（3）将相邻两勘探线的各点连成直线，而矿脉两端的两点则分别与邻近勘探线的下、上盘两点连成直线，经修整后即得到一个闭合的地表土岩移动范围图。有时需按实际可能移动的情况做适当调整，调整后的闭合曲线即为预计的地表移动范围（或地表移动带）。

预计在地表移动带内的中央陷落范围可能发生塌陷，其外围则产生移动。

综上所述，地表移动带的圈定步骤如下：

（1）弄清剖面图纸与平面图纸之间的对应关系，即图纸的平剖转换。剖面图上任何一点，在平面图上，都可对应地投影在勘探线上。

（2）在勘探线剖面图上绘制上下盘移动界线，获得每条勘探线上移动界线与地表相交的点，将多条勘探线与地表的移动界线交点连接起来，即可获得在地表地形图中的移动边界。移动界线在指定的高程界限交点，映射在该水平的中段平面图上，获得该水平的平面图上的移动边界。

（3）利用矿体纵剖面图（沿着矿体走向剖面图），确定矿体沿走向方向的移动边界。方法同步骤（2）。

在地表地形图中将所有移动边界的点顺次连接，获得地表地形图的移动边界。在不同高程的水平图纸上，顺次连接各移动边界点，获得各水平图纸中的移动边界。这些边界可为开拓工程布置提供依据。

需要注意的是：

（1）圈定地表移动界线的是采用崩落法开采时对地表潜在的最不利的影响范围。当采用空场法或充填法开采时，由于矿柱或充填体的支撑，地表岩石移动范围小于采用崩落法时的移动界线。

（2）深部开采时，地表沉降的范围和形状与浅部有所不同；由于采深较大，按照传统的圈定方法，影响范围势必很大。因此，应加强深部开采时地表岩石移动的监测和数据收集，逐步建立深部开采时地表岩石移动的圈定方法，并能科学地预测深部开采时地表岩石移动的影响范围。

（3）采用充填法开采时，地表岩石移动范围的圈定，可以利用数值模拟的方法，对全生命周期中主要开采活动进行模拟，获得地表不同量级的变形数值，参考不同建构筑物的保护要求，圈定地表岩石移动监测范围；并布置监测仪器，开展监测和预警，当超过设定允许阈值，开展相关的治理措施。

11.2.2 井筒垂直矿体走向位置的选定

在地表移动范围内，岩土可能发生塌陷或移动。为此，井筒和井口周围的构筑物和建筑物，均需布置在地表移动界线之外，为确保安全，它们距地表移动界线还须保持一定的安全距离（图 11-3 中的 l），该安全地带也称为保护带。

根据建筑物和构筑物的用途、服务年限及保护要求，可将保护带划分为四个保护等级。凡因受到土岩移动破坏致使生产停止或可能发生重大人身伤亡事故、造成重大损失的构筑物和建筑物，列为 I 级保护，其余则列为 II 级保护。

地表建筑物、构筑物的保护等级和保护带宽度应符合下列规定，见表 11-2。

表 11-2 地表建筑物、构筑物的保护等级划分

保护等级	主要建筑物和构筑物	保护带宽度
I	国务院明令保护的文物、纪念性建筑，一等火车站，发电厂主厂房，在同一跨度内有 2 台重型桥式吊车的大型厂房，平炉，水泥厂回转窑，大型选矿厂主厂房等特别重要或特别敏感的、采动后可能导致发生重大生产、伤亡事故的建筑物、构筑物；铸铁瓦斯管道干线、高速公路、机场跑道、高层住宅、竖（斜）井、主平硐、提升机房、主通风机房、空气压缩机房等	20
II	高炉、焦化炉、220kV 及以上超高压输电线路杆塔，矿区总变电所，立交桥，高频通信干线电缆；钢筋混凝土框架结构的工业厂房，设有桥式起重机的工业厂房、铁路矿仓、总机修厂等较重要的大型工业建筑物和构筑物；办公楼、医院、剧院、学校、百货大楼、二等火车站、长度大于 20m 的二层楼房和三层以上住宅楼；输水管干线和铸铁瓦斯管道支线；架空索道、电视塔及其转播塔、一级公路等	15
III	无吊车设备的砖木结构工业厂房，三等、四等火车站，砖木、砖混结构平房或变形缝区段小于 20m 的两层楼房，村庄砖瓦民房；高压输电线路杆塔，钢瓦斯管道等	10
IV	农村木结构承重房屋，简易仓库等	5

11.3 保 安 矿 柱

11.3.1 保安矿柱的定义

矿体被开采后，引起了开挖区域附近的岩层的变形与移动，这种变形与移动传递到地表，引起地表沉降甚至塌陷。换言之，地下开挖是引起地表沉陷、坍陷的根源；一部分矿体的开采，势必对应地表某一个区域的变形或潜在变形。因此，为了确保某个区域不发生变形和破坏，只需在确定是由哪一部分矿产开采引起该部分的变形，保留这部分资源不加开采，即可确保该区域的稳定。井筒、构筑物和建筑物需布置在地表移动带以外，但当受具体条件所限，需布置在地表移动带以内时，必须保留足够的矿柱加以保护，此矿柱称为保安矿柱。

保安矿柱只有在矿井开采结束阶段才可能回采，而且回采时安全条件差，矿石损失大，劳动生产率低，有时甚至无法回采，从而成为永久损失。所以在确定井筒位置时，应尽量避免留保安矿柱。但在某种特殊情况下，如适于建井部位的矿石品位较低，可不考虑回采矿柱。另外，如缓倾斜矿脉，为减小开拓工程量，提前投产，必要时可将井筒布置在地表移动带内，此时必须留保安矿柱。又如矿体边缘的地表相应部位的河流或湖沼沿岸位于地表移动带内，并且如果把河流改道或围截湖水需付出巨大投资而不合理，则可留保安矿柱。

11.3.2 保安矿柱的圈定

从上述分析可知，保安矿柱的圈定和地表移动带的圈定是相反的过程。

保安矿柱的圈定，是指根据构筑物、建筑物的保护等级所要求的安全距离，沿其周边画出保护区范围，再以保护区周边为起点，按所选取的岩石移动角向下画移动边界线，此移动边界线所截矿体范围就是保安矿柱。图 11-4 表示一个较规则的层状矿体保安矿柱的圈定方法。

（1）在井口平面图上画出安全区范围（井筒一侧自井筒边起距 20m，另一侧自卷扬

机房起距 20m），如图 11-4 中的虚线范围。在图 11-4 中，沿着矿体走向和垂直矿体走向，分别绘制 3 个剖面。

（2）平面图上井筒中心线作一个垂直走向剖面Ⅰ—Ⅰ。在剖面Ⅰ—Ⅰ中，在不同的岩层中，依下盘岩石移动角 α 画移动线，井筒右侧依上盘岩石移动角 β 画移动线。井筒左侧和右侧移动线所截矿体的顶板和底板的点，就是井筒保安矿柱沿矿层倾斜方向在此剖面上的边界点，即点 A_1、A_1'、B_1、B_1'，如图 11-4 所示。

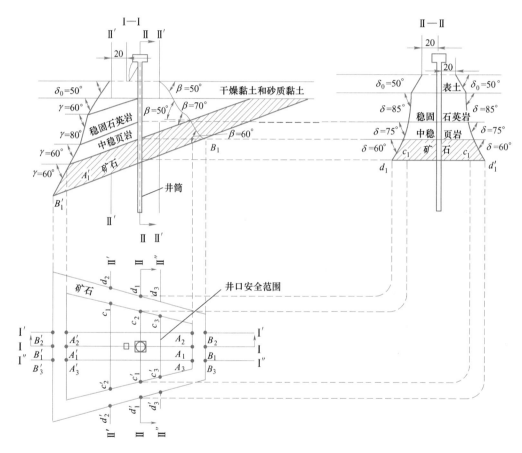

(a) 保安矿柱圈定过程

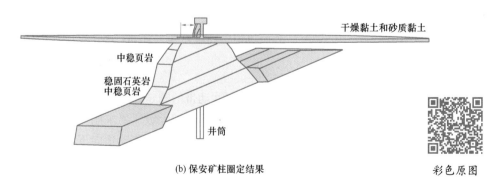

(b) 保安矿柱圈定结果

彩色原图

图 11-4　保安矿柱圈定

（3）根据垂直走向剖面 $I-I$ 所画岩层移动线所截矿层的顶板界点 A_1' 和 A_1，底板界点 B_1' 和 B_1，投射在平面图 $I-I$ 铺面线上得 A_1、A_1'、B_1、B_1' 各点，这便是保安矿柱在这个剖面倾斜方向上的边界点。用同样的方法可求得 $I'-I'$ 剖面线上的边界点 B_2'、A_2'、A_2、B_2，及剖面线上 $I''-I''$ 的边界点 B_3'、A_3'、A_3、B_3。分别连接顶底板界点便得相应的界线。

（4）同理，根据平行走向剖面 $II-II$ 画岩层移动线所截矿体的顶板界点 c_1 和 c_1'、底板界点 d_1 和 d_1'，将这些点转绘在平面图的 $II-II$ 剖面线上可得 d_1'、c_1'、c_1、d_1 各点，这便是保安矿柱在这个剖面走向上的边界点。用同样的方法还可求得 $II'-II'$ 剖面的边界点 d_2'、c_2'、c_2、d_2，$II''-II''$ 剖面的边界点 d_3'、c_3'、c_3、d_3。分别连接顶底板界点便得相应的界线。

（5）将倾斜方向矿柱顶底板界线和走向方向矿柱顶底板界线延长、相交，或在垂直走向方向和平行走向方向多做几个剖面，依照上述方法求得顶底板界点和界线。连接起来便得整个保安矿柱的界线。

11.4　副井与风井布置

矿床开拓时，除确定主要开拓巷道位置外，还需要确定其他辅助开拓巷道的位置。这些辅助开拓巷道，按其用途不同分为副井、通风井、溜矿井、充填井等。

当主井为箕斗井时，因箕斗在井口卸矿产生粉尘，故不能作入风井。此时应另设一个提升副井，作为上下人员、设备、材料，并提升废石及兼作入风井，再另掘专为排风的通风井，它与提升副井构成一个完整的通风系统。

当主井为罐笼井时，可兼作入风井，同时另布置一个专为排风的通风井，它与罐笼井也可构成一个完整的通风系统。

11.4.1　副井位置的选定

在确定开拓方案时，主井、副井等的位置应统一考虑。主副井有两种布置形式，即集中布置和分散布置。若地表地形条件和运输条件允许，副井应尽可能与主井靠近布置，但两个井筒间距应不小于 30m，这种布置叫作集中布置。当地表地形条件和运输条件不允许副井和主井集中布置时，两井筒相距较远，这种布置叫作分散布置。

集中布置有下列优点：

（1）工业场地布置集中，可减少平整工业场地的土石方量。

（2）井底车场布置集中，生产管理方便，可减少基建工程量。

（3）井筒相距较近，开拓工程量少，基建时间较短。

（4）井筒集中布置，有利于集中排水。

（5）井筒延深时施工方便，可利用一条井筒先下掘到设计延深阶段，然后采用反掘的施工方法延伸另一井筒。

集中布置也存在一些缺点：

（1）两井相距较近，若一井发生火灾，往往危及另一井的安全。

（2）主井为箕斗井，在井口卸矿时，粉尘飞扬至副井（当副井作入风井时）附近，可能随风流进入地下，因此，在主井口最好安设收尘设施，或在主副井之间设置隔尘设施。

分散布置的优缺点正好与集中布置相反。总的看来，集中布置的优点突出，只要地表地形条件和运输条件许可，应尽量采用这种布置。

如条件不允许而需进行分散布置时，此时副井位置应根据工业场地、运输线路和废石场的位置进行选择。

副井位置的确定原则与主井相同，但副井与选厂关系不大，当地表地形不允许时，副井可远离选厂。

11.4.2　风井的布置方式

按进风井和排风井的位置关系，风井有以下几种布置方式：

（1）中央并列式。入风井和排风井均布置在矿体中央（主井为箕斗井时，主井为排风井；主井为罐笼井兼提矿石和运送人员时，则主井为入风井）。如图 11-5 所示，两井相距不小于 30m，如井上建筑物采用防火材料，也不得小于 20m。这种布置方式称为中央并列式。

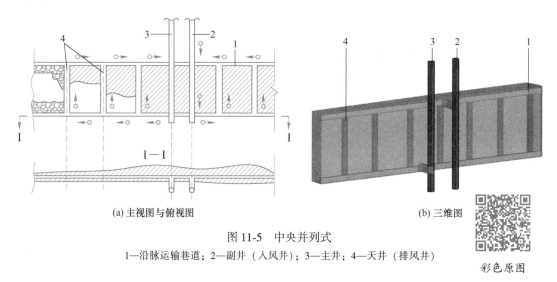

(a) 主视图与俯视图　　　　　　　　　　　(b) 三维图

图 11-5　中央并列式

1—沿脉运输巷道；2—副井（入风井）；3—主井；4—天井（排风井）

彩色原图

（2）中央对角式。按主井提升盛器类型不同，又可分为下列两种情况：

1）主井为罐笼井时，主井布置在矿体中央，可兼作入风井，而在矿体两翼各布置一条排风井，如图 11-6 所示。排风井可布置在两翼的下盘，也可布置在两翼的侧端（如图中虚线位置）。排风井可掘竖井，也可掘斜井，依地形地质条件及矿体赋存条件而定。这种布置方式，入风井（主井）布置在矿体中央，排风井布置在两翼对角，形成中央对角式。

2）主井为箕斗井时，箕斗井不能作入风井，故主井布置在矿体中央，应在主井附近另布置一条罐笼井，作为提升副井兼入风井，并在矿体两翼布置排风井，如图 11-7 所示，形成中央对角式。

（3）侧翼对角式。入风井（罐笼井）布置在矿体的一翼，排风井布置在矿体的另一翼，如图 11-8 所示，形成侧翼对角式。

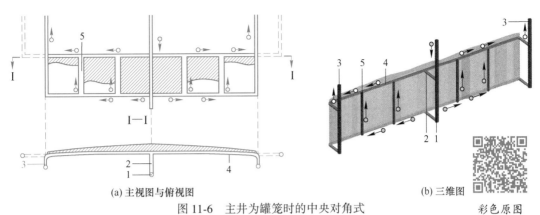

(a) 主视图与俯视图　　　　　　　　　　　　(b) 三维图

彩色原图

图 11-6　主井为罐笼时的中央对角式

1—主井（入风）；2—石门；3—回风井；4—沿脉运输巷道；5—回风天井

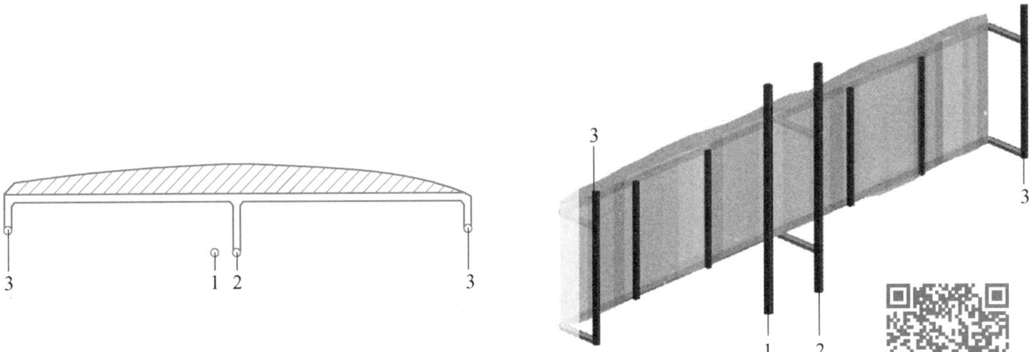

(a) 俯视图　　　　　　　　　　　　　　　(b) 三维图

彩色原图

图 11-7　主井为箕斗时的中央对角式

1—主井；2—副井（入风）；3—回风井

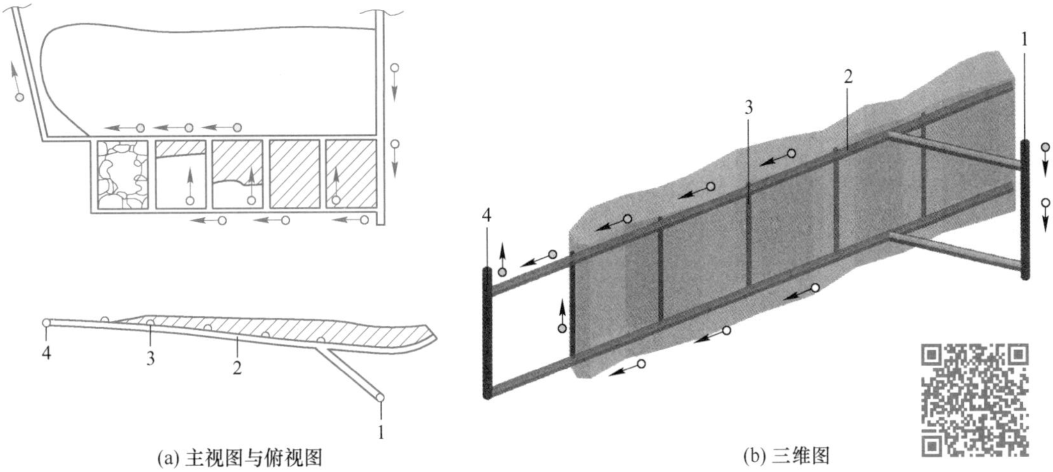

(a) 主视图与俯视图　　　　　　　　　　　　(b) 三维图

彩色原图

图 11-8　侧翼对角式

1—主井；2—沿脉运输巷道；3—天井；4—副井

11.4.3 中央式风井和对角式风井的对比和实际应用

中央式的优点：

（1）地面构筑物布置集中。

（2）入风井和排风井布置在岩石移动带以内时，可共留一个保安矿柱。

（3）入风井和排风井掘完之后，可很快连通，因此能很快地开始回采。

（4）井筒延深方便，可先下掘排风井，然后自下向上反掘入风井。

中央式的缺点：

（1）采用中央式通风时，风路很长，主扇风机所需负压大，而且负压随回采工作的推进不断变化。

（2）当用前进式回采时，风流容易短路，造成大量漏风。

（3）如果其他地方无安全出口，当地下发生事故时，危险性大。

对角式的优点：

（1）负压较小且稳定，漏风量较小，通风简单可靠而且费用较低。

（2）当地下发生火灾、塌落事故时，地下工作人员较安全。

（3）如果在井田两翼各布置一条排风井，一条井发生故障时，可利用另一条维持通风。

对角式的缺点：

（1）井筒间的联络巷道很长，而且要在回采开始之前掘好，故回采时间较迟。

（2）掘两条排风井时，掘进和维护费用较大。

在金属矿中，大型矿山可采用中央对角式布置。即在矿体中央布置主井和副井，此时副井兼作入风井，另在矿体两翼各布置一条排风井，以形成对角式通风系统。

在中小型金属矿中，通常采用对角式。因矿体沿走向长度一般不大，对角式的缺点明显，但对角式通风却对生产有利。同时，由于金属矿床一般产状复杂，在勘探阶段，有时需要在矿体两翼掘探矿井，并在生产期间利用已有的两翼探矿井兼作排风井。

11.4.4 智能矿井通风

智能矿井通风是指通过智能控制实现按需供风，稳定、经济地向矿井连续输送新鲜空气，供人员呼吸，稀释并排出有害气体和粉尘，改善矿井气候条件，其内涵是将信息采集处理技术、控制技术与通风系统深度融合，按照"平战结合"的理念实现按需供风及异常灾变状态下智能决策与应急调控，既满足日常通风的自动化管理与维护，又实现灾变时期的应急控风，有效抑制灾情演化。其主要功能包括：

（1）矿井通风系统经济可靠与灾情预警，达到安全、经济目标。保障通风系统日常运行的可靠性与经济性，生产过程中风量做到按需供风，满足通风异常的自动感知、诊断与预警。

（2）矿井通风系统的全程自动化，达到智能调控目标。运用互联网、物联网、人工智能、大数据、新材料、先进制造、信息通信和自动化技术，建设智慧矿山通风系统，实现分析决策与联动调控，灾变条件下，能够实现防灾、减灾、控灾和主动救灾等全过程的自动化与智能化。

11.5　主溜井和充填井布置

辅助开拓巷道除已论述的副井和风井外，其他还有主溜井、充填井等。

11.5.1　主溜井

主溜井（main chuter）承担多个阶段的矿石下放工作，属于开拓工程。

11.5.1.1　主溜井的应用

地下金属矿山开采中普遍采用溜井放矿。溜井的应用范围和溜矿系统大致可分为下列两种：

（1）平硐溜井出矿系统。采用平硐开拓时，主平硐上各个阶段采下的矿石，均经溜井放至主平硐水平，然后运至地面选厂，形成完整的开拓运输系统。

（2）竖井箕斗提升、集中出矿系统。采用竖井开拓时，也可采用溜井放矿集中出矿的运输系统。如竖井采用箕斗提升时，常将几个阶段采下的矿石经溜井放至下面的某一阶段。有时还在这个阶段的竖井旁侧设置地下破碎站，矿石经破碎后，装入箕斗提至地面。

11.5.1.2　主溜井位置选择

在设计开拓运输系统时，如需采用溜井放矿，就应确定溜井的位置。在选择溜井位置时，应注意以下基本原则：

（1）根据矿体赋存条件使上下阶段运输距离最短，开拓工程量小，施工方便，安全可靠，避免矿石反向运输。

（2）溜井应布置在岩层坚硬稳固、整体性好、岩层节理不发育的地带，尽量避开断层、破碎带、流砂层、岩溶及涌水较大和构造发育的地带。

（3）溜井一般布置在矿体下盘围岩中，有时可利用矿块端部天井放矿。

（4）溜井装卸口位置，应尽量避免放在主要运输巷道内，以减少运输干扰和矿尘对空气的污染。

为保证矿山正常生产，在下列情况下要考虑设置备用主溜井：

（1）大型、中型矿山，一般均设置备用溜井。

（2）当溜井穿过的岩层不好或溜井容易发生堵塞时，应考虑备用溜井。

（3）可能在短期内扩大规模时，应考虑备用溜井及其设置位置。备用溜井的数目应按矿山具体条件确定，一般备用数为1~2个。

11.5.1.3　主溜井形式

国内金属矿山的主溜井，按外形特征与转运设施，有以下几种主要形式：

（1）垂直式溜井，即从上至下呈垂直的溜井，如图11-9（a）所示。各阶段的矿石由分支斜溜道放入溜井。这种溜井具有结构简单、不易堵塞、使用方便、开掘比较容易等优点，故国内金属矿山应用比较广泛。它的缺点是贮矿高度受限制，放矿冲击力大，矿石容易粉碎，对井壁的冲击磨损较大。因此，使用这种溜井时，要求岩石坚硬、稳固、整体性好，矿石坚硬不易粉碎；同时，溜井内应保留一定数量的矿石作为缓冲层。

（2）倾斜式溜井，即从上到下呈倾斜的溜井，如图11-9（b）所示。这种溜井长度较大，可缓和矿石滚动速度，减小对溜井底部的冲击力。只要矿石坚硬不结块，也不易发生堵塞，即可使用倾斜式溜井。溜井一般沿岩层倾斜布置，可缩短运输巷道长度，减少巷道掘进工程量。但倾斜式溜井中的矿石对溜井底板、两帮和溜井贮矿段顶板、两帮冲击磨损较严重。因此，其位置应选择在坚硬、稳固、整体性好的岩层或矿体内。为了有利于放矿，溜井倾角应大于60°。

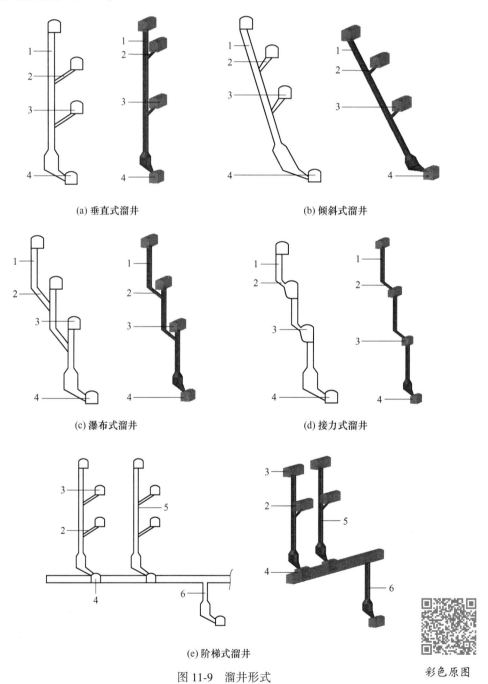

(a) 垂直式溜井　　　　　　　　　　　　(b) 倾斜式溜井

(c) 瀑布式溜井　　　　　　　　　　　　(d) 接力式溜井

(e) 阶梯式溜井

图 11-9　溜井形式

彩色原图

1—主溜井；2—斜溜道；3—卸矿硐室；4—放矿闸门硐室；5—上段溜井；6—下段转运溜井

（3）分段直溜井。当矿山多阶段同时生产，且溜井穿过的围岩不够稳固，为了降低矿石在溜井中的落差，减轻矿石对井壁的冲击磨损，夯实溜井中的矿石，而将各阶段的溜井的上下口错开一定的距离。其布置形式又分为瀑布式溜井和接力式溜井两种，见图 11-9（c）（d）。瀑布式溜井的特点是上阶段溜井与下阶段溜井用斜溜道相连，从上阶段溜井溜下的矿石经其下部斜溜道转放到下阶段溜井，矿石如此逐段转放下落，形若瀑布。接力式溜井的特点是上阶段溜井中的矿石经溜口闸门转放到下阶段溜井，用闸门控制各阶段矿石的溜放。采用分段溜井，当某一阶段溜井发生事故时，不致影响其他阶段的生产；但每段溜井下部均要设溜口闸门，因此生产管理、维护检修较复杂。

（4）阶梯式溜井。这种溜井的特点是上段溜井与下段溜井相互距离较大，故中间需要转运，如图 11-9（e）所示。这种溜井仅用于岩层条件较复杂的矿山。例如为避开不稳固岩层而将溜井开成阶梯式，或在缓倾斜矿体条件下，为缩短矿块底部出矿至溜井的运输距离时采用。

11.5.2　充填井

采用空场采矿法时，回采工作完成之后，留下采空区；随着采空区的增加，暴露范围逐步扩展，如不及时处理采空区，时间过长，则采空区将发生冒顶、崩塌，甚至产生剧烈地压场动，从而破坏矿山生产并造成人身设备安全事故。因此，为预防剧烈地压活动，保证矿山安全生产，必须对采空区进行处理。处理采空区的办法之一，是将采空区进行充填。

采用充填采矿法时，随采随充。凡属采用随后充填的空场法或充填法的矿井，均需布置充填井，以便下放充填材料，送入采空区或采场进行充填。

11.5.2.1　充填井的类别

充填井按其所运送的充填材料有下列几种：

（1）废石井。垂直或急倾斜的井筒，借重力溜放地表堆积的废石或由采石场采下的碎石。干式充填时采用。

（2）管道井。在垂直或倾斜的井筒中，安设溜槽或管道，借充填材料自重或动力（水力或风力）输送砂石、尾砂或混凝土，管道还可运送水泥干粉。水力或胶结充填时采用。

（3）充填钻孔。由地表向地下钻大口径钻孔，孔径一般为 200~300mm，钻孔需设在岩质坚硬且无裂隙的岩层中。一般用水力输送砂石或尾砂。水砂或尾砂充填时采用。

11.5.2.2　充填井的布置

无论何种充填井，都是用来将地面各种充填料输送到井下某个主要阶段，然后再接运或转运至采空区或采场。图 11-10 为干式充填的输送系统示意图。

充填井的位置，应符合下列条件：

（1）布置在矿体的中央位置；若矿体分布范围大或有几个矿体，则按区或按矿体布置几个充填井，务必使充填料的运输功最小。

（2）由采石场（或尾砂库）至充填井，再达所辖充填采空区或采场，构成顺向运输，尽量减小充填料的运输功。

（3）地面地形条件应对运送充填料有利。

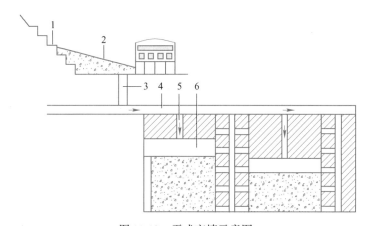

图 11-10　干式充填示意图

1—露天采石场；2—电耙；3—主充填井；4—运输巷道；5—矿房充填井；6—采空区

（4）直接借充填料重力溜放的废石井或借水力运送砂石、尾砂的充填钻孔，要求其所通过的岩层坚硬、稳固、无裂隙，工程地质条件良好。

（5）地下各阶段间转运充填料的充填井，可利用岩层整体性好、耐磨性强的探矿天井。

（6）各采空区或采场的充填井，一般靠近其中央位置。

11.6　总平面布置

11.6.1　矿山总平面布置

11.6.1.1　矿山总平面布置的概念

在矿山企业设计中，把地表的工业生产技术设施和行政管理、生活及福利设施，按照地表地形特征和矿床赋存条件，根据矿石地面加工和运输的要求，合理布置在平面图上，并布置运输线路将其联结在一起，形成一个有机的整体，称为矿山总平面布置（layout）。

矿山总平面布置是矿山企业设计中的一个重要组成部分，一旦形成，在生产过程中是不易改变的。因此，矿山总平面布置必须符合矿山企业建设和生产要求，节约劳动力，便利施工，加快建设速度；在投产以后能以最合理的流程、最少的劳动，取得最大的工效，达到高效率、低成本生产的目的。

11.6.1.2　影响工业场地选择的因素选择

（1）场地面积需求。要有足够的场地面积布置所有的建筑物、构筑物、道路、管线等。适当考虑企业未来发展用地的要求，但不可过多预留备用地。

（2）地表地形。要注重利用地形，以减少土石方工程量，或尽量使挖、填方平衡，以节约投资及劳动力，并方便地面水的排出。

（3）开拓井巷的布置。在地形条件允许时，工业场地的选择要有利于开拓井巷的布置；同样，在考虑开拓井巷位置时，也必须考虑工业场地问题。

（4）选矿工艺。选矿工业场地的选择需考虑选矿工艺，当用重选时，选矿工业场地最好设置在坡度 15°～20° 的山坡地带，以便矿浆自流，而且土方工程量也较小。

选矿工业场地应尽可能靠近采矿工业场地，以缩短地面运输距离；条件允许时，可与采矿工业场地合并，使地面运输大为简化。

应尽量使选厂贮矿仓的顶部标高低于井口（或平硐口）标高，以便重车下行，降低运输能耗。产生粉尘的破碎车间，不仅应与入风井有一定距离（大于 300m），而且要注意主导风向，应在风向下风侧，以避免粉尘进入坑内。

选厂应设在供水、供电、堆排尾矿方便的地方。

尾矿库最好选择在靠近选厂的天然沟堑、枯河、峡谷等地方，既要有足够的容量，又不侵占农田，同时力求避免尾矿水排入农田和直接排入河流，以免影响农业生产，引起水体污染。尾矿库应尽可能低于选厂标高，以便尾矿自流和避免设置砂泵等设备。

（5）地表移动和塌陷。工业场地应在采矿可能引起的地表移动范围及爆破影响范围以外，要避免受山坡崩塌及山洪危害，要有必要的排洪措施，以保证安全。

（6）工程与水文地质。必须注意工程地质和水文地质条件，如土质及潜水位置，以减少建筑物及构筑物的地基费。

（7）运输条件。要有较好的地面运输条件，且便于与外部铁路、公路连接。

11.6.1.3 工业场地平面布置的基本原则

工业场地上各项建筑物、构筑物，要根据生产过程来布置。

与矿井井筒或平硐相联系的地面建筑物和构筑物的位置，由井筒或平硐的位置决定，如卷扬机房、通风机房、压气机房应设在井口附近。

其他工程或者建在井口附近，或者布置在其他场地。例如，选矿厂、中央机修厂、总仓库等，在井口附近场地面积不足或地形复杂的条件下，可布置在铁路的终点站附近。如果主井与副井相距较远，要分为两个场地来布置：在主井附近布置与出矿和矿石装运有关的构筑物；在副井附近布置更衣房、材料库、机修厂等。

一切建筑物的布置均应按照生产过程的最方便、最安全以及建设最经济的要求来考虑。既不要过度分散，也不要过度集中。建筑物的过度分散，将引起基本建设投资的增加，以及在整个厂区地面布置上的额外开支，如一些管线长度的增加，材料等运送距离的增加等；过度集中，对预防火灾不利，例如润滑材料及燃料库要与其他建筑物有一定距离。

在采矿工业场地内，贮矿仓、破碎筛分设备、装车矿仓等矿石工艺设施占有重要地位。从布置系统上来看，可以分成垂直布置、水平布置及混合布置三种。

垂直布置系统使用较广，一般在箕斗提升条件下使用。这种布置的优点是地面矿石工艺流程的运输，完全靠自重完成，且井口建筑物占地面积小；缺点是需要较高的井架，常达 50～60m，因而造价高，技术复杂。

水平布置与垂直布置相反，矿石靠动力运输（皮带运输机），占地面积大；但不需要结构复杂的高大井架。采用平硐开拓时，一般用水平布置方式。

混合布置的优缺点，居于上述两者之间。

在选择布置方式时，可根据产量、地形、提升方式及开拓方法等而定。

11.6.2 采矿工业场地主要设施布置

卷扬机房的布置取决于提升系统，因此，该房的位置实际上是固定的。卷扬机房与竖井中心水平距离一般为 20~40m（采用多绳卷扬机提升时除外）。

通风机房应靠近井口布置。当采用压入式通风时，须与产生有害气体或产生尘埃的车间有一定距离，且在上风侧。

机修厂和品材库（成品、材料库）常设在一起，在一个大的建筑物内（称联合机修厂），并应接近井口。这样，修理时可从品材库中拿到品材，修好后又可存放于品材库，也便于向井下和自井下运送材料与设备。

压气机房应设在井（硐）口附近，尽量靠近引入压风管道的井（硐）口通风良好的地段。由于压气机开动时的振动与噪声大，应距办公室和卷扬机房远一些（大于30m）。压气缸入气口应与产生尘埃的车间和废石场等有一定距离（大于150m）。储气缸（风包）应设在背阴面，以利于散热。

变电所一般应设在电负荷的中心，并易于引入外部电源的地方。主要用户用电量比例：坑内 20%~40%，卷扬机房 20%~40%，压气机房 20%~30%。

材料仓库、油料仓库应设在离铁路或公路 15~20m 的地方，以便于运输。为防火需要，应距井口 50m 以外，而加工设施应离仓库 30~50m。

矿仓和贮矿场与专用线有密切联系，与外部运输相连接。在总体布置中，应避免用主要运矿线路联通各建筑物。

废石场应设在提升废石的井口附近，有足够的空间存放在全部生产年限内所出的废石。当场地不足时，也可以考虑设立两个废石场。要使井口到废石场的运输方便，重车尽可能下行；应位于主导风向的下风侧，尤其应注意位于生活区、入风井口和其他厂房的下风侧。尽量利用地形，使废石场设于山谷、洼地中，少占或不占农田。

当矿山企业生产能力较大、服务年限长、矿床埋藏集中、开拓巷道采用中央式布置时，如果在开拓巷道附近有面积较大的平坦地段，可以采取集中的联合布置。这时，将采矿工业场地内的 85%~90% 的构筑物和建筑物合并成三个大型联合建筑物，即主井联合建筑物、副井联合建筑物和行政福利联合大楼。

11.6.3　临时生活区位置的选择

随着公路交通建设的发展，矿山与城市间的距离不再成为阻隔，本着改善矿山职工的生活质量，便于矿山职工子女接受良好基础教育的目的，当前新建矿山在设计时，更倾向于将生活区布置在城镇，而在矿山所在地设置临时生活区。矿山临时生活区的位置选择应遵循以下原则：

（1）临时生活区应尽可能接近工业场地，并有方便的运输条件，以利于工人上下班和与外部联系；应有较好的水电供应条件；应设在主导风向的上风侧，保证不使车间产生的毒气、尘埃污染生活区的空气。

（2）临时生活区和工业场地之间，应尽量避免有铁路线相隔，以免工人上下班穿过铁路。如不可避免，可采用立体交叉等办法解决。

（3）临时生活区应尽量不占农田，可设在较平缓的山坡和荒地上。在北方寒冷地区，因采暖关系，应采取集中布置宿舍；在南方地区，当无大片平整土地时，可考虑分散布置，分别靠近采、选工业场地。

（4）地下开采的矿山，临时生活区应设在地表移动带以外，且应注意防爆、卫生等安全距离要求。

11.6.4　地面运输方式的选择

确定矿山地面运输方式和系统,是矿山总平面布置的重要内容之一。矿山地面运输分为内部运输和外部运输。

矿山内部运输包括两部分:

(1) 主运输。从井口或平硐口采出矿石运往破碎厂、贮矿场或选矿厂;将废石从井口运往废石场;将尾矿从选厂运往尾矿库等。

(2) 辅助运输。从工业场地往破碎厂、选矿厂、烧结厂等运送材料、设备,以及工业场地各车间与仓库间运输材料;从炸药库运出或运入爆破器材;职工通勤运送等。

外部运输包括由矿山向外部用户运送产品(矿石或精矿),以及从外部向矿山运入生产材料、燃料和设备等。

11.6.4.1　内部运输方式的选择

内部运输方式一般有窄轨铁路、皮带运输、架空索道、钢绳运输和汽车运输等。选择矿山内部运输方式取决于下列因素:

(1) 矿山生产能力。矿山生产能力决定着矿石、废石、材料、设备等的运输量,而运输量的大小,对于选择运输方式有很大影响。例如,运输量大,可以用电机车运输;运输量小,可以采用汽车运输。

(2) 运输距离和运输区段地形条件。运输距离和地形条件决定运输线路长短、线路曲直和坡度,对于运输设计有重大影响。运输线路长而地形平缓时,可用电机车运输;运输线路短时,可用钢绳运输;线路坡度大时,可用钢绳或汽车运输;地形起伏变化大时,可用架空索道运输。

(3) 井口附近地形。井口附近的地形决定废石场的位置,从而决定着废石运输距离和运输方式。

(4) 矿石工艺流程。如果矿石采出后,不经任何加工,直接运到冶炼厂,则内部运输非常简单,同时内部运输总的运距缩短。如果矿石分品级运出或经选厂选后运出精矿,矿石的地面运输系统较复杂,有时要经几次运转和需要几种设备。

(5) 主、副井开拓巷道布置方式。如果开拓巷道采取中央式布置,运输线路就比较集中,便于实现机械化运输和管理,运输距离也大大缩短。如果采用对角式布置开拓巷道,由于地面设施布置分散,地面运输线路较复杂,运输距离增加,管理也不方便。

内部运输方式和系统必须与矿石地面加工工艺过程和地面总布置相适应。所以,地面运输的设计必须和各工业场地的选择、地面各项设施的布置、开拓巷道的位置等问题综合起来考虑,统一解决。

11.6.4.2　外部运输方式的选择

常见的外部运输方式有准轨运输、窄轨铁路、汽车运输、架空索道运输和水路运输等。

选择矿山外部运输方式时,应了解当地原有运输线路与国家铁路、公路干线的联系,尽量利用原有线路,减少自建专用线和土石方工程,节约基建投资。选择时应考虑下列因素:

（1）地形条件。地形平坦、坡度平缓有利于铁路运输。汽车运输能适应坡度较大和复杂的地形。在山区，地形复杂而高差较大时，如果运输量和运距不太大，可以采用架空索道运输。

（2）矿山的规模和生产年限。矿山的规模决定矿山企业外部运输的运出、运入货运量。货运量大和生产年限长的矿山，可以考虑采用铁路运输；反之，可以考虑用汽车或架空索道运输。

（3）地理和交通条件。矿区距铁路干线比较近时，可以考虑修筑准轨铁路与干线连接。如果矿山位于偏僻山区，距铁路干线远，生产规模不大，地形又不利于修筑铁路，则可利用汽车运输。矿区附近有水路可供利用时，可修筑码头，利用水运方式进行外部运输。

一般来说，平原和丘陵地区的矿山，单向年运输量大于12万吨，矿山生产年限在15年以上时，外部运输采用铁路是合理的。生产年限小于15年，或单向年运输量在平原丘陵地区的矿山小于6万吨、山岭地区的矿山小于12万吨，应以公路运输为主。

最后应指出，在进行内部运输和外部运输设计时，要尽量简化运输系统，减少转运次数，并实现机械化装卸。同时，应保证生产安全、方便和可靠。要尽量减少地面工人数，减少基建投资和生产费用。

11.6.5　矿山总平面布置的设计内容

矿山总平面布置通常包括矿区规划图和工业场地平面布置图。矿区规划图（也称为矿区区域位置图），是根据矿床赋存条件、地形条件、人文条件等，对矿山企业的各个组成部分做出全面规划。这个规划要经过正确的厂址选择及多方案比较之后才能确定。规划通常在1∶5000~1∶10000的地形图上进行。

矿区规划图中应标明原有的地形地物、规划的矿山企业场地、矿体界线及采矿移动带、采选工业场地、生活区位置、区域供排水及供热和供电线路、矿区内部运输及其与外部运输的联系、主要和辅助开拓巷道的位置、废石场地、炸药总库位置、选矿厂及尾矿排出地点等。

工业场地平面布置图是在更小范围内更细致的规划，根据矿区规划图确定的布置原则，在1∶1000~1∶2000的地形图上进行初步设计，在1∶500~1∶1000的地形图上进行施工设计。采矿工业场地包括机修车间、卷扬机房、压气机房、通风机房、矿仓、废石场、材料仓库、油料仓库及行政福利设施等。行政福利设施有矿井办公室、浴室、保健站和食堂等。

采矿工业场地的平面布置图中应标明矿床开采至最大深度时的地表移动带、洪水淹没范围、井筒（或平硐口）的位置及标高。此外，不但要标明场地内各个建筑物、构筑物、运输线路及各种管线的平面配置关系，还要标明它们的竖向关系，换句话说，工业场地平面布置是平面设计与竖向设计的综合。

选矿工业场地包括破碎、筛分、选矿车间、尾矿设施及砂泵站等。

如果企业的各个组成部分比较集中，可以把矿区规划图和工业场地平面布置图合在一个图上布置。

习 题

1 名词解释

（1）运输功；（2）崩落角；（3）崩落带；（4）移动角；（5）移动带；（6）保安矿柱；（7）矿山总平面图布置。

2 简答题

（1）简述地表移动带圈定的步骤。

（2）保安矿柱圈定的步骤有哪些？

（3）简述风井的布置方式。

（4）简述主溜井的布置形式。

（5）简述充填料向井下的输送形式。

（6）影响工业场地选择的因素有哪些？

3 扩展阅读

[1] 王海军，张长锁．复杂地表环境条件的地下开采地表移动带的圈定研究 [J]．有色金属（矿山部分），2017，69（4）：94-97.

[2] 原野，王贺，曹辉，等．深埋矿体移动带三维圈定方法研究 [J]．有色金属（矿山部分），2020，72（5）：87-89，98.

[3] 周福宝，魏连江，夏同强，等．矿井智能通风原理、关键技术及其初步实现 [J]．煤炭学报，2020，45（6）：2225-2235.

[4] 葛启发，于润沧，朱维根，等．按需通风技术在某矿山工程设计中的应用 [J]．中国有色冶金，2017，46（6）：58-63.

12　井底车场及硐室

本章课件

本章提要

　　本章主要介绍竖井和斜井的井底车场，详细叙述了井底车场中的运输巷道及各个功能硐室，重点介绍了竖井井底车场中尽头式、折返式和环形井底车场，斜井井底车场中甩车道、吊桥和平车场三种斜井-平巷的连接方式。

　　井底车场是指连接矿井主要提升井筒和井下主要运输和通风巷道的若干巷道和硐室的总称。它联系着井筒提升和井下运输两大生产环节，是井下运输的总枢纽站。

　　井底车场根据开拓方法的不同，可分为竖井井底车场和斜井井底车场两大类别。

12.1　竖井井底车场

12.1.1　井底车场的线路和硐室

　　组成井底车场的线路和硐室如图 12-1 所示。主、副井均设在井田中央，主井为箕斗井，副井为罐笼井，两者共同构成一个双环形的井底车场。

　　井底车场线路（巷道）：

　　（1）储车线路。在其中储放空、重车辆，包括主井的重车线与空车线、副井的重车线与空车线，以及停放材料车的材料支线。

　　（2）行车线路。即调度空、重车辆的行车线路，如连接主、副井的空、重车线的绕道，调车场支线。此外，供矿车进出罐笼的马头门线路，也属于行车线路。

　　除上述主要线路外，还有一些辅助线路，如通往各硐室的线路及硐室内线路等。

　　井底车场硐室：根据提升、运输、排水和升降人员等项工作的需要，井底车场内需设各种硐室，硐室的布置主要取决于硐室的用途和使用上的便捷性。如图 12-1 所示，与主井提升有关的各种硐室，如翻笼硐室、贮矿仓、箕斗装载硐室、清理散矿硐室和斜巷等，须设在主井附近的适当位置上，构成主井系统的硐室。副井系统的硐室一般有马头门、水泵房、变电室、水仓及候罐室等。此外，还有一些硐室，如设在车场进口附近的调度室、设在便于进出车地点的电机车库及机车修理硐室等。

12.1.2　井底车场形式

　　井底车场按使用的提升设备分为罐笼井底车场、箕斗井底车场和罐笼箕斗混合井井底车场三种，按服务的井筒数目分为单一井筒的井底车场和多井筒如主井、副井的井底车

(a) 井底车场实物图

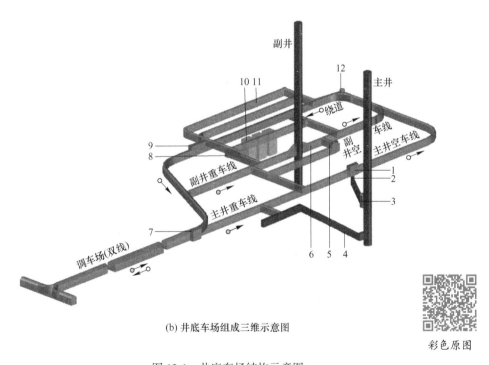

(b) 井底车场组成三维示意图

彩色原图

图 12-1 井底车场结构示意图

1—卸矿硐室；2—溜井；3—箕斗装载硐室；4—回收散落碎矿的小斜井；5—候罐室；6—马头门；
7—调度室；8—变电整流站；9—机车修理库；10—水泵房；11—水仓；12—清淤绞车硐室

场；按矿车运行系统分为尽头式井底车场、折返式井底车场和环形井底车场三种
（图 12-2）。

（1）尽头式井底车场。如图 12-2（a）所示，用于罐笼提升。其特点是井筒单侧进、
出车，空重车的储车线和调车场均设在井筒一侧，需从罐笼拉出空车后，再推进重车。这
种车场通过能力小，故多用于小型矿井或副井。

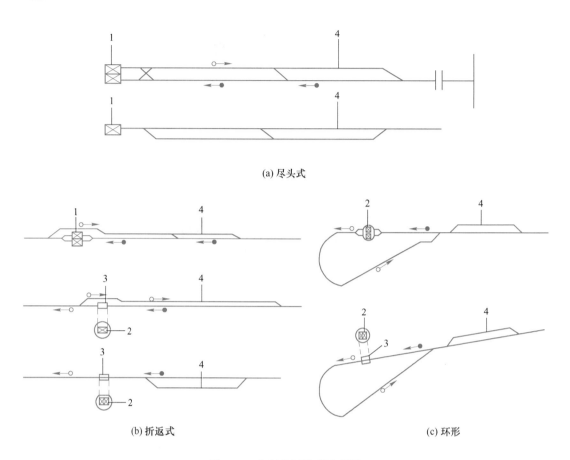

图 12-2　井底车场形式示意图

1—罐笼；2—箕斗；3—翻车机；4—调车路线

（2）折返式井底车场。如图 12-2（b）所示，其特点是井筒或卸车设备（如翻车机）的两侧均敷设线路，一侧进重车，另一侧出空车，空车经过另外敷设的平行线路或从原线路变头（改变矿车首尾方向）返回。当岩石稳固时，可在同一条巷道中敷设平行的折返线路；否则，需另行开掘平行巷道。

（3）环形井底车场。如图 12-2（c）所示，其特点是由井筒或卸车设备出来的空车经由绕道返回，形成环形线路。在大、中型矿井，由于提升量较大，可分别开掘主、副井筒，且为了便于管理，主、副井经常集中布置在井田的中央。图 12-3（b）是双井筒的井底车场，主井为箕斗井，副井为罐笼井，主、副井的运行线路均为环形，构成双环形井底车场。

为了减少井筒工程量及简化管理，在生产能力允许的条件下，也可用混合井代替双井筒；即用箕斗提升矿石，用罐笼提升废石，运送人员和材料、设备等。此时线路布置与采用双井筒时的要求相同。图 12-3（c）为双箕斗-单罐笼的混合井井底车场线路布置。其中，箕斗提升的翻车机线路采用折返式车场，罐笼提升的线路采用尽头式车场。图 12-3（a）也是混合井井底车场的线路布置。其中，箕斗线路为环形车场，罐笼线路为折返式车场，通过能力比图 12-3（c）所示布置形式大。

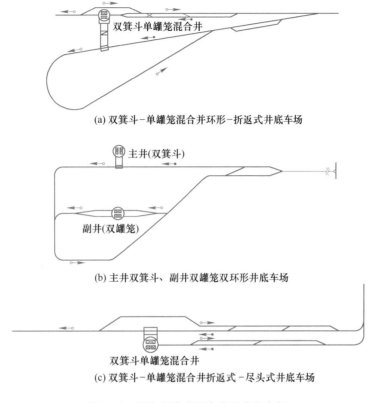

(a) 双箕斗-单罐笼混合井环形-折返式井底车场

(b) 主井双箕斗、副井双罐笼双环形井底车场

(c) 双箕斗-单罐笼混合井折返式-尽头式井底车场

图 12-3　两个井筒或混合井的井底车场

12.1.3　井底车场形式的选择

选择合理的井底车场形式和线路结构，是井底车场设计中的首要问题。影响选择井底车场的因素很多，如生产能力、提升容器类型、运输设备和调车方式、井筒数量、各种主要硐室及其布置要求、地面生产系统要求、岩石稳固性以及井筒与运输巷道的相对位置等。因此，必须全面考虑各项因素，但在金属矿山一般情况下，主要是考虑前面四项。

矿井生产能力大的应选用通过能力大的车场形式。年产量在 30 万吨以上可采用环形或折返式车场；10 万~30 万吨可采用折返式车场；10 万吨以下可采用尽头式车场。

当采用箕斗提升时，固定式矿车用翻车机卸载；年产量较小的，可用电机车推顶矿石列车进翻车机卸载，卸载后立即拉走，即采用经原进车线返回的折返式车场。在阶段产量较大并用多台电机车运输时，翻车机前可设置推车机或采用自溜坡。此时可采用另设返回线的折返式车场。

当采用罐笼井并兼做主、副提升时，一般可用环形车场，但产量小时也可用折返式车场。副井采用罐笼提升时，根据罐笼数量和提升量大小确定车场形式。如为单罐且提升量不大时，可采用尽头式井底车场。

当采用箕斗-罐笼混合井，或者两个井筒（一主一副）集中布置时，应采用双井筒的井底车场。在线路布置上，须使主、副提升的两组运输线路相互结合，例如在调车线路的布置上宜考虑共用。又如当主提升箕斗井车场为环形时，副提升罐笼井车场在工程量增加不大的条件下，可使罐笼井空车线路与主井环形线路连接，构成双环形井底车场。

总之，选择井底车场形式时，应在满足生产能力要求的条件下，尽量使结构简单。这样可节省工程量，管理方便，生产操作安全可靠，并且易于施工与维护。

12.2 斜井井底车场

斜井井底车场按矿车运行系统可分为折返式车场和环形车场两种形式。环形车场一般适于用箕斗或胶带提升的大、中型斜井中。金属矿山，特别是中、小型矿山的斜井多用串车提升，串车提升的车场均为折返式。

串车斜井井筒与车场的连接方式有 3 种，第一种是旁甩式（图 12-4（a）），即由井筒一侧（或两侧）开掘甩车道，串车经甩车道由斜变平后进入车场；第二种是斜井顶板方向出车，经吊桥变平后进入车场（图 12-4（b））；第三种，当斜井不再延深时，由斜井井筒直接过渡到车场，就是一般所谓的平车场（图 12-4（c））。

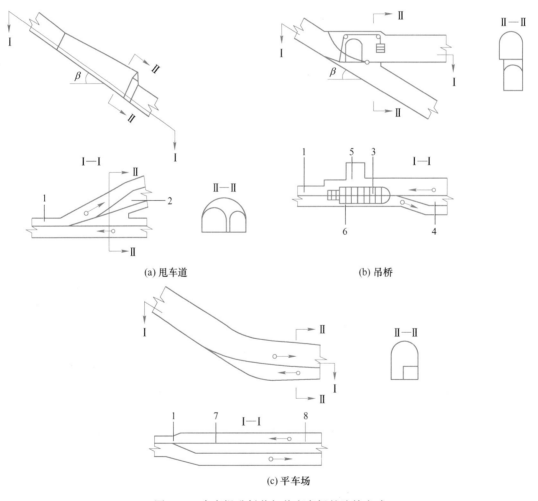

(a) 甩车道   (b) 吊桥

(c) 平车场

图 12-4 串车提升斜井与井底车场的连接方式

1—斜井；2—甩车道；3—吊桥；4—吊桥车场；5—信号硐室；6—人行口；7—重车线；8—空车线

12.2.1 斜井甩车道与平车场

图 12-5（a）为斜井甩车道车场线路示意图。如果从左翼运输巷道来车，在调车场线路 1 调转电机车头，将重车推进主井重车线 2，再去主井空车线 3 拉空车；空车拉至调车场线路 4，调转车头，将空车拉向左翼运输巷道。若从右翼来车，在调车场调头后，将重车推进主井重车线，再去空车线将空车直接拉走。副井调车与主井调车相同。

图 12-5（b）为主井平车场，斜井为双钩提升。如果从左翼来车，在左翼重车调车场支线 1 调车后，推进重车线 2，电机车经绕道 4 进入空车线 3，将空车拉到右翼空车调车场 5，在支线 6 进行调头后，经空车线 6 将空车拉回左翼运输巷道。

由上述可知，串车斜井井底车场由下列各部分组成：

（1）斜井甩车道（或吊桥）。用它将斜井与车场连接起来，并使行车路线由斜变平。一般在变平处进行摘空车挂重车（摘挂钩段）。

（2）储车场。储车场紧接摘挂段，内设空、重车储车线（图 12-5（a）中的 2、3）。

（3）调车场。电机车在此处调头，以便将重车推进重车线，以及改变拉空车的运行方向。图 12-5（b）设两个调车场，左翼为重车调车场，右翼为空车调车。

（4）绕道与各种连接线路。

（5）井筒附近的各种硐室。

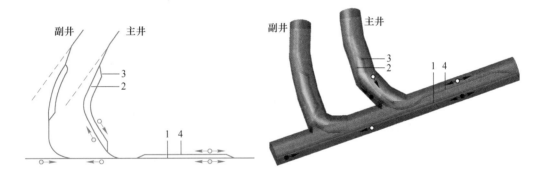

(a) 甩车道车场

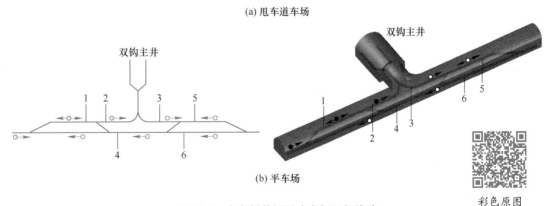

(b) 平车场

彩色原图

图 12-5　串车斜井折返式车场运行线路

1—调车场线路；2—重车线；3，4—空车线；5—空车调车场线路；6—空车调车场支线

12.2.2　斜井吊桥

从斜井顶板出车的平车场，同甩车场相比，具有很多优点，如钢丝绳磨损小、矿车很少掉道、提升效率高、巷道工程量小、交岔处的宽度小、易于维护等。但是这种平车场仅用于斜井最末的一个阶段。

在矿山生产实践中创造的斜井吊桥，既具有平车场的优点，又解决了平车场不能多阶段作业的问题。吊桥连接与平车场一样，也从斜井顶板出车，矿车经过吊桥来往于斜井与阶段井底车场之间。当起升吊桥时，矿车可通过本阶段而沿斜井上下。斜井吊桥是串车提升中一项重大革新，金属矿的中、小型矿山已推广使用。

吊桥类型如图 12-6 所示，图 12-6（a）为普通吊桥，它的工程量最小，结构简单，但由于空重车线摘挂钩在同一条线路上，增加了推车距离和提升休止时间，并且难以实现矿车自动滚行。此外，在斜井与车场线路的连接上，由斜变平比较陡急，下放长材料比较困难，有时需在斜井中卸车，再用人力搬运到水平巷道。为此，有的矿山改革成吊桥式甩车

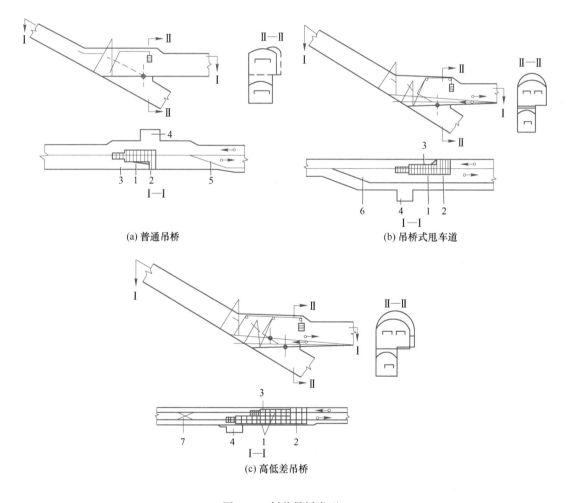

(a) 普通吊桥　　　　　　　　　　　　　(b) 吊桥式甩车道

(c) 高低差吊桥

图 12-6　斜井吊桥类型

1—吊桥；2—固定桥；3—人行口；4—把钩房（信号硐室）；5—车场道岔；6—甩车道；7—渡线道岔

道，如图12-6（b）所示。此时重车通过吊桥上提，空车经过设在斜井一侧的甩车道进入储车线。和前面讲过的甩车道相比，这种调车方式既消除了甩车道的缺点，又保留了甩车道的优点，既可实现矿车自动滚行，又可解决长材料下放问题。在双钩提升的斜井中，有的矿山正在实验使用高低差吊桥，如图12-6（c）所示。这时采用两个单独吊桥，除了重车线吊桥之外，空车线也设吊桥，并且均按矿车自动滚行设置。从斜井进入吊桥之前，需铺设渡线道岔或两个单开道岔，以便重车进入斜井中任一条线路和空车进入吊桥。

采用吊桥时，斜井倾角不能太小；否则，吊桥尺寸过长，重量太大，安装和使用均不方便，同时，井筒与车场之间的岩柱也不易维护。根据实际经验，当斜井倾角大于20°时，使用吊桥较好。吊桥上常有人行走，所以在吊桥上要铺设铁板。因此，当吊桥升起时就会影响上阶段的通风，下放时又会影响下阶段通风，需采取适当措施，以保证正常通风要求。

12.3　地　下　硐　室

地下硐室的布置，决定于矿井生产能力、井筒提升类型、主要阶段运输巷道的运输方式以及生产上和安全上的要求。

地下主要硐室，一般多布置于井底车场附近。各种硐室的具体位置，随井底车场布置形式的不同而变化。这些硐室除满足工艺要求外，应尽量布设在稳固的岩层中，务必使生产上方便，技术上可行，经济上合理，并能保证工作安全。

地下硐室按其用途不同，可分为地下破碎及装载硐室、水泵房和水仓、地下变电所、地下炸药库及其他服务性硐室等。

12.3.1　地下破碎及装载硐室

12.3.1.1　地下破碎的应用

随着深孔落矿采矿方法的大量采用，回采强度大大提高。但是崩落矿石块度不均匀，不合格大块产出率增高，使二次破碎量显著增加，从而严重地影响劳动生产率和采场生产能力的提高。

减少二次破碎工作量，一般采用两种方法：

一种是正确地选择崩矿的参数，使大块产出率降到最低。若适当加密爆破网度，多装炸药，则势必增加凿岩爆破工程量和费用。

另一种方法是允许有一定数量的大块产出率，但在地下设置破碎硐室，用破碎机进行二次破碎。实践证明，这对减少采场二次破碎量、提高采场生产能力来说是一种有效的方法。

12.3.1.2　地下破碎的优缺点

地下破碎的优点：

（1）可减少二次爆破工作量，节省爆破材料，提高放矿劳动生产率和采场生产能力；

（2）可减少放矿巷道中由于二次爆破所产生的炮烟及矿尘，改善劳动条件，提高工作的安全性；

（3）矿石经地下破碎后，块度较小，可增加箕斗的有效载重，减轻装卸时的冲击力和对设备的冲击磨损，增加生产的可靠性，有利于实现提升设备自动化，提高矿井的提升能力。

地下破碎的缺点：

（1）必须开凿地下破碎硐室，破碎机上部需设长溜井（贮矿仓），下部需设粗碎矿仓，从而增加基建工程量和投资；

（2）地下破碎硐室的通风防尘较困难，需采取专门的措施解决；

（3）地下破碎机的管理和维修不如地面方便；

（4）地下采装运设备均需与破碎机相配套，才能充分发挥地下破碎机的作用。

12.3.1.3　地下破碎的适用条件

根据以上分析，在下列条件下采用地下破碎是比较合理的：

（1）阶段储量较大的大型矿山适于设置地下破碎站，采矿下降速度快的中小型矿山不宜设置；

（2）采用大量落矿的采矿方法或岩石坚硬大块产出率高；

（3）井筒采用箕斗提升，地面用索道运输。

12.3.1.4　地下破碎站的布置形式及选择

地下破碎站的布置形式一般有下列几种：

（1）分散旁侧式。如图 12-7（a）所示，每个开采阶段都独立设置破碎站，随着开采阶段的下降，破碎站也随之迁至下部阶段。其优点是第一期井筒及溜井工程量小，建设投产快。缺点是一个破碎站只能处理一个阶段的矿石，每下降一个阶段都要新掘破碎硐室，总的硐室工程量大，总投资较多。分散旁侧式只适用于开采极厚矿体或缓倾斜厚矿体，阶段储量特大和生产期限很长的矿山。

（2）集中旁侧式。如图 12-7（b）所示，几个阶段的矿石通过主溜井溜放到下部阶段箕斗井旁侧的破碎站集中破碎。其优点是破碎硐室工程量较小，总投资较少。缺点是矿石都集中到最下一个阶段，第一期井筒和溜井工程量较大，并增加了矿石的提升费用。集中旁侧式适用于多阶段同时出矿，国内矿山采用较多。

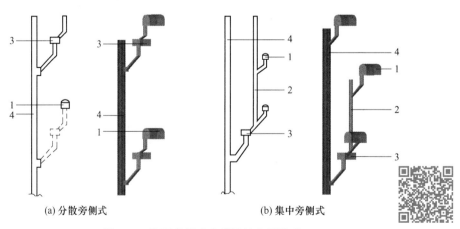

(a) 分散旁侧式　　　　　　(b) 集中旁侧式

彩色原图

图 12-7　地下旁侧式破碎站的布置形式

1—运输阶段卸矿车场；2—主溜井；3—破碎硐室；4—箕斗井

（3）矿体下盘集中式。如图 12-8 所示，各阶段的矿石经矿体下盘分支溜井溜放到主溜井下的破碎硐室，破碎后的小块矿石经胶带输送机运至箕斗井旁侧的贮矿仓，然后由箕斗提至地表；当采用平硐溜井开拓时，破碎后的矿石即由胶带输送机直接运至地表。其优点是省掉了各阶段的运输设备和设施；缺点是分支溜井较多，容易产生大块堵塞事故。矿体下盘集中式适用于矿体比较集中，走向长度不大，多阶段同时出矿的矿山。

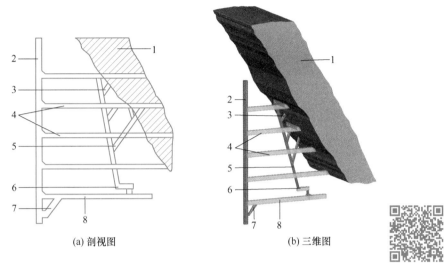

(a) 剖视图　　　　　　　　　　(b) 三维图

彩色原图

图 12-8　矿体下盘集中式破碎站

1—矿体；2—箕斗井；3—分支溜井；4—阶段巷道；5—主溜井；6—破碎站；7—贮矿仓；8—转运巷道

12.3.1.5　地下破碎与装载的配置

地下破碎装置按矿石品种和往外提运形式，可分为单一矿石经计量装置装矿和多种矿石经胶带输送机装矿的配置系统。

单一矿石破碎后经计量装置装矿的配置系统如图 12-9 所示。固定式矿车经翻车机 1 将矿石卸入溜槽 9 中；开启指状闸门 2，矿石由板式给矿机 3 送给固定筛 4。筛上大块矿石溜入颚式破碎机 5 破碎后溜放至矿仓 10 中，筛下合格矿石则直接下落到矿仓 10，矿仓内的矿石经箕斗计量装置 7 装入翻转式箕斗 8，再提出地表。

多种矿石往胶带输送机装矿的配置系统，即矿车在卸载站将不同矿石品种分别卸入各自的溜井，各溜井内的矿石再经各自的板式给矿机送入溜槽溜放至颚式破碎机破碎，然后分别卸入各自的矿仓。矿仓内的矿石由电振给矿机送给胶带输送机，经计重装置装入箕斗，提出地表。

12.3.1.6　地下装载硐室

采用箕斗提升矿石时，必须在地下设矿仓和装载硐室，以便安装装矿设备向箕斗内装矿。

当采用翻转式箕斗，一般多采用计量漏斗装矿和定点装矿。

在多绳提升中采用底卸式箕斗较多，一般底卸式箕斗常采用计量漏斗装矿。

箕斗装矿系统有以下两种：

(1) 在设有地下破碎的矿山，多用电振或板式给矿机，经胶带输送机送入用压磁式测力计计重的计量漏斗，然后再装入箕斗，如图 12-10 所示。

(2) 在无地下破碎的矿山，应尽量不设胶带输送机，可用板式给矿机代替。

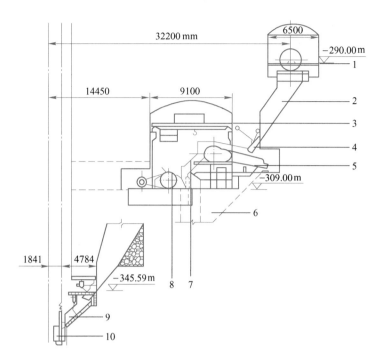

图 12-9　单一矿石经破碎后经计量装置装矿的配置

1—2m³/固定式矿车双车翻车机；2—1600mm×1100mm 手动指状闸门；3—1500mm×4000mm 重型板式给矿机；
4—1500mm×3000mm 固定筛；5—900mm×1200mm 颚式破碎机；6—15/3t 电动桥式起重机；
7—4m³/箕斗计量装置；8—7m³/翻转式箕斗；9—溜槽；10—矿仓

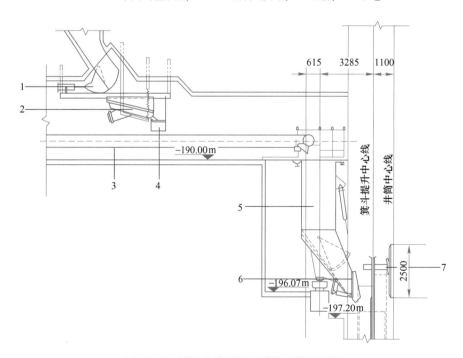

图 12-10　某铜矿计量漏斗单箕斗装矿系统

1—闸门；2—电振给矿机；3—溜槽；4—活动溜槽（缩回后计量斗口与箕斗壁间隙为 185mm，外伸
长度为 280mm，装矿时伸入箕斗 95mm）；5—胶带输送机；6—计量漏斗；7—支撑木

12.3.2　地下水泵房和水仓

12.3.2.1　矿井排水系统

当进行地下开采时，由于地下水从含水岩层或裂隙中不断涌出，除地平面以上的矿床或矿床上部采用平硐开拓时矿坑水可沿平硐一侧排水沟自流排出地表外，当采用竖井、斜井、斜坡道开拓时，均需在地下设置水仓和水泵房，将矿坑水汇流至水仓并导流至水泵房吸水井中，由安设在水泵房的水泵，经敷设在水泵房、管子道及副井中的专用排水管道排出到地表。

矿井排水系统和矿床开拓有密切的联系，当进行矿床开拓设计时，就应考虑排水的要求。排水系统还有其自身的特点，合理地选择排水系统，对排除矿坑地下水从而保证矿井安全生产有很重要的意义。

矿井排水系统可分为直接排水系统、分段排水系统和主水泵站排水系统。

（1）直接排水系统是在单阶段开采时，在井底车场附近设置水泵房，矿坑水流入水仓经水泵直接排出地表。当多阶段开采时，各个阶段均设水泵房，各个阶段的矿坑水经各个阶段的水泵直接排出地表，即各个阶段独立排水。这种排水系统要求在每个阶段均需开掘水泵房和水仓，排水设备分散，排水管道多。若阶段数目较多，在技术和经济上均不合理，故很少采用。

（2）分段排水系统也可视为串接排水系统。当开采阶段数目不多时，各个阶段均设水泵房，将下阶段的矿坑水排至上一阶段，连同上一阶段的矿坑水排至再上一阶段，最后集中排出地表。

（3）多阶段开拓时，在设计中几乎普遍采用主水泵站（房）排水系统（图12-11）。即选择涌水量较大的阶段设置永久水泵房，其上部未设水泵房阶段的矿坑水沿放水管道或放水井下流至主水泵站阶段，最后连同主水泵站阶段的矿坑水排出地表。

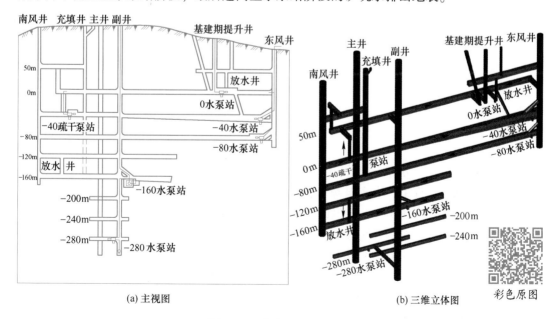

(a) 主视图　　　　　　　　　　　　　(b) 三维立体图　　彩色原图

图 12-11　主水泵站排水系统

12.3.2.2 主水泵站阶段排水系统

图 12-12 为主水泵站阶段排水系统总图。由其他阶段导排至本阶段的矿坑水和本阶段涌水经排水沟汇流至外、内水仓内，再导流至吸水井。水流量由闸阀控制。水泵房设两套排水管道，经管子斜道、副井排出地表。

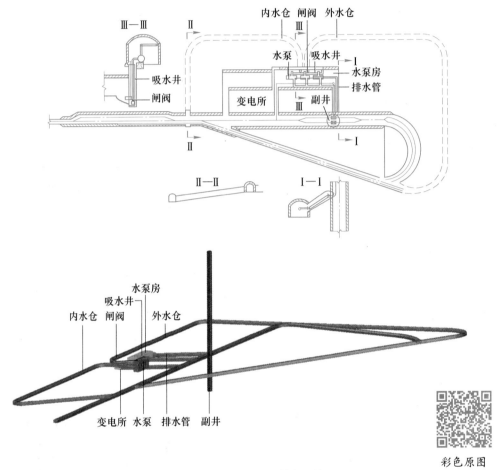

图 12-12　主水泵站阶段排水系统

彩色原图

12.3.3　地下变电所

地下变电所一般与水泵房相邻（图 12-12），或设在井筒附近，并接近电负荷中心，以减少电缆及基建工程量。当变电硐室长度大于 10m 时，应有两个出口，一个与水泵房相连，另一个与井底车场相通。变电硐室的底板标高应高出井底车场轨面标高 0.5m；当变电硐室与水泵房相邻时，其底板标高应高出水泵房底板 0.3m。

变电硐室的规格，需根据电气设备的配置外形尺寸及考虑设备的维修和行人安全间隙而定。硐室内各设备间应留通道，宽度应满足运送硐室中最大设备的需要，但不得小于 0.8m。设备与墙间应留安装通道，宽度不小于 0.5m。如果设备无需在后面或侧面进行检修，可不受上述条件限制。

习　题

1　名词解释

（1）井底车场；（2）折返式车场；（3）环形车场；（4）平车场；（5）吊桥；（6）尽头式车场。

2　简答题

（1）根据井底车场使用的提升容器类型，井底车场应如何划分？

（2）根据矿车运行系统，竖井井底车场应如何划分？

（3）根据矿车运行系统，斜井的井底车场应如何划分？

（4）简述尽头式井底车场的特征及使用条件。

（5）简述折返式井底车场的特征及使用条件。

（6）简述环形井底车场的特征及使用条件。

（7）简述地下破碎站的布置形式及特征。

3　绘图题

基于绘图软件，能正确绘制图 12-2 井底车场示意图和图 12-3 两个井筒或混合井的井底车场。

4　扩展阅读

［1］姜裕超. 杏花矿立井折返式井底车场设计的合理性及其能力验算 ［J］. 煤矿安全, 2015, 46（3）: 97-99.

［2］关众, 李岚, 李昕. 无轨胶轮车立井井底车场设计思考 ［J］. 内蒙古煤炭经济, 2014（6）: 106-107.

［3］夏安邦, 张宝优. 井底车场永久避难硐室位置选择分析 ［J］. 煤炭工程, 2013, 45（4）: 1-2.

［4］何晓文. 提高折返式井底车场运输能力的技术措施 ［J］. 金属矿山, 2006（8）: 85-86.

［5］刘朝马. 井底车场优化设计的初步探讨 ［J］. 南方冶金学院学报, 1995（3）: 1-7, 15.

［6］徐振洪. 井底车场通过能力计算方法的探讨 ［J］. 有色金属（矿山部分）, 1993（6）: 35-37.

13 阶段运输巷道

本章课件

本章提要

　　本章简要介绍了运输阶段和副阶段的概念，详细介绍了 5 种阶段运输巷道的布置形式，包括单一沿脉巷道布置、下盘双巷加联络道布置、脉外平巷加穿脉布置、上下盘沿脉巷道加穿脉布置和平底装车布置，并简要论述了影响阶段运输巷道布置的因素和布置的基本要求。

13.1　运输阶段和副阶段

　　从开拓巷道的空间位置来看，可将矿床开拓分为立面开拓和平面开拓两个部分。立面开拓主要是确定竖井、斜井、通风井、溜井和充填井的位置、数目、断面形状及大小，以及与它们相连接的矿石破碎系统和转运系统等。平面开拓主要是确定阶段开拓巷道的布置（包含井底车场和硐室）。

　　阶段运输巷道的布置，也称阶段平面开拓设计，是矿床平面开拓的一部分。阶段平面开拓分为主运输阶段和副阶段（图 13-1）。

图 13-1　阶段运输巷道实物图

　　主运输阶段需开掘一系列巷道，如井底车场、石门、运输巷道及硐室等，将矿块和井筒等开拓巷道连接起来，从而形成完整的运输、通风和排水系统，以保证将矿块中采出来的矿石运出地表；将材料、设备运送至工作面；从入风井进来的新鲜空气顺利地流到各工作面，给井下人员创造良好的工作环境；将地下水及时排至地表，以保证工作人员的安全。主运输阶段巷道是以解决矿石运输为主，并满足探矿、通风和排水等要求。因此，阶段运输巷道布置是否合理，将直接影响到地下工作人员的安全和工作条件、开拓工作量的大小、运输能力及矿块的生产能力等。为此，正确地选择和设计阶段运输巷道是十分重要的。

副阶段是在主运输阶段之间增设的中间阶段，一般是因主阶段过高致使回采产生困难或因地质和矿床赋存条件发生变化而加设的阶段。副阶段一般不连通井筒，副阶段只掘部分运输巷道，并用天井、溜井与下主阶段贯通。

13. 2　阶段运输巷道布置形式

13. 2. 1　单一沿脉巷道布置

单一沿脉巷道布置可分为脉内布置和脉外布置。按线路布置形式又可分为单线会让式和双线渡线式。

单线会让式，如图 13-2（a）所示，除会让站外其余运输巷道都为单线，重车通过，空车待避，或相反。由于该方式通过能力小，故多用于薄或中厚矿体中。

如果阶段生产能力较大，采用单线会让式难以完成生产任务。在这种情况下应采用双线渡线式布置，如图 13-2（b）所示。即在运输巷道中设双线路，在适当位置用渡线连接起来。

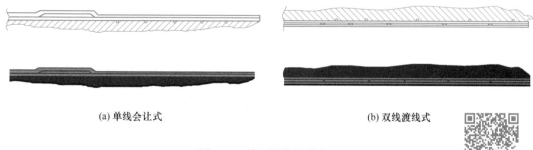

(a) 单线会让式　　　　　　　　　　　　(b) 双线渡线式

图 13-2　单一沿脉巷道布置

彩色原图

单一沿脉巷道布置形式可用于年产量 20 万~60 万吨的矿山。

在矿体中掘进巷道的优点是既能起到探矿作用，又方便装矿，同时，巷道掘进过程中能增加矿石副产，降低掘进成本。但矿体沿走向变化较大时，巷道弯曲多，对运输不利。因此，脉内布置适用于规则的中厚及中厚以下矿体，且应同时具有以下条件：矿山设计生产能力不大，矿床勘探程度不足，矿石品位低，不需回收矿柱。

如果矿体稳固性差，品位高，而上下盘围岩更稳固时，应采用脉外布置形式，有利于巷道维护，并能减少矿柱的损失。

对于极薄矿脉，应使矿脉位于巷道断面中央，以利于掘进适应矿脉的变化。如果矿脉形态稳定，则将巷道布置在围岩稳固的一侧。

13.2.2 下盘双巷加联络道（即下盘环形式或折返式）布置

下盘双巷加联络道布置如图 13-3 所示，沿走向下盘布置两条平巷，一条为装车巷道，一条为行车巷道，每隔一定距离用联络道联结起来（环形联结或折返式联结）。这种布置是从双线渡线式演变来的，其优点是行车巷道平直利于行车，装车巷道掘在矿体中或矿体下盘围岩中，巷道方向随矿体走向而变化，利于装车和探矿。装车线和行车线分别布置在两条巷道中，安全、方便，巷道断面小有利于维护。缺点是掘进量大。这种布置多用于中厚和厚矿体中。

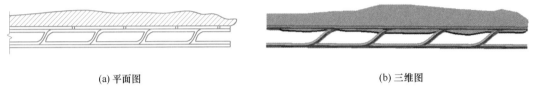

(a) 平面图　　　　　　　　　　　　　　　　(b) 三维图

图 13-3　下盘沿脉双巷加联络道布置

彩色原图

13.2.3 脉外平巷加穿脉布置

脉外平巷加穿脉布置如图 13-4 所示。一般多采用下盘脉外巷道和若干穿脉配合。从线路布置上讲，采用双线交叉式，即在沿脉巷道中铺双线，穿脉巷道中铺单线。沿脉巷道中双线用渡线联结，穿脉用单开道岔联结。

这种布置的优点是阶段运输能力大，穿脉巷道装矿安全、方便、可靠，还可起探矿作用。缺点是掘进工程量大，但比环行布置工程量小。

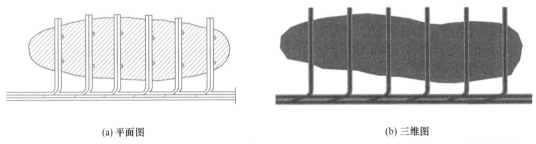

(a) 平面图　　　　　　　　　　　　　　　　(b) 三维图

图 13-4　脉外平巷加穿脉布置

这种布置多用于厚矿体，阶段生产能力为 60 万~150 万吨/年的矿山。

彩色原图

13.2.4 上下盘沿脉巷道加穿脉布置（即环形运输布置）

上下盘沿脉巷道加穿脉布置如图 13-5 所示。从线路布置上讲，设有重车线、空车线和环形线，环行线既是装车线，又是空、重车线的联结线。从卸车站驶出的空车，经空车线到达装矿点装车后，由重车线驶回卸车站。环形运输的最大优点是生产能力很大。此外，穿脉装车安全方便，也可起探矿作用。缺点是掘进量很大。这种布置通过能力可达

150 万~300 万吨/年，所以多用在规模大的厚和极厚矿体中，也可用于几组互相平行的矿体中。

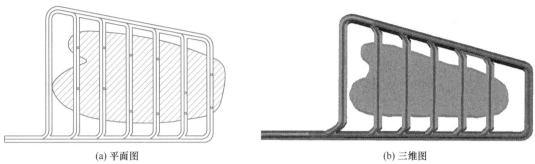

(a) 平面图　　　　　　　　　　(b) 三维图

图 13-5　环形运输布置

彩色原图

当开采规模很大时，也可采用双线环形布置。

13.2.5　平底装车布置

平底装车布置方式是由于平底装车结构和无轨装运设备的出现而发展起来的。矿石装运一般有两种方式：一是由装岩机将矿石装入运输巷道的矿车中，再由电机车拉走；二是由铲运机在装运巷道中铲装矿石，运至附近的溜井卸载。平底装车布置见图 13-6。

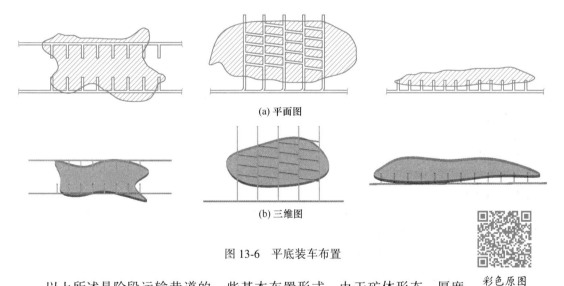

(a) 平面图

(b) 三维图

图 13-6　平底装车布置

彩色原图

以上所述是阶段运输巷道的一些基本布置形式。由于矿体形态、厚度和分布等往往是复杂多变的，实际布置形式应按生产要求，灵活运用。

13.3　阶段运输巷道布置的影响因素和基本要求

（1）必须满足阶段运输能力的要求。阶段运输巷道的布置，首先要满足阶段生产能力的要求，即应保证能将矿石运至井底车场。其次，阶段运输能力应留有一定的余地，以满足生产发展的需要。

一般阶段生产能力大时，多采用环形布置；阶段生产能力小时，可采用单一沿脉巷道布置。

（2）矿体厚度和矿石，围岩的稳固性。矿体厚度小于 4~15m，采用一条沿脉巷道。厚度在 15~30m，多采用一条（或两条）下盘沿脉巷道加穿脉巷道，或两条下盘沿脉加联络巷道。厚大矿体多采用环形运输。

阶段运输巷道应布置在稳固的围岩中，以利于巷道维护、矿柱回采和掘进比较平直的巷道。

（3）应贯彻探采结合的原则。阶段运输巷道的布置，要既能满足探矿的要求，又能为今后采矿、运输所利用。

（4）必须考虑所采用的采矿方法（包括矿柱回采方法）。例如，崩落法一般需布置脉外巷道，并且要布置在下阶段的移动界线以外，以保证下阶段开采时作回风巷道。有些采矿方法不一定要布置脉外巷道。此外，还要根据矿块沿走向或垂直走向布置以及底部结构形式等因素来决定矿块装矿点的位置、数目及装矿方式。

（5）符合通风要求。阶段巷道的布置应有明确的进风和回风路线，尽量减少转弯，避免巷道断面突然扩大或缩小，以减少通风阻力，并要在一定时间内保留阶段回风巷道。

（6）系统简单，工程量小，开拓时间短。要求巷道平直，布置紧凑，一巷多用。

（7）其他技术要求。如果涌水量大，且矿石中含泥较多，则放矿溜井装矿口应尽量布置在穿脉内，以避免主要运输巷道被泥浆污染。

习　题

1. 名词解释
（1）阶段运输巷道；（2）副阶段；（3）平面开拓；（4）立面开拓。

2. 简答题
简述阶段运输巷道的布置形式及各自的使用条件。

3. 绘图题
绘制图 13-5 环形运输布置和图 13-6 平底装车布置。

4. 扩展阅读
[1] 罗业民，吴永强，蒋文利，等．金属地下矿山阶段运输水平巷道设置创新研究与工程实现 [J]．矿业工程，2021，19（5）：69-72.

[2] 马超．某超大规模地采矿山运输阶段优化研究 [J]．有色金属（矿山部分），2018，70（4）：96-100.

14　矿床开拓方法选择

本章课件

本章提要

本章承接前文所讲的地下金属矿床的各种开拓方法，主要论述了开拓方法选择的基本要求和影响因素，明确给出了选择矿床开拓方案的方法和基本步骤。

在矿山设计中，选择矿床开拓方法，是总体设计中十分重要的问题。它所包括的内容，为确定主要开拓巷道和辅助开拓巷道的类型、位置、数目等，已在前面几章中做了论述。本章仅对选择矿床开拓方案的方法和步骤、基本要求及应考虑的影响因素等，加以说明。

14.1　矿床开拓方法选择的基本要求及影响因素

14.1.1　选择矿床开拓方案的基本要求

矿床开拓，是矿床开采的一个重要问题。它往往决定整个矿山企业建设和生产的全貌，并与矿山总平面布置、提升运输、通风、排水等一系列问题密切相关。矿床开拓方案一经选定和施工之后，很难改变。为此，对选择矿床开拓方案，提出下列基本要求：

（1）确保工作创造良好的地面与地下劳动卫生条件，建立良好的提升、运输、通风、排水等系统；

（2）技术上可靠，并有足够的生产能力，以保证矿山企业均衡地生产；

（3）基建工程量最少，尽量减少基本建设投资和生产经营费用；

（4）确保在规定时间内投产，在生产期间能及时准备出新水平；

（5）不留和少留保安矿柱，以减少矿石损失；

（6）与开拓方案密切关联的地表总平面布置，应不占或少占农田。

14.1.2　开拓方案选择的因素

（1）地形地质条件、矿体赋存条件，如矿体的厚度、倾角、偏角、走向长度和埋藏深度等；

（2）地质构造破坏，如断层、破碎带等；

（3）矿石和围岩的物理力学性质，如坚固性、稳固性等；

（4）矿区水文地质条件，如地表水（河流、湖泊等）、地下水、溶洞的分布情况；

（5）地表地形条件，如地面运输条件、地面工业场地布置、地面岩层崩落和移动范围，外部交通条件、农田分布情况等；

(6) 矿石工业储量、矿石工业价值、矿床勘探程度及远景储量等；

(7) 选用的采矿方法；

(8) 水、电供应条件；

(9) 原有井巷工程存在状态；

(10) 选厂和尾矿库可能建设的地点。

14.2 选择矿床开拓方案的方法和步骤

一般来说，对于一个矿山，往往有几个技术上可行，而在经济上不易区分的开拓方案，矿床开拓设计是从中选出最优方案。由于矿床开拓设计内容广泛，涉及井田划分、选厂和尾矿库的相关位置以及地面总平面布置等一系列问题。往往不能轻易地判断方案的优劣，因此，必须用综合分析比较方法，才能选出最优的矿床开拓方案。用综合分析方法选择矿床开拓方案的步骤如下。

14.2.1 开拓方案初选

在全面了解设计基础资料和对矿床开拓有关的问题进行深入调查研究的基础上，根据国家技术经济政策和下达的设计任务书，充分考虑前述影响因素，提出在技术上可行、经济上不易区分的若干方案，对各个方案拟订出开拓运输系统、通风系统，确定主要开拓巷道类型、位置和断面尺寸，绘出开拓方案草图，从中初选出 3~5 个可能列入初步分析比较的开拓方案。

在本步骤中，既不要遗漏技术上可行的方案，也不必将有明显缺陷的方案列入比较，以免影响正确选择最终开拓方案。

14.2.2 开拓方案的初步分析比较

对初选出的开拓方案，进行技术、经济、安全、建设时间等方面的初步分析比较，删去某些无突出优点和难于实现的开拓方案，从中选出 2~3 个在技术经济上难以区分的开拓方案，列为进行技术经济比较的开拓方案。

14.2.3 开拓方案的技术经济比较

将初步分析比较所选出的 2~3 个开拓方案，进行详细的技术经济计算，综合分析评价，从中选出最优的开拓方案。

在技术经济比较中，一般要计算和对比下列技术经济指标：

(1) 基建工程量、基建投资总额和投资回收期；

(2) 年生产经营费用、产品成本；

(3) 基本建设期限、投产和达产时间；

(4) 设备与材料（钢材、木材、水泥）用量；

(5) 采出的矿石、矿产资源利用程度，留保安矿柱的经济损失；

(6) 占用农田和土地的面积；

（7）安全与劳动卫生条件；

（8）其他值得参与技术经济比较评价的项目。

通过对以上技术经济的比较评价，衡量矿床开采的技术经济效益，最后估算出矿床开采的盈利指标。

习　题

1　开拓设计练习 1

某铁矿矿体埋深 300m，矿体总体走向 160°，倾向 70°，平均倾角 55°，水平真厚度平均 60m，走向长 300m，垂直延伸 400m，属于急倾斜极厚矿体，地表到地下 -50m 岩层属于第四纪土，-50~-300m 岩层属于含水中等稳固片岩。矿石储量约 230 万吨，矿石及上、下盘围岩破碎不稳固。矿石容重约为 2.5t/m³，地表有农村、公路等，不允许塌落。

（1）开拓方法选择；

（2）开拓系统设计。

2　开拓设计练习 2

铝土矿矿体埋藏深度 380~600m，走向 50°，倾向 140°，矿体的倾角约为 18°，矿体的平均厚度 3m，属于缓倾斜薄矿体。地表到地表下 200m 岩层属于第四纪表土，200~380m 岩层属于稳固片岩，380~500m 岩层属于中等稳固致密岩石。由于矿区内岩性较简单，岩石较完整，不易破碎，矿区围岩稳固性较好。

（1）开拓方法选择；

（2）开拓系统设计。

3　开拓设计练习 3

某金矿矿区北部、东北部、东南部以及西北部均为高山，南部从 300m 标高往下地形变缓。矿体赋存标高为 300~400m，地表上多为高山悬崖，地面高差较大。矿岩中等稳固（$f=6~8$）。矿体走向 160°，倾向 250°，矿体平均倾角 85°，矿体平均真厚度为 10m，属于倾斜中厚矿。岩石上盘移动角为 55°，下盘为 50°。金矿容重 $2.8 \times 10^3 \mathrm{kg/m^3}$，围岩容重 $2.7 \times 10^3 \mathrm{kg/m^3}$。

（1）开拓方法选择；

（2）开拓系统设计。

第三篇 ◀◀◀

金属矿床开采过程

工程问题

矿床开拓完毕后，人员、设备、材料、新鲜风流、通信、电力、动力等均抵达待采矿块。面对一个完整的矿块，需要考虑以下因素：

（1）需要施工什么样的采准工程，才能保证作业人员、作业设备进入到矿块内部，开始采矿工作？

（2）需要施工什么样的通风工程，才能保证新鲜风流进入采场作业面，冲洗作业面的炮烟和粉尘后，进入污风系统？

（3）在爆破时候，施工什么样的补偿空间，才能保证爆破顺利进行？

（4）需要施工什么样的底部结构，才能将崩落的矿石从矿块内作业面移动到中段的溜井中？

（5）采矿作业过程中，崩落矿石的同时，形成了采空区，随着开采的进行，空区会逐步地扩大。采空区如何处理，才能保证回采作业的安全？

本篇从地压管理出发，介绍地压的概念、地压管理的方法，以及根据地压管理的方法对矿块的开采方法的划分。详细介绍了国内外普遍采用的采矿方法分类以及每类采矿方法中的典型开采方案的组成。最后，分别介绍了各种采矿方法中的采准、切割方法、落矿技术和运搬方法。

开采金属矿床时，回采工作的主要过程是落矿、矿石运搬和地压管理。在一般情况下，矿石回采指标主要取决于这些回采工作过程。在全部矿山劳动消耗中，回采工作的劳动消耗量占 40%~50%，回采成本占矿石总成本的 30%~50%，而回采工作主要过程所消耗的费用占回采工作总费用的 75%~80%。因此，合理地选取落矿、矿石运搬和地压管理方法，以及正确地组织这些生产过程，对回采工作的安全、提高劳动生产率和降低采矿成本都有重要的意义。

上述生产过程，都相互联系，相互影响。例如，降低落矿费用，可能导致二次破碎工作量的增加和矿石运搬效率的下降；采用较密实的充填材料，将增加地压管理费用，但由于采用重型自行设备，可能使落矿和矿石运搬费用降低。因此，必须综合考虑各主要过程后，才能做出最佳的决定。

在中硬以下的矿层（例如钾矿和锰矿），采用机械落矿和带式输送机运矿，实现了连续采矿。这是地下采矿发展的趋势。但是，由于金属矿石多数是坚硬的，用机械切割坚硬矿岩尚处于研制阶段。目前主要还是用凿岩爆破方法落矿，用无轨自行设备运搬矿石。

15 地压管理与采矿方法分类

本章课件

本章提要

本章主要介绍金属矿深部开采过程中地压管理的三种方法，以及依据地压管理方法进行采矿方法的分类。通过本章学习，掌握地压的基本概念、地压管理的基本方法，依据地压管理方法开展采矿方法分类的结果以及采矿方法的主要组成等内容。

15.1 地   压

未开挖的岩体或不受开挖影响的岩体部分，称为原岩体。原岩体中的岩石在上覆岩层重量以及其他力的作用下，处于一种应力状态，一般把这种应力状态称为原生应力场。

岩体被开挖以后，破坏了原岩应力平衡状态，岩体中的应力重新分布，产生了次生应力场，使巷道或采场周围的岩石发生变形、移动和破坏，这种现象称为地压显现。使围岩变形、移动和破坏的力，称为地压或矿山压力。

地压使开采工艺复杂化，并要求采取相应的技术措施，以保证安全生产。为保证正常回采，而采取的减少或避免地压危害的措施，或积极利用地压进行开采，这种工作就是地压管理。为进行地压管理所采取的各种技术措施，称为地压管理方法。

深部资源开采区别于水电、铁路、国防等地下工程的突出特点，在于开采范围较大；开挖的形状随矿床的形态而变化，极其复杂；开采的地点没有选择性，有时在坚硬稳固的岩体中，有时在松散破碎的地区；采场的范围和形状随生产的开展不断变化，岩层受到多次重复的扰动，呈现极其复杂的受力状态；岩层变形、移动和破坏的规律，短时间内难以认识。这些都给研究采场地压及控制采场地压带来较大的困难。

采场地压管理的基本方法有：

（1）利用矿岩本身的强度和留必要的支撑矿柱，以保持采场的稳定性；

（2）采取各种支护方法，支撑回采工作面，以维持其稳定性；

（3）充填采空区，支撑围岩并保持其稳定性；

（4）崩落围岩使采场围岩应力降低，并使其重新分布，达到新的应力平衡。

15.2 采场暴露面积及稳定性评价

影响采场暴露面积大小的主要因素有矿石和围岩的力学性质、开采深度、施加在采空区顶板的上覆岩层高度、暴露面维持的时间、暴露面的几何形状等。坚硬致密的岩石允许有较大的暴露面积，裂隙发育或松软的岩石，暴露面积要小，有时还要进行支护。

生产实践证明，开采暴露面的稳固性不仅取决于面积大小，而且还取决于暴露面积的形状。依据弹性力学理论，当暴露面长（L）宽（a）尺寸差距不大时，即其长度小于 5 倍宽度时，稳固性取决于面积大小；当暴露面长度远远大于其宽度（大于 5 倍以上）时，其稳固性就取决于宽度，而长度（或面积）已经不是决定的因素。例如，宽 3m、长 15m 的巷道是稳固的；在宽度不变长度增加很多（即面积增加很大）时，巷道仍呈稳定状态。因此，开采空间暴露面的稳定性条件是：

当 $L<5a$ 时，$La<S_u$；

当 $L>5a$ 时，$a<a_u$。

式中，a_u 为暴露的极限跨度；S_u 为极限暴露面积。

当开采暴露面的稳固性取决于面积大小时，也可将其暴露面形状转换为暴露面长（L）等于其宽度（a）尺寸 5 倍的暴露面形状，此时用等效跨度 a_e 评价采场暴露面的稳定性。

等效跨度 a_e 的计算如下式：

$$S = La$$
$$S_e = L_e a_e$$
$$L_e = 5a_e$$
$$S_e = 5a_e a_e$$

由 $S = S_e$，得到：

$$a_e = \sqrt{\frac{La}{5}} \tag{15-1}$$

因此，当 $L<2a$ 时，$a_e<a_u$。

为了保持开采空间暴露面的稳固性，开采空间的跨度不得超过极限跨度，或其面积不得超过极限暴露面积。

暴露面保持的时间，对于稳定性也有很重要的影响。尽管载荷不增加，但在长期静载荷作用下，岩石由于蠕变，变形迅速增加，会导致岩石破坏。因此，在相同条件下，提高开采强度，缩短开采空间的暴露时间，往往能够获得良好的开采效果。

15.2.1 采空区暴露面积的经验分析方法

Mathews 稳定图法是由 Mathews 等于 1980 年提出，用于埋藏在 1000m 以内的硬岩中进行采场设计。该方法最初提出时是基于较少的工程实例数据建立的，近年来通过收集更多的采矿数据后（大部分小于 1000m），相继提出了几个修正方法（Potvin et al.，1989；Stewart and Forsyth，1995；Trueman et al.，2000），包括对稳定图上的稳定性分区的修正，以及稳定性系数 N' 的计算方式等。

Mathews 稳定图法的设计过程以稳定性系数 N' 和水力半径 HR 两个因子的计算为基础，通过对这两个因子的计算，结合稳定性图表来评估支护条件与非支护条件下地下采场的稳定性。稳定性系数的表达式如下：

$$N' = Q' \times A \times B \times C \tag{15-2}$$

式中，Q' 为修正的岩体质量指数；A 为岩石应力系数；B 为节理方位修正系数；C 为设计采场暴露面的重力调整系数。

Mathews 稳定图法建立了稳定性系数和采场暴露面水力半径 HR 之间的对应关系。水力半径 HR 反映了采场的尺寸和形状。

$$HR = \frac{L \times H}{2 \times (L + H)} \tag{15-3}$$

式中，L 和 H 分别为暴露面的长度和宽度。图 15-1 是经 Potvin 修正后的典型 Mathews 稳定图。

（1）修正的岩体质量指数 Q'。Barton 等在广泛分析岩体质量和地下巷道支护要求等数据的基础上，提出用岩石质量指数 Q 作为岩体稳定性分级的标准，其计算公式如下：

$$Q = \frac{RQD}{J_n} \frac{J_r}{J_a} \frac{J_w}{SRF} \tag{15-4}$$

式中，RQD 为岩体质量指标（取样完好率）；J_n 为节理组数；J_r 为节理粗糙度；J_a 为节理蚀变系数；J_w 为节理水压折减系数；SRF 为应力折减系数。当取 $J_w = 1$，$SRF = 1$ 时，由上式计算得到的 Q 值即为修正的岩体质量指数 Q'。

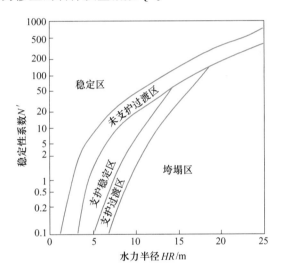

图 15-1 Mathews 稳定图

（2）岩石应力系数 A。Mathews 等提出的岩石应力系数 A 由完整岩石单轴抗压强度与 R 轴方向上中点位置处的最大扰动力的比值确定。但由于在采场帮壁边界上诱发应力的二维分析会过度地估计诱发应力大小，同时 Tyler 和 Trueman（1993）指出，高诱发应力通过锁定关键块体经常能使开挖区稳定，而岩石应力系数 A 假定了诱发应力升高导致不稳定因素上升。另一方面，低应力区易使原位块体松动，导致稳定性降低，这一因素在岩石应力系数中没有考虑。Hanis（2011）等在收集大量矿山数据的基础上，考虑拉应力的影响，提出了岩石应力常数 A 的改进计算方法，将其称为 A'。修正的岩石应力系数 A' 由最大应力系数 MSF 的值确定，MSF 的值由下式得出：

$$MSF = \frac{\sigma_{1Max}}{UCS}$$

A' 与 MSF 的关系为：

$$A' = \begin{cases} 0.1 & MSF < 0 \\ 0.1 + 0.9e\left[\left(-e^{-\frac{MSF-0.3}{0.09}}\right) - \dfrac{MSF-0.3}{0.09} + 1.0\right] & 0 \leqslant MSF \leqslant 1.0 \\ 0.1 & MSF > 1.0 \end{cases}$$

（3）节理方位修正系数 B。节理方位修正系数 B 的取值范围为 $0.2 \sim 0.5$，它表征了节理方位对采场稳定性的影响。其值是通过采场壁面倾角与优势节理组的倾角之差来度量的，可通过图 15-2 来确定。

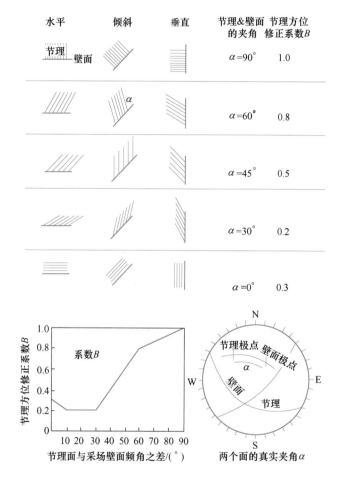

图 15-2　节理方位修正系数 B

（4）重力调整系数 C。重力调整系数 C 反映了重力对采场表面及其稳定情况的影响。确定重力调整系数，首先要确定采场壁面结构失稳的形式，然后根据其破坏失稳的形式确定 C 值的大小，其确定方式如图 15-3 所示。

利用 Mathews 稳定图法，通过计算稳定性系数 N 确定采场暴露面的水力半径，为采场结构参数设计提供一种方法。

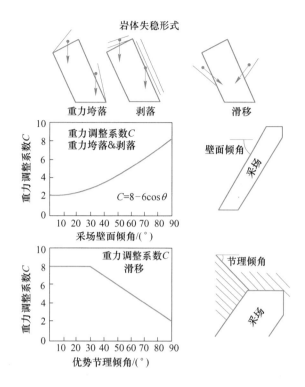

图 15-3　重力调整系数 C

15.2.2　采空区暴露跨度的经验分析方法

15.2.2.1　进路式采场跨度经验公式

通过现场调查研究，Barton 等建议对巷道和进路式采场的跨度采用下列经验计算公式：

$$W = 2 \times ESR \times Q^{0.4} \tag{15-5}$$

式中，W 为无支护工程最大安全跨度，m；Q 为岩体质量指标；ESR 为支护比，对于永久性工程 $ESR = 1.6 \sim 2$，对于临时性矿山巷道或工程，如嗣后对采空区进行处理的采场，可取 $ESR = 3 \sim 5$。由于矿山采场属于临时性工程，一般选取 $ESR = 3 \sim 5$，根据经验选取 $ESR = 3$（表 15-1）。

表 15-1　ESR 取值

工 程 类 型	ESR
A 临时性的工程	2~5
B 临时性采矿巷道，水利隧道，辅助隧道、巷道和硐室	1.6~2
C 储藏硐室、水处理工程小的公路和铁路隧道	1.2~1.3
D 供电站，主要公路和铁路隧道等	0.9~1.1
E 地下核工程基地，车站，公共场所，工厂或者主要的供气隧道	0.5~0.8

15.2.2.2　UBC 极限跨度法

极限跨度法由 UBC 大学的 P. Lang 教授于 1994 年提出，通过对加拿大不同分层充填法开采的矿山共 292 个采场开采实例的分析，建立岩体质量指标 *RMR* 值与分层采场跨度之间的关系，划分稳定、潜在稳定与不稳定的范围。数据库中岩体质量指标 *RMR* 值在 24~87，其中 63%的数据 *RMR* 值在 60~80，低于 40 的数据占总数据的 10%，低于 55 的则占 20%，当 *RMR* 的值大于 80 或者小于 50 时，判断图表可信度会下降。但是当 *RMR* 的值低于 50 的时候，工程必须进行支护。该方法中的极限跨度定义为暴露顶板边界内的最大内切圆的直径，如图 15-4 所示。

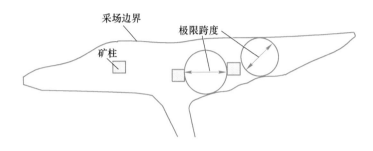

图 15-4　采场极限跨度确定

在进行 *RMR* 岩体质量分级时，当存在明显的缓倾斜节理时（节理倾角小于 30°），则将该区域的岩体质量 *RMR* 值进一步降低 10。该设计方法如图 15-5 所示。

该方法将开挖稳定性分为三类：

（1）稳定开挖：

1）未出现岩体不受控制地垮落；

2）采场顶板未发现明显变形；

3）无特别的支护手段被应用。

（2）潜在的不稳定开挖：

1）额外的支护措施被用于防止潜在的围岩垮落；

2）采场顶板产生变形；

3）围岩支护频率显著增加。

（3）不稳定开挖：

1）岩体发生垮落；

2）当岩体内不存在断层等大构造时，采场顶板垮落高度达到 0.5 倍的采场跨度；

3）常规支护措施无法保证采场顶板的稳定性。

该设计方法在应用过程中应注意以下几点：

（1）在采场开采或巷道掘进过程中如果发现存在楔形体（倒三角），应及时进行支护和处理，而不是盲目地应用该设计方法确定稳定极限跨度。

（2）在该设计方法中所提到的采场稳定，被定义为短期的稳定（稳定时间大概 3 个月），这是由矿山回采过程中采场开采的短周期特性所决定的。

（3）在采场回采过程中，如发现采场顶板的变形速率超过 1mm/d，应停止生产，在

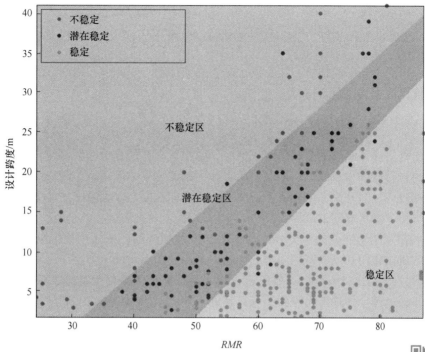

图 15-5 极限跨度法（无支护或局部支护条件下）

彩色原图

24h 内禁止人员进入，观测围岩进一步的变形情况。

15.2.3 基于数值模拟的采场稳定性分析

随着计算机技术的迅猛发展，数值模拟方法在采矿工程领域得到广泛应用。通过现场调查，获取开采对象的赋存特征、几何特征和工程、环境及水文地质特征，构建开采对象三维数值计算模型；通过室内岩石力学实验，获取岩石力学参数并估算岩体力学参数；选择能够反映矿岩体应力变形关系的岩体本构模型，确定数值计算的边界条件，采用工程现场观察的实际现象和监测的数据，与初始数值计算结果进行对比验证，通过反演分析的方法来修正计算模型，确保数值模型采用的参数的合理性。当计算模型修正完善后，即可通过数值计算方法，基于规划的开采过程和开采顺序，利用数值模拟方法，进行采场回采参数和矿柱的参数，以及开采过程全生命周期的计算和分析，确定最佳的地下采场开采规划。

基于数值模拟方法，开展采场稳定性分析和结构参数优化是一种比较经济、可行的方法。但是，由于数值模拟方法的精确度或可靠性受到计算模型、力学参数、本构关系和边界条件等诸多因素的影响，加上真实的采矿生产过程的复杂性，因此，采用数值模拟进行采场稳定性分析和结构参数优化时，应辅助工程实践验证，不断优化模拟方法。

15.3 崩 落 围 岩

15.3.1 开采水平和缓倾斜矿体的地压及其控制

开采顶板不稳定的缓倾斜或水平矿体时，随回采工作面的向前推进，可周期性地切断直接顶板，崩落的围岩充满采空区。此时，在回采工作面附近形成一个压力拱，拱的前脚落在工作面前方，拱的后脚落在崩落的岩石上，形成应力升高区，而在工作面上方，却形成应力降低区。

由于工作面不断向前推进，压力拱也随着向前移动。正确进行周期性的放顶工作，是有效控制地压的重要环节。

15.3.2　开采倾斜和急倾斜矿体的地压及其控制

应用崩落法回采倾斜和急倾斜厚矿体时，随采下矿石的放出，上部覆岩和围岩不断崩落，崩落的岩石充满采空区。在崩落的矿岩和上部覆岩重力作用下，矿块的底部出矿巷道发生变形和破坏。当开采深度较大，矿体厚度和走向长度都较大时，往往下盘岩石承受的压力过大，使下盘运输巷道破坏。

（1）松散矿岩对底柱的压力。崩落采矿法大量崩矿后，采场内充满崩落矿石。由于松散矿岩的成拱作用和周壁摩擦阻力的影响，采场底部承受的压力小于上覆松散矿岩的总重，其压力分布如图 15-6 所示。放矿过程中，底柱上的压力随放矿情况而变化。由于放矿漏斗上部松动椭球体顶端出现免压拱，从而出现以放矿漏斗为中心的降压带及其四周一定范围内的增压带（图 15-7）。

同时，放矿面积增加时（几个漏斗同时放矿），可能形成一个大的免压拱，拱上的压力将向四周传递。当放矿面积增到一定值后，大免压拱不易形成，压力分布又恢复到图 15-6 所示的情况。可以利用控制放矿面积及其压力传递规律，避免底柱上压力过于集中而遭到破坏。

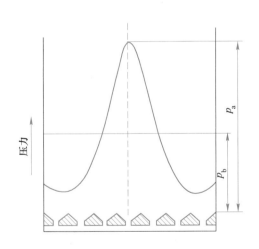

图 15-6　矿块底柱上承受压力分布

p_a—最大压力；p_b—平均压力

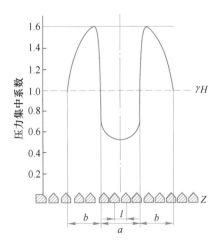

图 15-7　放矿过程压力变化曲线

γ—矿岩容重；H—开采深度；Z—放矿宽度；
a—压力降低带；b—压力增高带；l—漏斗间距

（2）矿体下盘的压力。当开采深度大于 $300\sim400m$ 时，在回采工作影响范围内，由于下盘岩石受崩落矿岩重力作用以及承受经崩落矿岩传递的上盘压力，在下盘岩石中产生应力集中（图 15-7），使靠近矿体下盘的阶段运输巷道遭到破坏。在这种情况下，应将阶段运输巷道布置在离矿体稍远的地方，以避开支承压力区。

（3）确定合理的矿床开采顺序。当矿体走向长度很大或地质条件复杂时，合理确定矿床开采顺序，是控制地压极为重要的问题之一。

一般情况下，矿体走向中央部位压力最大。因此，采取从中央向矿体两翼的前进式回采顺序，较为合理。相反，如果采用从矿体两端向中央后退式开采，在回采初期，地压可能显现不明显，但当回采接近中央部分，地压将逐渐加大，最后几个矿块，由于承受较大的支承压力，导致回采工作发生很大困难，甚至损失大量的矿石。

15.4 采 场 充 填

矿山充填是指利用尾砂、废石等固体废弃物填充开采后留下的采空区的技术，该技术能够处理大量的尾矿等固体废弃物，减少甚至消除地表尾矿堆积带来的环境污染问题和尾矿管理成本；同时，采空区充填还可以改善井下采场围岩稳定性，显著提高矿石回收率和井下工作安全性。

国内外矿山充填技术的发展大致经历了三个阶段，依次为干式充填、水砂充填、胶结充填（图15-8）。干式充填技术一般采用矿车、风力或其他机械方式将干充填料（如废石、砂石等）充填到采空区。水砂充填是指将选厂尾砂、冶炼厂炉渣、碎石砂石等与水混合后通过管路输送至采空区。胶结充填是指使用胶凝材料对矿山尾砂或其他充填骨料（如棒磨砂、废石等）进行胶结，使充填体具有一定的强度。胶结充填依据充填材料的不同可细分为尾砂胶结充填、废石胶结充填以及其他胶结充填（例如废石-尾砂、棒磨砂、赤泥等）。尾砂胶结充填是金属矿山充填最为常见的充填技术，目前，这一技术正朝着高浓度全尾砂胶结充填和膏体充填发展。需要指出的是，膏体充填是胶结充填的一种，只是其浓度较高，类似牙膏状，几乎没有泌水。

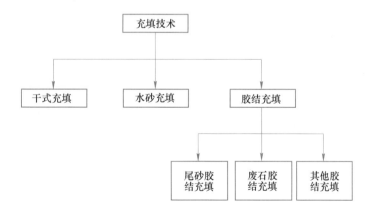

图 15-8 矿山充填技术分类

15.4.1 充填材料组成与配比设计

充填材料一般由骨料（尾砂、废石等）、胶结料、拌和水（工业用水或矿井处理水）以及添加剂（泵送剂、早强剂、减水剂、缓凝剂等）组成（图15-9）。

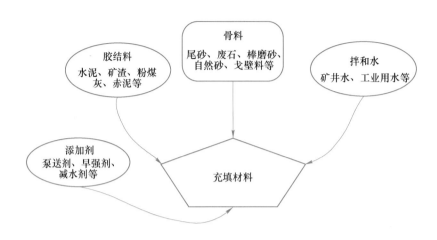

图 15-9　充填材料组分示意图

15.4.1.1　尾砂

尾砂是指选矿厂在特定的经济技术条件下，将矿石磨细，选取有用成分后排放的废弃物。作为金属矿产资源开发利用过程中排放的主要固体废料，尾砂具有量大、集中、颗粒细小的特点，往往占采出矿石量的 40%～99%。尾砂的粒径级配和矿物组分对充填材料的性能有着显著的影响。尾砂按照粒度可划分为粗、中、细三类，但是具体分类标准存在差异。国外按照 −20μm 颗粒含量划分为粗（15%～35%）、中（35%～60%）、细（60%～90%）三类。而国内尾砂分类标准细分为粒级所占含量和平均粒径（表 15-2）。

表 15-2　国内外尾砂分类方法

项目	分类方法	粗		中		细	
国外	−20μm 含量/%	15～35		35～60		60～90	
国内	粒级所占含量/%	>0.074mm	<0.019mm	>0.074mm	<0.019mm	>0.074mm	<0.019mm
		>40	<20	20～40	20～55	<20	>50
	平均粒径/mm	极粗	粗	中粗	中细	细	极细
		>0.25	>0.074	0.074～0.037	0.037～0.03	0.03～0.019	<0.019

15.4.1.2　胶结料

（1）水泥。矿山充填使用最广泛的胶结料为普通硅酸盐水泥（简称水泥）。水泥为由硅酸钙熟料和少量的一种或几种类型硫酸钙共同磨细制成的一种水硬性胶凝材料。熟料主要矿物组成为硅酸三钙、硅酸二钙、铝酸三钙和铁铝酸四钙。水泥颗粒发生水化后，生成了一系列凝胶状的胶体，这些与尾砂颗粒一起形成胶凝体，增大了内聚力，因此使得充填体具有一定强度。

（2）水泥替代材料。水泥的价格高昂，单独使用水泥作为充填胶结料时，成本一般为充填总成本的60%以上。为了降低充填材料的成本，国内外广泛地进行了水泥替代品的研究。研究结果表明，矿渣和粉煤灰作为常见的人工火山灰材料都是良好的，也是目前应用最多的水泥替代品。在充填材料中添加适当的高炉炉渣、粉煤灰等廉价胶结料来部分替代水泥，能够有效地降低充填成本，提高充填体的工程性能（比如强度、耐久度以及微观结构），同时也可降低成本和CO_2的排放量。

15.4.1.3 拌和水

水是作为充填料浆的输送介质，且胶结料需要水来实现水化反应，因此，拌和水是影响充填材料性能的一个重要因素。充填用水一般采用工业用水或者矿井坑内水。水对充填材料的影响主要取决于含水量和水质两个方面。在矿井实际生产中，在满足料浆输送要求的条件下，应尽可能地提高充填料浆的浓度。拌和水的密度、黏度、pH值以及化学成分（尤其硫酸盐）是影响充填材料性能的重要因素，酸性水和硫酸盐成分会影响水泥的胶凝作用，导致充填体的强度和长期稳定性下降。在实际应用前，应对其影响进行详细的分析和评测。

15.4.2 充填材料配比设计原则

充填材料配比应满足充填料管道输送性能、强度与稳定性能、控制充填成本以及简化配比和制备工艺的要求。在实际配比设计中，通常需要遵循以下设计原则：

（1）充填体的强度和稳定性需满足采矿工艺的要求。结构的强度和稳定性是充填材料性能的最重要参数之一。在充填设计时，应根据采矿工艺的需要，首先确定充填体强度和稳定性要求，然后对充填材料的配比参数进行优化设计。

（2）充填料浆需满足输送工艺要求。充填料浆在地面制备完成后，通常由管道输送至井下，因此，其流动性必须满足管道输送的要求，保证充填料浆能够安全输送至井下采空区。同时，还应在保证其输送性能（稳定性、可塑性和流动性）的前提下，尽量提高料浆的浓度，减少水的使用量。

（3）控制充填成本。充填材料的合理配比可以帮助降低充填成本，提高矿山企业的经济效益。一般来说，充填成本占矿山开采总成本的10%~20%，而胶结料一般占充填成本的60%以上。采用廉价的水硬性材料部分替代水泥是降低充填成本的一个重要途径。

（4）配比及制备工艺简单。在生产实践中，充填材料的种类越少，地面储料仓的建设工程和占地就越少，相应的充填制备系统就越简单，料浆的配比就越容易控制。因此，在满足其他基本设计原则的基础上，应设计简单的料浆的配比和制备系统。

15.4.3 充填料浆制备

15.4.3.1 制备工艺

尾砂胶结充填料浆一般是在地表充填站制备完成，其主要工艺包括尾砂脱水和搅拌。图15-10为矿充填料浆制备流程，首先利用大功率浓密机对选厂尾砂进行脱水浓缩，使其质量密度达到55%~60%。为了增加浓密效果，通常添加一些絮凝剂。浓缩的尾矿进入大容积的存储池，接着送入盘式过滤器，制作成质量浓度为70%~82%的滤饼。最后，尾砂滤饼、胶结料（水泥和炉渣混合物）以及水按照一定的比例加入螺旋搅拌机进行均匀混合，最终生产出满足一定流动性的充填料浆。

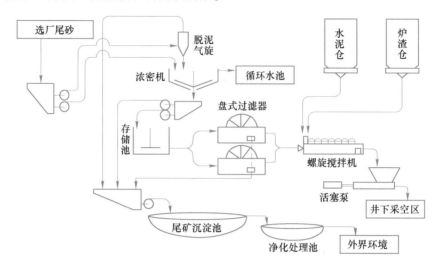

图 15-10　充填料浆制备流程

15.4.3.2　尾砂脱水

选厂排出尾砂浓度很低，需对其进行脱水，才可用于较高浓度充填料浆的制备。全尾砂一般含有一定量的细颗粒，其渗透性较差，因此，全尾砂的高效脱水技术成为充填料浆制备工艺中的一项关键工艺，也一直是国内外致力于研究解决的技术难题。目前，较为先进的脱水技术有浓密脱水和过滤脱水。

A　浓密机

浓密机是一种依靠重力沉降实现固液分离的设备，具有占地面积小、能耗低、效率高等优点，在国内外现代化矿山充填中得到广泛应用。浓密机种类很多，常见的有立式砂仓、普通浓密机、高效浓密机和深锥浓密机，目前，充填矿山常用高效浓密机和深锥浓密机。

（1）高效浓密机。按照耙架的传动方式，高效浓密机可分为中心传动浓密机和周边传动浓密机两大类，其中中心传动高效浓密机应用较多。图 15-11 为中心传动高效浓密机。其工作原理为：选厂排出的尾砂料浆在进入高效浓密机前，经外部加水稀释到一定浓度后，由进料管进入给料筒。尾砂浆在给料筒中与适量絮凝剂充分混合，小颗粒尾砂在絮凝剂作用下形成较大的絮团，然后从给料筒底部向四周扩散，进入浓缩池底部预先形成的高浓度沉泥层。此时，絮团向池底部沉淀；料浆水则透过沉泥层向上升。最后，借助中心驱动装置驱动耙架，将浓缩的物料推向浓密机底流口，在泵的作用下抽出浓密机，而料浆水从溢流口流出。

（2）深锥浓密机。深锥浓密机也称膏体浓密机或膏体浓缩机，这种浓密机适用于制备膏体充填料和尾砂干堆，不需要再对尾砂进行其他方式的脱水处理。与常规的浓密机相比，深锥浓密机名称由其外观形状而来，其突出的特点为：整体呈立式桶锥形，底锥角度大，圆柱段高，直径比较小，高径比远大于常规浓密机。

深锥浓密机如图 15-12 所示，工作原理与其他浓密机基本相同。通过添加絮凝剂到给

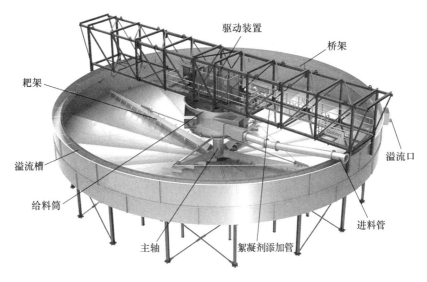

图 15-11　中心传动高效浓密机示意图

料矿浆，通过耙架的旋转，利用导水杆将矿浆层内部的水疏导至上部，最终起到矿浆浓缩作用。深锥浓密机细长的锥形结构，有利于絮凝剂和物料的充分接触，且由于物料重力和浓相层底部积淀物水头的挤压，使得浓缩机底流受到较大的压力，且矿浆压缩时间长，大大提高了排出底流的浓度。因此，深锥浓密机处理量大，工作效率高，大大节省了浓缩时间，比较适合较细粒度的矿浆脱水。

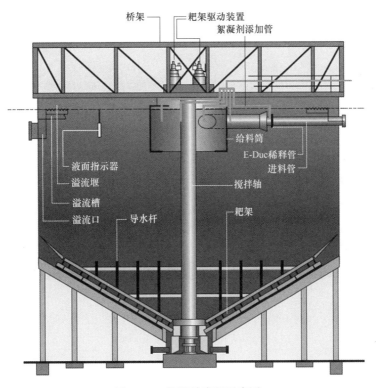

图 15-12　深锥浓密机示意图

B　过滤机

细粒物料的过滤脱水设备主要有压滤机、离心脱水机和真空过滤机。全尾砂过滤脱水常用的设备有真空过滤机，其特点是借助真空泵所产生的真空在滤布（或滤带）两侧形成压力差。尾砂颗粒在真空作用下被吸附在滤布上，形成具有一定厚度的滤饼；水分则透过滤布成为滤液而被排出。在卸料端，通过鼓风机所产生的压力差或刮刀，将滤饼从滤布上压出或刮下。常用的真空过滤机有盘式、圆筒式和带式。经过过滤脱水后的尾砂滤饼含水量比较低（一般为20%左右），可直接进入搅拌机，或输送到卧式砂仓内堆存。

15.4.3.3　搅拌

在充填料浆制备中，搅拌系统是最为重要的环节之一。浓密/过滤尾砂、胶结料和额外的水按照设计要求定量加入搅拌机中，经过搅拌机不间断地混合和搅拌，形成较为均质的充填料浆。搅拌系统可分为以下两类：（1）间歇式搅拌系统。在间歇式搅拌系统中，进料、搅拌、卸料的过程是周期性的，每个周期一般持续若干分钟。（2）连续式搅拌系统。连续式搅拌系统的进料、搅拌、出料都是连续进行的，其生产效率高，产量大、能耗低。由于连续搅拌机很难在极短时间内调整不合格料浆进入输送系统，因此，给料设备的合理选择和给料精准控制就显得十分重要。此外，连续给料系统还要求尾砂性质变化较小，且连续性较好。

国外充填料浆制备最为常用的搅拌机是强力搅拌机（图15-13），目前国内应用较多的仍是滚筒式搅拌机和浆式搅拌机。强力搅拌机同时适用于间歇式搅拌和连续式搅拌，一般有两个或两个以上的轴，每个轴上布置若干桨叶。强力搅拌机转速可高达125r/min，而传统滚筒式搅拌机转速仅为25r/min。与滚筒式搅拌机和浆式搅拌机低速翻转不同，强力搅拌机通过物料的高速碰撞来实现均匀混合。

图15-13　强力搅拌机实拍

15.4.4　充填料浆输送

充填料浆一般通过管道进行输送，其输送方式主要有三种：（1）依靠料浆重力作用的自流输送；（2）借助外力的泵压输送；（3）自流和泵送联合输送，如图 15-14 所示。相对而言，自流方式应用较早，其理论和技术较为成熟，而泵压输送是近十年才出现的，比较适合于长距离管道输送，是充填料浆输送技术未来主要发展方向。

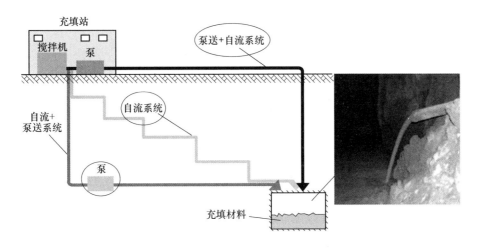

图 15-14　充填料浆输送方式

（1）自流输送。管道自流输送是指充填料浆依靠自身在垂直（或倾斜）段中的势能，实现浆体输送的方法，是充填料浆输送最为经济的途径。实现管道自流输送的条件是系统所能提供的势能必须不小于克服系统摩擦所需的动能。管道自流输送方式投资小、运营成本低，是深井矿山充填系统的首选方案。例如，云南某铅锌矿初期采用柱塞泵进行料浆输送，随着开采深度的增加，充填倍线达到 3~4，满足了自流输送基本条件，于是将泵压输送改为自流输送方式。

（2）泵压输送。当料浆输送阻力高，无法实现自流输送时，需要采用泵压输送。充填料浆的泵送工艺主要借鉴于混凝土泵送经验，但其在材料特性、管路长度、管网复杂程度、管内压力、工作时间等方面与混凝土输送均存在较大差异。与自流输送相比，泵压输送技术具有以下优点：

1）输送浓度大幅度提高。泵压输送工艺可显著提高充填浓度，进而改善充填质量。

2）降低充填成本。在设计强度条件下，浓度越高，其水泥单耗越少，因此，泵压输送可间接降低充填成本。

3）降低排水排泥费用。泵压输送工艺使充填浓度提高，含水量大大降低，降低了排水排泥费用。

泵压输送存在如下缺点：

1）系统的基建费用高。泵送设备价格较高，且增加了相应泵送配套设施费用。

2）对料浆质量要求严格。充填料浆浓度需要控制在一定合理范围内。浓度过低，料浆容易出现泌水、离析，以致管路堵塞；浓度过高，泵送压力过大，从而缩短泵的使用寿命。

输送泵是泵压输送系统的核心，其技术参数、性能选择、匹配使用及运行状况是否稳定是至关重要的问题，直接关系到泵送充填工艺的成败。输送泵通常分为两个基本的类别：离心泵和容积泵。离心泵是指靠叶轮旋转时产生的离心力来输送液体的泵，其特点在于：（1）结构紧凑；（2）流量和扬程范围宽；（3）多种控制选择；（4）流量均匀、运转平稳、振动小，不需要特别减震的基础；（5）设备安装、维护检修费用较低。容积泵是利用工作容积周期性变化来输送液体，主要有活塞泵、柱塞泵、隔膜泵、齿轮泵、滑片泵、螺杆泵等。容积泵的特点在于：（1）平均流量恒定；（2）泵的压力取决于管路特性；（3）对输送的浆体有较强的适应性；（4）具有良好的自吸性能，启动前通常不需灌泵。

15.4.5　充填体强度设计

充填体的强度取决于其功能。一般而言，如果充填体用于支撑覆岩或在充填体内施工，充填体设计强度一般要高于5MPa；如果只是保证充填体自立，其设计强度一般小于1MPa。二步骤开采方法中，空区充填仅是为了限制围岩变形，因此对充填体强度要求较低，一般采用尾砂非胶结充填或低灰砂比尾砂胶结充填。研究表明，充填体单轴抗压强度为0.2~4MPa，而围岩的抗压强度在一般为5~240MPa。因此，充填强度设计应根据充填体的不同作用进行设计，在满足强度要求的前提下减小胶结料的用量，以降低矿山充填成本。下面介绍几种典型条件下充填体强度设计方法。

15.4.5.1　竖向充填支撑

充填体的力学效应与采场开采时的矿柱不同，实验室实验与现场实践表明，充填体不能单独支撑所有覆盖层的重量，而只能作为辅助支护方式。充填体的弹性模量变化范围为0.1~1.2GPa，而围岩的弹性模量为20~100GPa。可以假设任何顶部变形都是由竖向荷载导致（图15-15），并且单轴抗压强度可由以下关系式计算：

$$UCS_{design} = (E_p \varepsilon_p) F_s = E_p \left(\frac{\Delta H_p}{H_p} \right) F_s \tag{15-6}$$

式中，E_p 为岩体或矿柱的弹性模量，GPa；ε_p 为矿柱的轴向应变；ΔH_p 为覆岩位移，m；H_p 为覆岩厚度，m；F_s 为安全系数。

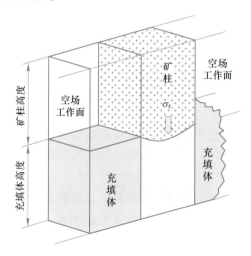

图15-15　充填体上方矿柱竖向荷载示意图

若在空区充填前采场围岩已发生变形，则最大荷载不可能达到覆岩的总重量，此时，充填体所需单轴抗压强度可由下式估算得到：

$$UCS_{design} = k(\gamma_p H_p) F_s \tag{15-7}$$

式中，k 为度量常数，取 $0.25 \sim 0.5$；γ_p 为覆岩单位重量，kN/m^3；H_p 为覆岩厚度，m；F_s 为安全系数。

需要指出的是，除了上述理论公式，也可采用数值模拟方法来确定为了防止由于顶板变形引起地表下沉所需的充填体的刚度或强度。

15.4.5.2　充填体内开拓工程

当一条巷道必须贯穿充填体而到达另一个新矿体（图 15-16）时，充填体强度设计必须采用必要的安全设计准则。设计时一般保守地将两侧开挖后的充填体视作多于两面暴露的块体。此时，设计单轴抗压强度可依据以下关系式：

$$UCS_{design} = (\gamma_f H_f) F_s \tag{15-8}$$

式中，γ_f 为充填体的单位重量，kN/m^3；H_f 为充填体高度，m；F_s 为安全系数。

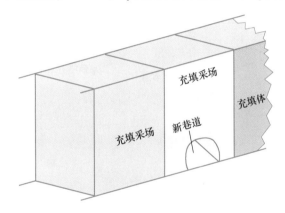

图 15-16　充填体内开拓工程

15.4.5.3　矿柱回收

为最大限度地提高矿石回采率，在矿房开采充填结束后，进一步回收矿柱。在矿柱回收过程中，充填体暴露竖向高度可能较大。对于嗣后充填来说，充填体在矿柱回收过程中必须保持稳定。同时，充填体还要能够抵抗矿柱回收时的爆炸冲击。图 15-17 为矿柱回采爆破后充填体可能会发生的破坏模式。在这种情况下，一般需要充填体强度在短期内达到中等强度，具体取决于采矿工艺。

在缺少数值模拟的情况下，许多采矿工程师依靠二维极限平衡分析法，结合安全系数，来确定暴露充填体的稳定性。该方法造成的典型结果就是由于过度保守估算充填体临界强度，进而导致增加充填的成本。近年来多采用二维和三维经验模型来计算充填拱效应、凝聚力及摩擦力等。

（1）多个暴露面情况。当相邻矿柱或者采场爆破后，充填体处于多于两个连续暴露面的情况下（图 15-18），可采用式（15-6）来计算充填体强度。

（2）狭窄暴露面情况。当充填体处于被相邻采场限制的情况下（图 15-19），利用太沙基无黏性材料模型可以有效地解释充填拱效应。Askew 等（1978）提出用有限元模型来

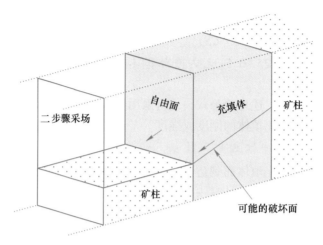

图 15-17　矿柱回采时充填体破坏机理示意图

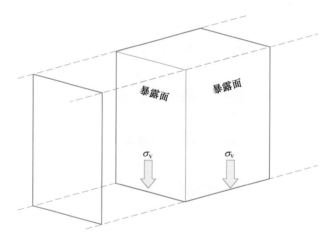

图 15-18　充填体三个竖向暴露面示意图

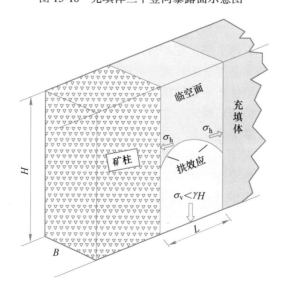

图 15-19　狭窄暴露面充填体稳定性分析

进行充填体抗压强度设计准则：

$$UCS_{design} = \frac{1.25B}{2K\tan\varphi}\left(\gamma - \frac{2c}{B}\right) \times \left[1 - \exp\left(-\frac{2HK\tan\varphi}{B}\right)\right]F_s \qquad (15\text{-}9)$$

式中，B 为采场宽度，m；K 为充填体的压力系数；c 为充填体内聚力，kPa；φ 为充填体的内摩擦角，(°)；γ 为充填体容重，kN/m³；H 为充填体高度，m；F_s 为安全系数。

（3）摩擦暴露面情况。该设计方案主要解决充填体的两个对立面与采场边帮方向相反的情况，如图 15-20 所示。由于充填体存在内聚力，充填体和矿壁之间会产生剪切阻力，在这种情况下，可采用下式进行充填体强度估算：

$$UCS_{design} = \frac{\gamma L - 2c}{L} \times \left[H - \frac{B}{2}\tan\left(45° + \frac{\varphi}{2}\right)\right] \times \sin\left(45° + \frac{\varphi}{2}\right)F_s \qquad (15\text{-}10)$$

式中，γ 为充填体容重，kN/m³；c 为充填体内聚力，kPa；L 为采场长度，m；B 为采场宽度，m；H 为充填体高度，m；φ 为充填体的内摩擦角，(°)；F_s 为安全系数。

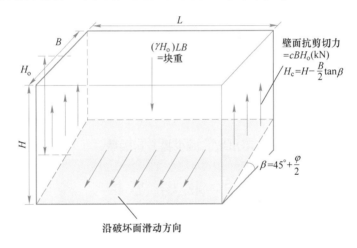

图 15-20　受接触面剪切阻力作用充填体力学模型

内聚力和内摩擦角可通过对实验室或者现场试样进行三轴压缩试验获得。

15.4.6　充填体的作用

地压控制方面充填体的主要作用：充填体具有控制大面积、大规模地压活动，避免岩爆、大变形和大体积塌方等工程灾害产生，可以防止采空区大规模岩移和冒落，能够减小地面下沉速度和下沉量，防止地表塌陷，保护地表地物的作用。

充填体的力学作用主要体现在以下方面：

（1）充填体的支护作用。充填体可以维持原有岩体表层的完整性，使原有岩层不发生小规模的冒落，从而调动原岩体自身承受地压的能力；充填体进入采场，改变了采场帮壁的应力状态，使其单轴或双轴应力状态转变为三轴应力状态，围岩的整体强度得到很大提高，从而增强了围岩的支撑能力。所以，充填体的充填作用不仅仅是充填体本身的支撑作用，更大的作用是阻止了围岩强度因地压活动而产生的弱化，相对提高了开采条件下围岩自身的强度和承载能力。

（2）充填体的结构作用机理。由于岩体中的断层、节理裂隙等将岩体切割成一系列结构体，这些结构体的组成方式决定了结构体的稳定状况。当地下开挖时，破坏了结构体系，使本来能够维护平衡和承受荷载的"集合不变体系"变成了几何可变体，导致围岩的渐进破坏。当充填体充填到采场中，尽管充填体的强度相对围岩较低，但从构成围岩结构的作用机理来看，它与原来的岩体是一样的，可以起到维护原岩体结构的作用，使围岩能够维持其自身稳定和承受荷载。也就是充填体在一定条件下，能够维护围岩的结构作用，避免围岩结构系统的突变失稳。

（3）充填体让压作用机理。由于充填体的刚度比原岩要小，其变形要比原岩大得多，所以充填体可以在维护围岩系统结构稳定的情况下，缓慢受压。一方面，围岩地压得到一定的释放，延缓了能量释放的速度；另一方面，充填体施加给围岩的应力又对围岩起到了柔性支护作用。

（4）充填体的吸能作用机理。充填体在破坏时要吸收和耗费更多的能量，充填体的存在，可吸收和耗费由于爆破等动载作用所产生的能量，减少了动荷载对矿山围岩稳定性的影响。

充填体对回采工艺的主要作用：

（1）提供工作平台或人工假顶，为回采工作提供良好的工作条件。

（2）支撑相邻矿房，为相邻矿房回采或矿柱回收提供条件，减少矿石损失与贫化。

（3）充填时消耗废石、尾矿、高炉矿渣、粉煤灰等工业废弃物，实现资源循环利用，减少了环境污染。

（4）开采深部矿体时，废石不出坑，减少提升运输费。

15.5　采场支护

当回采不够稳固的矿体或围岩时，应用支柱或锚杆进行井巷工程和采场的维护，以保证回采工作的安全。锚杆、长锚索、喷锚网等支护方式，逐渐在金属矿山中推广应用。

15.5.1　支柱和支架

15.5.1.1　支柱

开采狭窄矿脉（厚度在 0.8~1.5m）时，由于开采空间狭小，施工锚固钻孔空间受限，无法用锚杆进行支护。因此，多用圆木或金属立柱等横撑支柱支护两帮围岩，防止围岩片落，造成矿石损失与贫化（图 15-21）。

一般，支柱近垂直地架设于上下盘围岩之间（上盘侧稍向上偏斜）。由于支柱消耗量大，这类狭窄矿体开采方法逐渐被留矿采矿法或上向水平分层充填采矿法所代替。

在开采缓倾斜薄矿体时，用立柱支护不稳固的顶板，采幅高度一般不大于 2.5~3m。根据顶板稳固程度，采用带帽立柱或立柱加背板（图 15-22）。

15.5.1.2　木垛支柱

木垛支柱通常用于厚度不大而地压较大的缓倾斜矿体，或在充填体上面支护顶板（图 15-23）。木垛常用的木料长度为 1.5~2.5m，直径 120~200mm。水平矿体所用木垛中，木料最小长度不得小于高度的 1/4，以保证其稳定性。

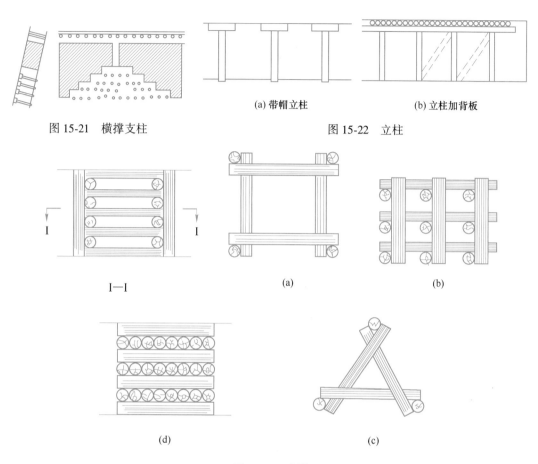

图 15-21　横撑支柱

(a) 带帽立柱　　　　　(b) 立柱加背板

图 15-22　立柱

I—I　　　　　　　(a)　　　　　　　(b)

(d)　　　　　　　(c)

图 15-23　木垛

(a) 一排内 2 根圆木；(b) 一排内 3 根圆木；(c) 密实铺设原木；(d) 三角形木垛

15.5.1.3　支架

金属支架在地下开采中应用逐渐增加，是因其具有强度大、使用期限长、可多次复用、安装容易、耐火性好等优点。但支架重量大、成本高、搬运和修理较困难，因此，多用于开拓和采准巷道的支护中，而采场中应用较少。

近年来，在开采顶板不稳定的缓倾斜薄矿体时，探索性地移植了煤矿液压式掩护支架（图 15-24）。随着工作面推进，不断移动掩护支架以支撑工作面附近的顶板。在支架的后方，直接顶板可自然冒落。但由于金属矿石较坚硬，通常使用铅爆法落矿，故掩护支架需有防爆措施。此外，还应研制与掩护支架配套的采场运搬设备。实践证明，用掩护支架支护顶板时，采取电耙运搬矿石极为不便。

15.5.2　锚杆支护

15.5.2.1　锚杆类型和作用

工程上常按如下方法对锚杆进行分类：

（1）按锚固方式分类，有机械型锚杆、摩擦型锚杆和黏结型锚杆。其中，机械型锚

图 15-24　液压掩护支架

杆有楔缝式锚杆、胀壳式锚杆；摩擦型锚杆有管缝式锚杆、膨胀锚杆（水力膨胀、化学膨胀锚杆、柔性注压锚杆）；黏结型锚杆有水泥砂浆锚杆、树脂锚杆、快硬水泥锚杆。

（2）按锚固长度分类，有全长锚固型锚杆和端部锚固式锚杆。当锚杆的锚固长度小于 500mm 或锚杆钻孔深度的 1/3 时，为端部锚固锚杆；当锚杆的锚固长度大于锚杆钻孔深度的 90% 时，为全长锚固锚杆。

（3）按是否施加预应力分类，有预应力锚杆和非预应力锚杆。

（4）按锚固体传力方式分类，有压力式锚杆、拉力式锚杆和荷载分散型锚杆。

锚杆类型划分如图 15-25 所示。

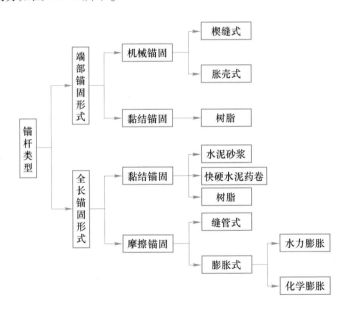

图 15-25　锚杆类型划分

锚杆支护区别于支柱支护的主要特点是锚杆和围岩结合为一整体、共同作用，因此，也有将这种支护称为主动支护。

通过科学试验和生产实践，锚杆有以下几种作用：

（1）悬吊作用。在块状结构或碎裂结构的岩层中，锚杆将不稳固的岩块或岩层，悬吊在松动区以外的稳固的岩层上，阻止岩块或岩层塌落（图 15-26（a））。

（2）组合作用。在层状结构的岩层中，锚杆如同联结螺栓，将薄层组合成厚梁，使围岩承载能力大大提高（图 15-26（b））。

（3）挤压作用。在松软岩层中，以某种参数系统布置预应力锚杆群，在围岩内形成一个承载拱，以提高围岩的承载能力（图 15-26（c））。

上述三种作用，对于地质条件复杂的岩体，有的是一种作用为主导，有的几种作用同时发生，应根据具体条件进行分析。

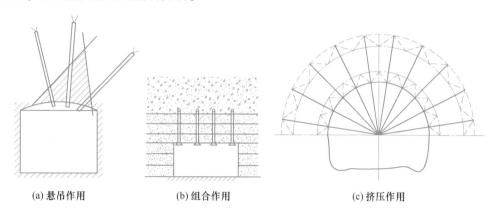

(a) 悬吊作用　　　　　(b) 组合作用　　　　　(c) 挤压作用

图 15-26　锚杆的力学作用

15.5.2.2　常用锚杆类型

A　管缝式锚杆

管缝式锚杆（split-sets bolt），是 1973 年美国密苏里罗兰矿业工程学院 James J. Scott 教授提出，并与英格索-兰德公司共同研制而成，如图 15-27 所示。管缝式锚杆的杆体全长是一根开缝可压缩的高强度空心钢管，杆体外径稍大于孔径 2～3mm。当用强制方法将钢管压入孔内，锚杆壁即与孔壁紧密接触，而杆体恢复为原始状态，对孔壁周围施加一种初始的径向载荷，从而产生抵抗岩层移动的摩擦力，加上锚杆托盘的承托力，从而使围岩处于三向受力状态，实现岩层控制。在爆破振动、围岩变形等情况下，管缝锚杆径向发生弯折和变形，锚固力会适当增大。

图 15-27　管缝式锚杆

钻孔直径与管缝杆体直径相匹配是成功安装管缝锚杆的关键因素。如果钻孔直径太小，管缝锚杆安装困难，锚杆可能会卡在钻孔的中间，在推动载荷下弯曲。钻孔直径过大，锚杆和钻孔之间的接触应力非常低或为0，从而导致锚杆-岩石界面处的摩擦阻力很低或没有摩擦阻力。一般情况下，管缝锚杆直径大于钻孔直径2~3mm，管缝锚杆长度通常小于3m。

B　管楔式锚杆

管楔式锚杆是在管缝式锚杆的末端，锻造一个"十"字形的缝隙，用来插入楔子，另一端配套托盘、垫圈、螺母（图15-28）。钻孔后，安装楔子到楔缝中，驱动螺母和螺纹杆确保楔子抵触到钻孔末端，然后用钻机冲击锚杆外端，楔子胀开楔缝，在岩石和锚杆之间产生一个锚固力。

管楔锚杆安装时，将套好垫板的锚杆上半段自由地插入钻孔中；在锚杆尾部插入一根带圆环的短钎（可锻成双肩），用凿岩机将锚杆下半段强行冲入钻孔内，直至垫板紧压岩石表面为止；换一根稍长于锚杆的钢钎（不带圆环），再开动凿岩机使其旋转，磨掉定位销，然后反复冲击活动楔，直至冲不进为止，迫使活动楔往上冲挤，增加两楔的叠加厚度，从而将固定楔处的管壁牢牢地胀紧在钻孔内。

楔缝系统提供点锚，可起到永久支护的作用；尖端楔钉可提高锚固力；与垫板共同使用，可用于倾斜岩层。由于顶板岩层趋向于三向受力状态，加上管体的抗弯模量较高，故其阻止围岩移动的能力很强。管楔锚杆安装无需特殊设备，方便迅速；锚杆长度可取1.5~4.0m，安装一根只需1~2min；对孔径的要求也没有管缝式锚杆那样严格，安装合格率达95%以上；安装后可即时受载，对岩层的适应性广，锚杆管体抗破断可达100kN以上，抗震能力强，即使局部岩块掉落，垫板悬空后，锚杆仍不致失效。

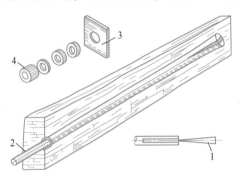

图15-28　管楔式锚杆
1—楔子；2—杆体；3—垫板；4—螺帽

C　水胀式锚杆

水胀式锚杆也称为水力膨胀型锚杆（图15-29）。水胀式锚杆由折叠的焊接钢管制成，横截面成"Ω"形，端部密封。锚杆长度为0.6~3.6m，锚杆外径25.5mm，锚固钻孔孔径38mm。安装时，将高压水（30MPa）通过锚杆杆头的小孔向折叠管中注入高压水，折叠管被高压水撑开后紧紧压到钻孔孔壁上。锚杆与岩体的连接是通过孔壁处的接触力和与孔壁粗糙凸点间的机械咬合实现，水力膨胀锚杆的拉拔力在98.1~196.2kN。

D　树脂锚杆

树脂锚杆是以合成树脂为黏结剂把锚杆杆体与岩石连接成整体的一种锚杆，如图15-30

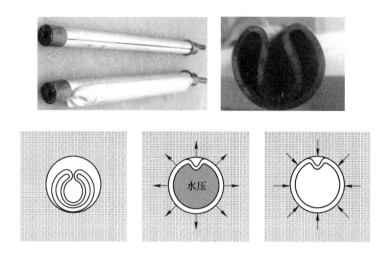

图 15-29　水胀式锚杆膨胀过程

所示。锚杆的锚固方式有端部锚固和全长锚固两种形式。树脂锚杆具有承载快、锚固力大、安全可靠、操作简便、有利于加快开挖速度等优点。

(a) 杆体 　　　　　　　　　　　　　　　(b) 锚固剂

图 15-30　树脂锚杆杆体与树脂锚固剂

　　高强锚杆多为端头锚固型，用树脂做黏结剂，在固化剂和加速剂的作用下，将锚杆头部黏结在锚杆孔内，可以对围岩施加预应力，在很短时间内即可达到很大的锚固力。

　　树脂锚杆杆体分类：按锚固方式可分为端头锚固（200~300mm 与孔壁黏结）、全长锚杆（锚固力大，若用量大，则成本增加）。按照杆体类型可分为三类：

　　（1）麻花式树脂锚杆。杆体端部压扁并拧成反麻花状，方便搅拌树脂药卷和提高锚固力（图 15-31）。杆体端部设置挡圈，防止树脂锚固剂外流，并起压紧作用。杆体尾部加工螺纹，安装托板和螺母。树脂锚杆长度一般是 1.4~2.4m，大多为 1.8~2.2m；杆体直径为 14~22mm，多在 16~20mm。

　　（2）无纵肋螺纹钢式树脂锚杆。杆体由无纵肋左旋螺纹钢制成，尾部加工成可上螺母的螺纹。

　　（3）等强螺纹钢式树脂锚杆。由右（或左）旋精轧螺纹钢制成，螺纹连续，全长可上螺母。

　　用于锚杆安装的树脂锚固剂的固化时间从 10s 到 10min 不等。树脂根据固化速度可分

图 15-31　麻花式树脂锚杆

为超快速、快速、中速、慢速，其具体规格见表 15-3。

　　E　玻璃钢树脂锚杆

　　玻璃钢树脂锚杆是指采用玻璃钢复合纤维作为杆体，采用树脂锚固剂锚固在钻孔中。该锚杆具有轻质高强、易切割、不会产生火花、支护效率高、成本低的优势，其实物如图15-32 所示。

表 15-3　树脂锚固剂（树脂药包）的规格

型号	特性	凝胶时间/s	等待时间
CK	超快速	10~45	0.5~1.5s
K	快速	46~90	1.5~3min
Z	中速	91~180	8min
M	慢速	>180	10min

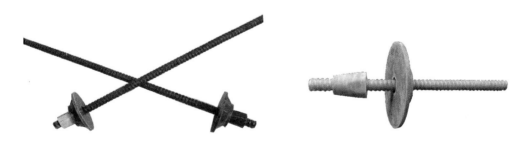

图 15-32　玻璃钢杆体树脂锚杆

　　直径 22mm 的玻璃钢锚杆的杆体拉断力可达 180~250kN，杆尾采用钢螺母时拉断力为120~150kN；直径为 25mm 时，杆体破断力为 250~380kN，杆尾采用钢螺母时破断力为150~180kN。

　　F　水泥砂浆锚杆

　　水泥砂浆锚杆可由杆体、注浆体、托盘和螺母组成。杆体由普通圆钢制成，尾部加工成螺纹，端部制成不同形式的锚固结构。杆体直径为 14~22mm，大多在 16~20mm。水泥砂浆锚杆是使用水泥砂浆作为锚固剂（图 15-33）。水泥砂浆锚杆安装简便，成本较低廉。

水泥砂浆锚杆工作原理为在块状结构或碎裂结构的岩层中，锚杆能将不稳定岩石吊挂在松动区以外的稳定岩体上，防止岩块掉落，在松软岩层中，将锚杆按一定方式布置，能在围岩中形成一个承载拱，对破碎岩体起支架作用。

水泥砂浆锚杆安装时，应检查锚杆体钻头的水孔是否畅通，若有异物堵塞，应及时

图 15-33 水泥砂浆锚杆

清理。锚杆体装入设计深度后，应用水和空气洗孔，直至孔口反水或返气。注浆材料宜采用不小于 M30 的水泥砂浆。注浆安装时，将水泥灌浆泵入钻孔，然后将锚杆推入灌浆孔。灌浆管应插至距孔底 50~100mm 处，并随水泥砂浆的注入缓慢匀速拔出。杆体插入孔内的长度不得短于设计长度的 95%，即实际黏结长度不应短于设计长度的 95%。

孔内水泥砂浆须在 0.5~1.0MPa 的控制压力下注射饱满，从而使锚杆达到长期的设计锚固能力。水泥砂浆锚杆不能在安装后立即预拉伸。安装后，托盘与围岩表面之间可能会有微小间隙，直到间隙被岩石变形封闭，托盘才会提供支撑功能。如果需要预拉伸，托盘的拧紧必须在安装后至少 24h 完成，以便水泥灌浆硬化以承受拉伸载荷。

G 锚索

锚索支护是指通过锚索对被加固的岩体施加预应力，限制岩体变形的发展，从而保持岩体的稳定。在顶板上安装锚索后，由于锚索的锚固点在深部稳定岩层中，根据悬吊理论，使下部不稳定岩层通过锚索悬吊在上部稳定岩层中，起到了悬吊顶板的作用，同时，由于锚索预应力作用，对已有锚杆支护的下部岩层进行组合、加固。锚索能有效地控制顶板下沉，减少支架、锚杆受力，使群体支护达到良好的效果。在承载能力方面，在大跨度断面的支护和对冒顶区域的支护上，相对常规支护来说，锚索支护技术都有很大的优越性。

锚索由钢绞线构成，钢绞线是通过将几根金属丝螺旋缠绕在中心线上而制成的。金属丝通常是圆形的，通过模具拉伸金属制成。通常，锚索一股中的绞线数量为 7 根、19 根或 37 根。

图 15-34 展示了钢绞线横截面的图案。由单股、双股或多股制成的锚索通常用水泥灌浆封装在钻孔中。在钢绞线制成的锚索长度相对较短的情况下，它们可以与树脂锚固剂一起安装。当锚索很长时，很难混合树脂药卷。

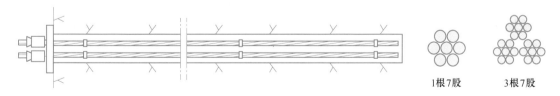

1根7股   3根7股

图 15-34 钢绞线横截面

(右图分别为由 1 根 7 股绞线组成的锚索和由 3 根 7 股绞线组成的锚索)

锚索结构一般由内锚头、锚索体和外锚头三部分共同组成，结构如图 15-35 所示。内

锚头又称锚固段或锚根，是锚索锚固在岩体内提供预应力的根基，按其结构形式分为机械式和胶结式两大类。胶结式可分为砂浆胶结和树脂胶结；砂浆式可分二次灌浆式和一次灌浆式。外锚头又称外锚固段，是锚索借以提供张拉吨位和锁定的部位，其种类有锚塞式、螺纹式、钢筋混凝土圆柱体锚墩式、墩头锚式和钢构架式等；锚索体，是连结内外锚头的构件，也是张拉力的承受者，通过对锚索体的张拉来提供预应力，锚索体由高强度钢筋、钢绞线或螺纹钢筋构成。

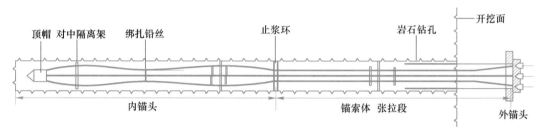

图 15-35　锚索结构

预应力锚索工作原理：采取预应力方法把锚索锚固在岩体内部的索状支架，从而达到加固围岩的目的。锚索靠锚头通过岩体软弱结构面的孔锚入岩体内，把滑体与稳固岩层联结在一起，从而改变岩体的应力状态，提高不稳定岩体的整体性和强度。预应力锚索施工时，需专门的拉紧装置和机具。

当巷道围岩分类属于Ⅲ～Ⅴ类，采用锚杆支护不能有效阻止顶板下沉时，可采用锚索对顶板进行加强支护，以提高巷道支护的安全性。

15.5.3　混凝土支护

混凝土支护主要是使用素混凝土，但在一些关键部位（如斗穿与耙道相交处），采用配以钢筋或钢轨、工字钢等整体浇灌的支护方法。它具有承压大、整体性好、支护表面平整利于耙矿等优点。但无可塑性，抗爆破冲击震动性能差，需较长的养护期。近年来应用的混凝土搅拌输送机，可减轻施工的体力强度并提高浇灌工作效率。

喷射混凝土支护是指用气动法把混凝土喷射到岩石表面，为岩石提供被动的支护。喷射混凝土支护是把输送、浇灌和捣固等工序结合起来的新工艺。和浇灌混凝土相比，喷射混凝土提高了施工速度两倍以上，减少掘进工程量15%～20%，节省劳动力50%，节约混凝土50%，降低成本50%。

喷射混凝土与被支护的岩壁有很高的黏结力，能充填岩壁较大的裂隙，从而提高岩体的稳固性和承载能力。喷射混凝土与岩壁共同作用，构成统一的受力体系，成为主动的承载结构。

喷射混凝土由水泥、骨料、水以及其他的混合物（如速凝剂或缓凝剂、塑化剂、微硅粉和加固纤维）组成。喷射混凝土配料设计是一个困难而又复杂的过程，需要反复实验。

配料设计必须满足以下原则：

（1）可喷性。浆料应能以最小的弹落量附着于顶壁之上。

（2）早期强度。浆料须在几小时的时间内硬化，足以对岩体起到支护作用。

（3）长期强度。浆料内加入满足可喷性和早期强度要求所需的速凝剂后，须达到 28 天强度的规定指标。

（4）耐久性。须达到足够的长期强度，以抵抗外界作用。

（5）经济性，应使用廉价材料，喷射回弹造成的损失应最小。

15.5.4 柔性防护网

（1）金属网。金属网（图 15-36（a））被用来约束锚杆或锚栓之间的小块岩石及加强喷射混凝土。金属网主要有钢筋网和铁丝网。钢筋网是由钢筋焊接而成的大网格金属网，钢筋直径一般为 6mm 左右，网格在 100mm×100mm 左右。这种网强度和刚度都比较大，不仅能够阻止松动岩块掉落，而且可以有效增加锚杆支护的整体效果，适用于大变形、高地应力巷道。但钢筋网存在钢材消耗量大、成本高、容重大、网片规格小且运输不方便等特点。

（2）钢塑复合格栅。钢塑复合格栅（图 15-36（b））的拉力由经纬编织的高强钢丝承担，在低应变能力下产生极高的抗拉模量，纵横向肋条协同作用，充分发挥格栅对岩体的嵌锁作用。钢塑复合格栅的纵横向肋条的钢丝经纬编织成网，外包裹层一次成型，钢丝与外包裹层能协调作用，破坏伸长率很低（不大于 3%）。钢塑复合土工格栅的主要受力单元为钢丝，蠕变量极低。

(a) 金属网　　　　　　　　　　　　(b) 钢塑复合格栅

图 15-36　柔性支护网

通过生产过程中塑料表面的处理，压制有粗糙的花纹，以增强格栅表面的粗糙程度，提高钢塑复合土工格栅与岩体的摩擦系数。钢塑复合格栅的幅宽可达 6m，实现高效、经济的加筋效果。钢塑复合格栅采用的高密度聚乙烯可以确保：在常温下不会受到酸碱及盐溶液或油类的侵蚀；不会受到水溶解或微生物的侵害。同时，聚乙烯的高分子性能也足以抵抗紫外线辐射所造成的老化。格栅受力后纵横肋条协同作用，不会产生结点的拉裂或破损。而实际工程中，在填料的压实后，不会受到紫外线光和氧的侵蚀，因此完全可以满足永久性工程建设的要求。

15.6　采矿方法分类及组成

15.6.1　采矿方法分类依据

在金属矿床地下开采时，首先把矿体划分为阶段（或盘区），然后再把阶段（或盘区）划分为矿块（或采区）。矿块（或采区）即独立的回采单元。

采矿方法就是研究矿块的开采方法，包括采准、切割和回采三项工作。根据回采工作的需要，设计采准和切割巷道的数量、位置与结构，并加以实施，开掘与之相适应的切割空间，为回采工作创造良好的条件。反之，若采准和切割工作在数量上和质量上不能满足回采工作要求，则必然影响回采矿石的效果，因此，为了更好地回采矿石而在矿块中所进行的采准、切割和回采工作的总和，就称为采矿方法（mining method）。

由于金属矿床赋存条件复杂，矿石和围岩性质多变，开采技术不断完善和进步，在生产实践中应用了种类繁多的采矿方法。为了便于使用采矿方法，并研究和寻求新的采矿方法，应对现有的采矿方法进行科学的分类。

采矿方法分类应满足下列基本要求：

（1）分类应反映采矿方法最主要的特征。

（2）分类应简单明了，防止庞杂和烦琐，但要包括国内外目前应用的主要采矿方法。而对于以前使用过，但现已被淘汰的采矿方法，或仅在个别条件下使用的某些采矿方法，应从分类中删去。

（3）分类必须反映采矿方法的实质，作为选择和研究采矿方法的基础。每类采矿方法要有共同的适用条件和基本一致的特征；各类采矿方法的特征，要有明显的差异。

15.6.2　采矿方法分类

根据上述采矿方法分类的目的与要求，本书推荐的采矿方法分类，是以回采时的地压管理方法为依据的，因为地压管理方法是以矿石和围岩的物理力学性质为依据的，同时又与采矿方法的使用条件、结构和参数、回采工艺等有密切关系，并且最终将影响到开采的安全、效率和经济效果。因此，以此为依据，可将采矿方法划分为 3 大类（表 15-4）。

第一类，空场采矿法。此类采矿法将矿块划分为矿房和矿柱，分两步骤开采，回采矿房时所形成的采空区，可利用矿柱和矿岩本身的强度进行维护。因此，矿石和围岩均稳固，是使用本类采矿方法的基本条件。在回采矿房时期暂留矿石的留矿法也划归本类，这是因为暂留矿石不能作为支撑围岩的主要手段，且当其放出后的一定时间内，仍靠矿柱维护采空区。因此，留矿不能作为独立的地压管理方法，不应单分一类。

第二类，崩落采矿法。此类采矿法为一步骤回采，并且随回采工作面的推进，崩落围岩充满采空区，从而达到管理和控制地压的目的。因此，崩落围岩充满采空区，是应用本类采矿方法的必要前提。

表 15-4　金属矿床地下采矿方法分类

类　　别	组　　别	典型采矿方法
Ⅰ 空场采矿法	1. 全面采矿法	（1）全面采矿法
	2. 房柱采矿法	（2）房柱采矿法
	3. 留矿采矿法	（3）留矿采矿法
	4. 分段矿房法	（4）分段矿房法
	5. 阶段矿房法	（5）水平深孔落矿阶段矿房法
		（6）垂直深孔落矿阶段矿房法
		（7）垂直深孔球状药包落矿阶段矿房法

类　　别	组　　别	典型采矿方法
Ⅱ 崩落采矿法	6. 单层崩落法	(8) 长壁式崩落法
		(9) 短壁式崩落法
		(10) 进路式崩落法
	7. 分层崩落法	(11) 分层崩落法
	8. 分段崩落法	(12) 有底柱分段崩落法
		(13) 无底柱分段崩落法
	9. 阶段崩落法	(14) 阶段强制崩落法
		(15) 阶段自然崩落法
Ⅲ 充填采矿法	10. 单层充填采矿法	(16) 壁式充填采矿法
	11. 分层充填采矿法	(17) 上向水平分层充填采矿法
		(18) 上向倾斜分层充填采矿法
		(19) 下向进路充填采矿法
	12. 分采充填采矿法	(20) 分采充填采矿法

　　第三类，充填采矿法。此类的大部分采矿方法，也是分为两步骤进行回采。回采矿房时，随回采工作面的推进，逐步用充填料充填采空区，防止围岩片落，即用充填采空区的方法管理地压。个别条件下，利用支架和充填料配合维护采空区，进行地压管理。因此，矿石和围岩稳固或不稳固，均可应用本类采矿法。

　　上述各类采矿方法，还可以按照方法的结构特点、工作面的形式、落矿方法等进行分组。

15.6.3　采矿方法的组成

　　矿块作为采矿方法实施的基本单元，其回采通常有两种情况：一种为两步骤回采，将矿块划分为矿房和矿柱，第一步骤先采矿房，第二步骤再采矿柱，矿房和矿柱成为回采的基本单元，如空场采矿法和充填采矿法；另一种为一步骤回采，一步骤回采时直接对矿块进行回采，如无底柱分段崩落法。

　　对于一步骤回采的矿块或二步骤回采的矿房或矿柱，开采过程中，采矿方法的组成通常都包括确定采场结构参数、采矿准备工作（采准与切割）、回采（落矿、通风与运搬）和矿柱回收与空区处理这四个部分，其中，采矿准备、落矿、矿石运搬是所有采矿方法都涉及的工序。

　　采矿方法就是通过不同的矿块结构参数、不同的采准工程布置、不同的切割方法、不同的落矿技术、不同的运搬方式进行有机组合。熟练地掌握采准、切割工程的布置、落矿与运搬的方法，做到灵活应用，就可以根据具体的矿体条件，对标准的采矿方法进行调整与改进，选择和设计适宜的采矿方法，做到安全、高效、经济地回收矿产资源。

习　　题

1　名词解释

(1) 原岩体；(2) 原生应力场；(3) 次生应力场；(4) 矿山压力；(5) 地压管理；(6) 地压管理

方法；（7）采矿方法。

2　简答题

（1）简述采场地压管理的基本方法。

（2）简述充填材料配比设计原则。

（3）简述充填料浆输送的三种方法。

（4）简述锚杆支护的力学作用。

3　论述题

采矿方法是金属矿床地下开采中重要的研究内容。采矿方法分类的依据是什么，如何进行分类？

16 采准与切割

本章提要

通过本章学习，掌握采准工程的类型及常见采准工程的布置、功能和特点；掌握典型的切割工程类型，浅孔拉底、中深孔拉底、中深孔拉槽等施工方法，本章的学习将为典型采矿方法中采准和切割工作奠定基础。

开拓工作形成了整个矿山开采过程中的提升、运输、通风、充填、供电等生产系统，使得人员、材料和设备能够到达待采矿体附近。采准工作在拟回采的矿块中进一步施工，在矿块内形成了行人、凿岩、放矿、通风等通道，为矿块内部矿石回采创造了条件。切割工作是指在采准工作完毕的矿块里，为大规模回采爆破创造条件的工作。采准切割工作是所有采矿方法中不可缺少的作业工序。

16.1 采 准 工 作

16.1.1 采准工程

采准工作是指在已开拓完毕的矿床里，掘进采准巷道，将阶段划分成矿块作为回采的独立单元，并在矿块内创造行人、凿岩、放矿、通风等条件。采准工作的类别与所采用的采矿方法有关。不同的采矿方法，需要施工的采准工程数量和位置有所不同。

采准工程是指为获得采准矿量，在开拓矿量的基础上，按不同采矿方法工艺的要求掘进的各类井巷工程。矿块采准工程包括穿脉运输巷道、人行通风井、溜井、矿块内的联络道，矿块底部结构中的电耙道、电耙硐室、斗穿、斗颈，平底结构中的堑沟巷道、出矿穿脉、凿岩硐室、凿岩巷道、切割横巷、切割天井、设备井等工程。

衡量采准工程工作量的大小，常用采准系数和采准工作比重两项指标。

采准系数 K_1 是每 1kt 采出矿石量所需掘进的采准、切割巷道长度，可用下式计算：

$$K_1 = \frac{\sum L}{T} \times 1000, \ \ \text{m/kt} \tag{16-1}$$

式中，$\sum L$ 为矿块中采准巷道和切割巷道的总长度，m；T 为矿块采出矿石量，t。

采准工作比重 K_2 是矿块中采准、切割巷道施工时采出的矿石量 T' 与矿块采出矿石总量 T 之比，即：

$$K_2 = \frac{T'}{T} \times 100\% \tag{16-2}$$

采准系数只反映矿块采准、切割巷道的长度，而不反映这些巷道的断面大小（即体积大小）；采准工作比重只反映脉内采准、切割巷道所带矿量的比重。因此，要根据具体情况，灵活应用采准系数或采准工作比重，二者互相补充，方可全面地反映出矿块的采准工作量。

采准工作量是比较采矿方法优劣的一个重要指标。对于地质条件较复杂的矿体，尤其当矿体较薄、矿块采出矿石量较小时，采准工作必须为回采工作创造出良好的条件，而不应仅仅根据采准工作量一项指标衡量采矿方法的优劣。因此，不能不加分析地认为采准工作量越小越好。

16.1.2　脉内采准与脉外采准

按照采准巷道与矿体的相对位置，采准工作可分为脉内采准与脉外采准两种。

脉内采准在掘进过程中可以得到副产矿石，对矿体疏水效果好，并可起到补充探矿的作用。但矿体较薄且产状变化大时，巷道难以保持平直，会给铺轨及运输带来不便，此外，矿石不稳固、采场地压大时，巷道维护工作量大。

脉外采准虽无副产矿石，对矿体疏水效果也差，但其可以使矿块的顶底柱尺寸达到最小，并有可能及时回收，巷道维护费用低，通风条件好，且开采有自燃性矿石时易封闭火区。

一般厚矿体多用脉外采准，薄矿体多用脉内采准。

16.1.3　采准天井

采准天井（倾角缓时，被称为上山）很重要，其用途有：划分开采单元；将阶段（盘区）运输巷道与回采工作面连通，供人行、运送材料、设备及充填料，通风及溜放矿石；为掘进分段、分层巷道及凿岩硐室形成通道；为开切割立槽形成补偿空间等。

16.1.3.1　天井分类

采准天井按用途分为人行天井、通风天井、矿（废）石溜井、材料井、设备井等。

天井布置一般应满足使用安全，与回采工作面联系方便；通风条件良好；开掘工程量小，维护费用低；满足使用的功能要求，如溜井应便于矿岩溜放，天井应便于人行、设备及材料的运入运出等；与所用的采矿方法及回采方案相适应；有利于探采结合。

16.1.3.2　天井形式

对于厚度较小的矿体，天井可分为先进天井和顺路天井。

（1）先进天井。先进天井是指在矿块回采之前，在矿岩中掘进的天井（图16-1）；先进天井通常有两种布置形式，一种是中央先进天井，另一种是侧边先进天井。

中央先进天井的适用条件：当矿房长度比较大，超过50m时，为了改善采场通风条件和保证安全作业条件，往往在矿房中央开凿天井。

开掘中央先进天井的优缺点：开凿中央先进天井可以改善通风条件；可以利用中央先进天井作自由面，向两侧掘进形成阶段工作面比较方便，不必再进行专门的掏槽；有利于运送材料和设备，也是增加了一个安全出口。中央先进天井井口处顶板管理比较困难。

（2）顺路天井。顺路天井是指随着回采在采场内用钢桶、混凝土砌筑构件等人为架设的天井（图16-2）。

顺路天井适用条件：当开采薄矿脉时，往往架设顺路天井。

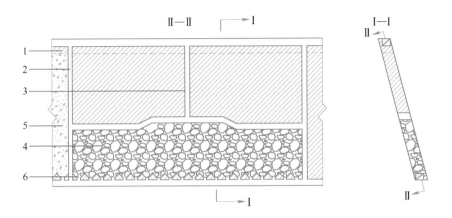

图 16-1 先进天井

1—顶柱；2—顺路天井；3—中央先进天井；4—留矿堆；5—嗣后充填体；6—漏斗

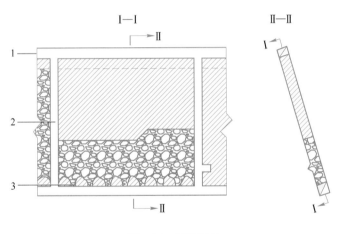

图 16-2 顺路天井

1—顶柱；2—顺路天井；3—漏斗

架设顺路天井的优点：增加了安全出口；改善了工作面通风条件；缩短了准备和结束工作时间。

在矿块一侧掘进天井，另一侧设顺路天井的浅孔留矿法。不留间柱，只留顶底柱。

在矿房中央掘进天井，两侧设顺路天井的浅孔留矿法。不留间柱，只留顶底柱。

16.1.3.3 天井位置

采准天井的布置按天井与矿体的关系可分为脉内天井和脉外天井。天井布置如图 16-3 所示，图 16-3（a）~（c）为脉内天井；图 16-3（d）（e）为脉外采准天井。

（1）脉内天井。按天井与回采空间的联系方式划分，一般可分为四种，如图 16-4 所示。

图 16-4 中，间柱中天井 1 在矿块间柱内，通过天井联络道与矿房连通，目的是为回采间柱创造条件；矿块中天井 2 在矿块中央，随回采工作面向上推进而逐渐消失，为了保持与下部的阶段运输水平的联系通路，需另外架设板台或梯子；顺路天井 3、4 在矿块中央或两侧，随着回采工作面向上推进而逐渐消失，在其原有空间位置上，从采场废石充填

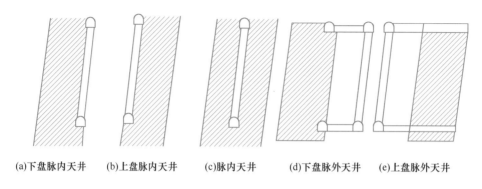

(a)下盘脉内天井　(b)上盘脉内天井　(c)脉内天井　(d)下盘脉外天井　(e)上盘脉外天井

图 16-3　天井布置形式

料或矿石中，用混凝土垛盘或横撑支柱逐渐地架设并形成一条人工顺路天井，借以保持工作面与下部阶段运输水平的联络。

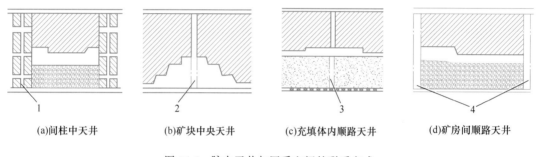

(a)间柱中天井　　　(b)矿块中央天井　　　(c)充填体内顺路天井　　(d)矿房间顺路天井

图 16-4　脉内天井与回采空间的联系方式

（2）脉外天井。脉外天井布置形式如图 16-3（d）（e）所示。一般根据矿岩稳固条件和采矿方法选用。

布置天井时，尽量一井多用，以减少个数；断面大小以及是否分格视其用途而异。除专用天井不分格外，一般大井可视用途和要求分为 2~3 格。在分格天井中，用于人行和通风的为一格，其断面要按梯子布置的规程规定和风量大小来确定。

16.1.3.4　天井布置要求

采准天井的布置应满足下列要求：

（1）使用安全，与回采工作面联系方便。

（2）具有良好的通风条件。

（3）便于矿石下放和人员、材料、设备进入工作面，有利于其他采切巷道的施工。

（4）巷道工程量小，维修费用低。

（5）有利于探采结合，并与所选用的采矿方法相适应。

天井在采切工程中所占的比重很大，一般为 40%~50%。目前，掘进天井的方法有吊罐法、爬罐法、钻进法、深孔分段爆破法与普通掘进法。

16.1.4　采区溜井

采区溜井是指在一个阶段内，用来为一个矿块或一个盘区服务的矿石或废石溜井，属于采准工程。采区溜井是否设置，数量多少都取决于其所用的采矿方法，如各种分层、分段崩落法及充填法，一般均需设置采区溜井。由于采区生产能力有限，而溜井的溜放能力很大，一般采区溜井均不设置备用井。

16.1.4.1 溜井的形式

溜井有直溜井和斜溜井两种。采区溜井应尽量采用直溜井。当矿体倾角较缓时，应当尽量用斜溜井，直溜井优点是可以减少掘进工程量，另外不会因下部分段运搬距离的增加而影响铲运机生产能力。若必须采用倾斜溜井时，其溜矿段的倾角应大于矿岩的自然安息角，一般不小于60°。如设储矿段，储矿段的倾角应大于或等于所溜放矿岩的粉尘堆积角，通常要大于65°，溜井的分枝斜溜道，由于不作储矿用，且长度不大，其溜道底板的倾角可在55°~60°。

16.1.4.2 溜井断面形状

采区溜井的断面形状有圆形、方形和矩形。圆形断面具有稳固性好、受力均匀、断面利用率高、冲击磨损较小等优点，垂直溜井最好为圆形。倾斜溜井及分支溜井，溜井断面一般为 $(1.5~2.0)m \times (1.5~2.0)m$。

16.1.4.3 溜井位置

采区溜井的布置有脉外与脉内之分。一般多布置在下盘脉外，避免压矿，有利于维护。

当下盘岩石不稳固，而矿体或上盘围岩稳固时，布置在矿体内或上盘（脉外）。

当矿体极厚时，为减少矿石运搬距离，或受铲运设备有效运距限制，可采用脉内布置。

采区溜井的间距，取决于采矿方法和出矿设备，当采用铲运机出矿时，间距可达100~150m，大型柴油铲运机还可加大。

采区溜井的位置，一般应满足下面要求：

（1）溜井通过的矿岩应稳固，$f \geq 7$，整体性好。尽量避开破碎带、断层、溶洞及节理裂隙发育带。

（2）对于黏性大的矿石，最好不使用溜井放矿，若必须采用溜井，应适当加大溜井断面。

（3）当溜放的矿石有块度要求时，为避免粉矿增多，溜井需采取储矿措施。

（4）采区溜井应尽量布置在阶段穿脉巷道中，以减少装卸矿石对运输的干扰和粉尘对空气的污染。

16.1.4.4 溜井的布置

溜井布置形式有3种：

（1）耙道独立溜井。优点是施工方便，出矿强度大，便于掘进和出矿计量管理等。缺点是掘进工程量大。

（2）矿块分支溜矿井。优点是掘进工程量比耙道独立溜井小。缺点为电耙出矿时，溜井内带有粉尘的气浪经分支溜井冲入其他分段巷道，致使采场空气发生严重污染；分支溜井施工复杂，劳动强度大，机械化程度低；分支溜井给采场出矿的计量工作增加了难度，对于损失贫化的计量和放矿管理工作都不利。因此，分支溜井使用得不多，仅用于中厚倾斜矿体中。

（3）有聚矿巷道的采区集中溜井。优点是可以减少溜井数量，当矿体非常破碎，采场溜井的施工和维护都比较困难时，此优点更为突出，简化了矿石运输环节，提高放矿劳动生产率。缺点是很难分采场计量，给放矿管理和损失、贫化计算增加了难度；如果生产管理不善，则易影响主运输阶段的生产安全；增加了出矿环节，减少了装车点，降低了出矿强度。由于存在上述缺点，在实践中，这种形式溜井使用很少。

16.1.5　设备材料井

设备井的用途：不设置采场斜坡道时，为了便于运送设备、材料、人员到各分段，有必要掘设备井。另外，设备井一般兼作入风井。

设备井内的装备：目前有两种装备形式，一种是利用设备井同一中心，安装两套提升设备。当运送人员及不大的材料时，用电梯轿厢；当运大设备时，将电梯轿厢的钢绳靠一侧，轿厢停在最下一个分段水平放置，用慢动绞车提升。这种形式掘进量小，操控的工人数少。另一种形式是分别设置设备井和电梯井。设备井安装大功率绞车，运送整体设备，另外再开掘一个电梯井，专门提升人员和材料。运送设备繁忙的大型矿山可采用这种布置形式。

16.1.6　人行通风天井

一般有两种布置方式，一种是矿块独立式，另一种是采区公用式布置。

（1）矿块独立式布置，是指一个矿块独立设置一套人行通风天井、设备材料及管线通道等。

（2）采区公用式布置，是指由几个矿块组成一个采区，一个采区布置一套工程，供给各个矿块共用。此种形式减少了采准工程量，便于安设固定的提升设备，可提高劳动生产率。

16.1.7　采准斜坡道

阶段运输水平与各分段水平、分层工作面之间的联系方式除设备井之外，还可采用斜坡道，构成斜坡道采准系统。采准斜坡道是指为一个矿块或盘区服务的辅助斜坡道。斜坡道采准工程包括阶段运输平巷、分段平巷、分层平巷及其采场、溜井、天井与采准斜坡道之间的联络平巷等。与设备井相比，无轨自行设备运行及调度、设备和材料运送、人员上下进出等十分方便，作业条件也大为改善。缺点是增加了掘进工作量。

斜坡道形式可以按线路布置或与矿体的位置布置来分类。

按线路布置，斜坡道可分为直线式、折返式和螺旋式三种形式。

（1）直线式斜坡道。直线式斜坡道线路为直线，在分段、分层通过联络道与回采工作面连通。除不敷设轨道和倾角较缓外，其断面与斜井基本相同，如图16-5所示。直线式斜坡道多用于矿体走向较长而阶段高度较小的矿山。

优点：工程量小，施工简单易行；无轨设备运行速度快，司机能见距离长。

缺点：布置不灵活；对线路的工程地质条件要求较严。

（2）折返式斜坡道。折返式斜坡道是经几次折返斜巷分别连通各分段、分层平巷，

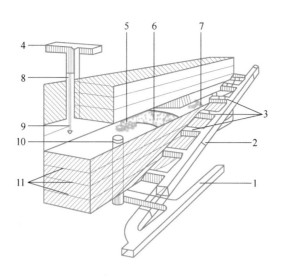

图 16-5　直线式斜坡道采准

1—阶段运输巷道；2—直线式斜坡道；3—斜坡道联络道；4—回风充填巷道；
5—铲运机；6—矿堆；7—自行凿岩台车；8—通风充填井；9—充填管；10—溜井；11—充填分层线

线路是由直线段和曲线段组成，直线段改变高程，曲线段坡度变缓或近似水平，用来改变方向，又便于设备转弯，如图 16-6 所示。

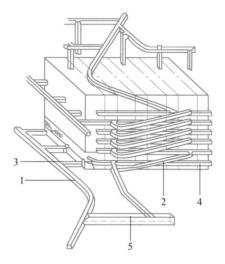

图 16-6　折返式斜坡道采准

1—阶段运输巷道；2—采准斜坡道；3—联络平巷；4—分段平巷；5—机修硐室

优点：线路布置便于与矿体保持固定距离；较螺旋式易于施工；司机能见距离较长；运行速度较螺旋式快。

缺点：工程量较螺旋式斜坡道大；线路布置的灵活性较螺旋式差。螺旋式斜坡道是指采用螺旋线形式布置，如图 16-7 所示。

（3）螺旋式斜坡道。螺旋式斜坡道的几何形状有圆柱螺旋线或圆锥螺旋线形，螺旋

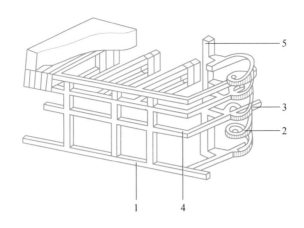

图 16-7 螺旋式斜坡道采准
1—阶段运输巷道；2—螺旋式斜坡道；3—联络平巷；4—分段平巷；5—天井

式斜坡道每掘进一定长度，约 150m 应设有缓坡段，不规则螺旋线斜坡道的曲率半径和坡度在整个线路中是变化的，施工比较麻烦。

优点：1）线路较短，工程量省；通常在相同高度条件下，较折返式斜坡道省掘进量 20%~25%。2）与垂直井巷配合施工时，通风、出渣较方便。3）分段水平上的开口位置一般较集中。4）较其他形式的斜坡道布置灵活。

缺点：掘进施工要求高，如测量定向、外侧路面超高等，增加了施工的难度；司机视距小，且经常在弯道上运行，行车安全性差；无轨车辆内外侧轮胎多处在差速运行，致使轮胎的磨损增加；道路维护工作量大，路面维护要求高。

按斜坡道与矿体的位置布置，斜坡道可分为下盘、上盘、端部和脉内四种形式。

（1）下盘布置斜坡道优点是斜坡道距矿体较近，联络平巷短，一般不受岩移威胁，采准工程量小，故矿山广为采用。更适于倾斜、急倾斜各种厚度的矿体。

（2）上盘布置斜坡道仅适于下盘岩层不稳固，而且走向长度大的急倾斜矿体。

（3）端部布置斜坡道适于上盘、下盘均不稳固，走向不长，端部矿岩稳固的厚大矿体。

（4）脉内斜坡道一般用于开采水平、近于水平及缓倾斜矿体，矿岩均稳固，也可将部分斜坡道线路布置在充填体上。

一般来说，折返式优点较多，使用较广；如能解决施工困难，则螺旋式斜坡道有可能节省总掘进量的 25% 左右。斜坡道多布置在矿体的下盘，有利于矿块之间的联系，但如具备端部侧翼布置的条件，则端部布置具有工程量省、联络方便的优点。

16.2 切割工作

16.2.1 切割工作定义及评价

切割工作是指在已采准完毕的矿块里，为大规模回采矿石开辟自由面和自由空间

（拉底或切割槽），有的还要把漏斗颈扩大成漏斗形状（称为劈漏），为以后大规模采矿创造良好的爆破和放矿条件。因此，切割工作包括开掘补偿空间（拉底、拉槽）和劈漏两项工作。

补偿空间用补偿系数 K_k 来表示：

$$K_k = (K_p - 1) \times 100\% \qquad (16-3)$$

式中，K_p 为崩落矿石的碎胀（松散）系数，一般 $K_p = 1.2 \sim 1.3$。

$$K_p = \frac{V_1}{V} \qquad (16-4)$$

式中，V_1 为矿石爆破后的体积，m^3；V 为矿石爆破前的体积，m^3。

对于不同的矿山，K_p 值不同，但在同一矿山，K_p 值有一定的变化范围。即 K_k 值不是固定不变的数值，而是随着矿石的物理力学性质、凿岩爆破参数、落矿方式等的不同而变化的。

当岩石整体移动时，K_p 值很小，一般为 $1.02 \sim 1.05$。

自由空间爆破时，$K_k \geqslant 20\% \sim 30\%$；挤压爆破时，$K_k \leqslant 20\% \sim 30\%$，崩落矿石的碎胀系数一般不大于 $1.2 \sim 1.3$（即 $K_p \leqslant 1.2 \sim 1.3$）。

当采用有自由空间（即有足够补偿空间）的深孔或中深孔爆破时，碎胀体积约为崩矿前原体积的30%。所以当用自由空间松散爆破时，补偿空间体积就是根据这个数量关系确定的。当采用挤压爆破时，补偿空间数量要小于松散爆破。

16.2.2 浅孔拉底

拉底和劈漏的施工，按矿体厚度不同，采用下列三种方法：

（1）不留底柱的拉底方法。不留底柱时，广泛使用人工假底的底部结构，其切割步骤见图16-8。

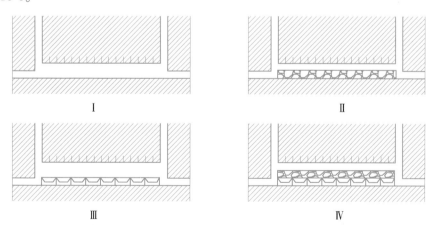

图 16-8 人工假底拉底步骤

1）在阶段运输巷道中打上向垂直炮孔，孔深 1.8~2.2m，所有炮孔一次爆破（图 16-8 中 Ⅰ）。

2）站在第一分层崩下的矿堆上，打第二层炮孔，孔深 1.5~1.6m（图 16-8 中Ⅱ）。然后将一分层崩下的矿石装运出去，同时架设人工假底（包括假巷和漏斗，图 16-8 中Ⅲ）。

3）在假底上铺设一层胶皮之类的弹性物质后，爆破第二分层炮孔；崩下的矿石从漏斗中放出一部分，平整和清理工作面，拉底工作即告完成（图 16-8 中Ⅳ）。

（2）有底柱拉底和辟漏同时进行的切割方法。这种切割方法，适用于矿脉厚度大于 2.5~3m 的条件，其切割步骤见图 16-9。

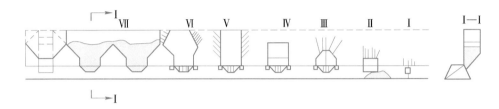

图 16-9　有底柱拉底和辟漏同时进行的切割方法

1）在运输巷道一侧以 40°~50°倾角，打第一次上向孔，其下部炮孔高度距巷道底板 1.2m，上部炮孔在巷道顶角线上，与漏斗侧的钢轨在同一垂直面上（图 16-9 中Ⅰ）。

2）爆破后站在矿堆上，一侧以 70°倾角打第二次上向孔（图 16-9 中Ⅱ）。第二次爆破后将矿石运出，架设工作台再打第三次上向孔。装好漏斗后爆破（图 16-9 中Ⅲ）并将矿石放出，继续打第四次上向孔（图 16-9 中Ⅳ），爆破后漏斗颈高可达 4~4.5m。

3）在漏斗颈上部以 45°倾角向四周打炮孔，扩大斗颈，最终使相邻斗颈连通，同时完成辟漏和拉底工作（图 16-9 中Ⅴ、Ⅵ、Ⅶ）。

（3）有底柱掘进拉底巷道的切割方法。适用于厚度较大的矿体。从运输巷道的一侧向上掘漏斗颈，从斗颈上部向两侧掘进高 2m 左右、宽 1.2~2m 的拉底巷道，直至矿房边界。同时，从拉底水平向下或从斗颈中向上打倾斜炮孔，将上部斗颈扩大成喇叭状的放矿漏斗（图 16-10）。

按上述切割方法形成的漏斗斜面倾角，一般为 45°~50°，每个漏斗担负的放矿面积为 30~40m²，最大不应超过 50m²。

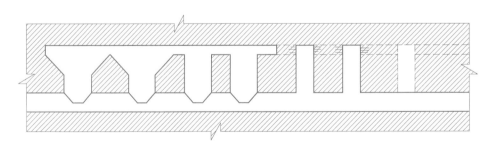

图 16-10　有底柱掘拉底平巷的切割方法补充俯视图

16.2.3　中深孔拉底

如图 16-11 所示，先在矿房底部一侧，用留矿法采出切割槽 1，然后在凿岩巷道 2 中，钻上向扇形中深孔 3 或深孔，爆破后形成拉底空间。随着扇形孔逐排爆破，超前向下辟漏，以便矿石溜入电耙道 4，由电耙耙运至溜井。

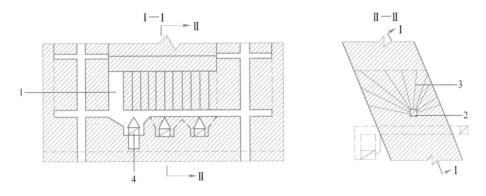

图 16-11 中深孔（深孔）拉底方法
1—切割槽；2—拉底凿岩巷道；3—中深孔炮孔；4—电耙巷道

垂直中深孔拉底方法具有效率高、作业安全等优点；但对底柱的破坏性较大，矿石和围岩很稳固时可以采用。水平中深孔拉底对底柱的影响较小，一般应用较多。

开掘补偿空间方法与矿石稳固性有关。

（1）矿石稳固时首先用中深孔拉底。在拉底水平开掘横巷和平巷，钻凿水平中深孔，最小抵抗线为 1.2~1.5m，每排布置 3 个炮孔，利用拉底平巷或横巷为自由面。每次爆破 3~5 排炮孔，形成拉底空间（图 16-12）。

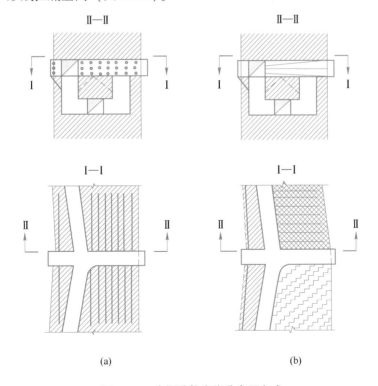

(a)   (b)

图 16-12 中深孔拉底炮孔布置方式

拉底后爆破上面的水平炮孔，放出崩落的矿石，形成足够的补偿空间后，再进行大爆破，崩落上面全部矿石。

在稳固矿石中也可采用中深孔爆破，一次完成开掘补偿空间工作。在拉底水平根据矿块尺寸开掘数条平巷，自平巷钻凿立面扇形炮孔，炮孔深度根据补偿空间高度和平巷间距确定。在一端开掘立槽作为自由面，逐次爆破并放出矿石形成补偿空间。

（2）当补偿空间高度不大于 4m 时，也可用浅孔拉底并挑顶形成补偿空间。

在邻接采空区的一侧要留有隔离矿柱。此外，当拉底面积大或矿石不够稳固时，也可以在拉底范围内留临时矿柱，此矿柱可与上面矿石一起爆破。

16.2.4　切割拉槽

开掘的切割槽质量，直接影响矿房落矿效果和矿石损失、贫化的大小。开掘切割槽的方法有浅孔留矿拉槽法、切割井拉槽法、无切割井拉槽法和堑沟拉槽法。

16.2.4.1　浅孔留矿拉槽法

在拉槽部位用浅孔留矿法上采，切割天井作为通风人行天井，采下矿石从漏斗溜到电耙巷道，大量放矿后便形成切割槽。切割槽宽度为 2.5~3m。此法易于保证切割槽的规格，但效率低，劳动强度大。

16.2.4.2　切割井拉槽法

切割井拉槽法是指通过施工切割井提供切割槽形成时垂直方向的自由空间。根据是否需要切割巷道的配合，又分为切割巷道与切割井联合拉槽、单切割井拉槽法两种形式。

（1）切割巷道与切割井联合拉槽法。如图 16-13 所示，拉槽时先掘切割巷道，在切割巷道中打上向平行中深孔，以切割天井为自由面，爆破后形成立槽。切割槽炮孔，可以逐排爆破、多排同次爆破或全部炮孔一次爆破。为简化拉槽工序，目前多采用多排同次爆破。

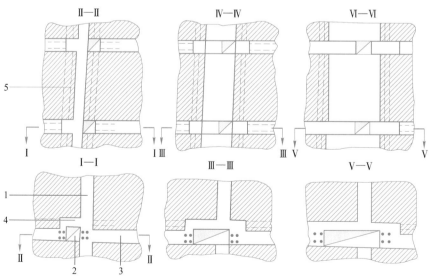

图 16-13　切割井与切割巷联合拉槽法

1—分段巷道；2—切割天井；3—切割巷道；4—环形进路；5—中深孔

（2）无切割巷的切割天井拉槽法。这种拉槽法如图 16-14 所示。此法不需要掘进切割平巷，只在回采巷道端部掘进断面为 1.5m×2.5m 的切割天井，天井短边距回采巷道端部留有 1~2m 距离，以利于台车凿岩；天井长边平行回采巷道中心线；在切割天井两侧各打 3 排炮孔，微差爆破，一次成槽。

该法灵活性较大、适应性强，并且不受相邻回采巷道切割槽质量的影响。沿矿体走向布置回采巷道时，多用该法开掘切割槽。垂直矿体走向布置回采巷道时，由于开掘天井太多，在实际中使用效果不如切割巷道和切割天井联合拉槽方法。

（3）水平深孔拉槽法。如图 16-15 所示，拉底后在切割天井中打水平扇形中深孔（或深孔），分层爆破后形成切割槽，其宽度为 5~8m。这种拉槽方法，由于拉槽宽度较大，爆破夹制性较小，容易保证拉槽质量。此外，用深孔落矿效率较高，作业条件较好。但在天井中施工水平深孔难度较大。

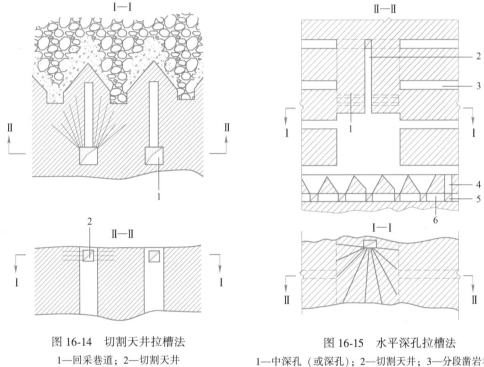

图 16-14　切割天井拉槽法
1—回采巷道；2—切割天井

图 16-15　水平深孔拉槽法
1—中深孔（或深孔）；2—切割天井；3—分段凿岩巷道；
4—漏斗颈；5—斗穿；6—电耙巷道

（4）切割井钻机辅助拉槽法。切割井钻机 BBM（boxhole boring machine，图 16-16）技术用于快速而安全地建设垂直或带有倾斜角度的井筒。切割井钻机技术适用于稳定的岩层，钻进直径最大 1.8m，最大钻进长度 70m。BBM 技术可以提高作业安全性，提高生产效率。

国内首台（套）履带行走式切割槽天井钻机已经研发成功并投入应用，如图 16-17 所示。该设备机动性好，不需浇注基础，转场安装快捷，作业安全高效；采用牙轮钻头可向上和向下快速准确地钻凿各类大直径深孔，高度智能，有安全保护功能；作业安全高效，完全能够满足各类地下矿山切割槽施工工艺需求。钻机作业全过程都采用机械化，可自动作业，自动寻位、自动加压、自动换挡、自动寻优，且有两种作业模式（恒速模式和恒

图 16-16 切割井钻机

压模式）可选择，对比传统钻机，大大降低了工人的劳动强度，减少了作业人数，智能数据感知，安全可靠。

图 16-17 国产 BBM 切割槽天井钻机

切割井钻机可以穿凿出直径为 670mm 的钻孔，孔深在 60m 以下。采用切割井钻机穿凿钻孔，作为补偿空间，辅助一次成井技术，可以替代切割井施工，提高切割槽施工效率，降低作业风险。

16.2.4.3 无切割井拉槽法

该种拉槽法特点是不开掘切割天井，故有"无切割井拉槽法"之称。此法仅在回采巷道或切割巷道中，凿若干排角度不同的扇形炮孔，一次或分次爆破形成切割槽。

（1）楔形掏槽一次爆破拉槽法。如图 16-18（a）所示，这种拉槽法是指在切割平巷中，凿 4 排角度逐渐增大的扇形炮孔，然后用微差爆破一次形成切割槽。这种拉槽法在矿石不稳固或不便于掘进切割天井的地方使用最合适。

（2）分次爆破拉槽。如图 16-18（b）所示，在回采巷道端部 4~5m 处，凿 8 排扇形炮孔，每排 7 个孔，按排分次爆破，这相当于形成切割天井。此外，为了保证切割槽的面积和形状，还布置 9、10、11 三排切割孔，其布置方式相当于切割天井拉槽法。该拉槽法也适用于矿石比较破碎的条件下，在实际中用得不多。

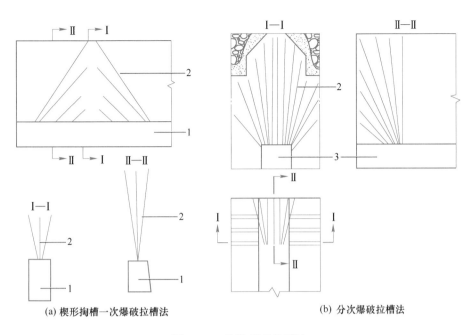

图 16-18 炮孔爆破拉槽法

1—切割巷道；2—炮孔；3—回采巷道

16.2.4.4 堑沟拉槽法

堑沟受矿结构适用于中厚以上矿体的采场底部出矿需求。堑沟施工与回采爆破的切割槽施工可以分次实施，也可以同次不同段实施。堑沟施工是在堑沟巷道内钻凿上向扇形中深孔（图 16-19），与落矿同次分段爆破而成。堑沟炮孔爆破的夹制性较大，所以常把扇

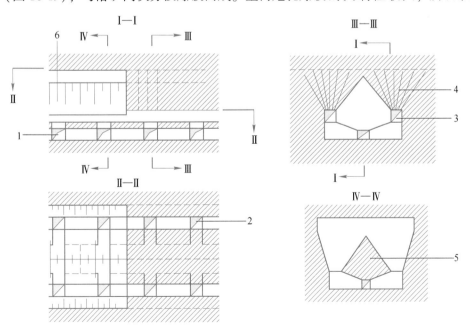

图 16-19 堑沟结构

1—电耙道；2—放矿口；3—堑沟巷道；4—中深孔；5—桃形矿柱；6—堑沟坡面

形孔两侧的炮孔适当地加密。靠电耙道一侧边孔倾角通常不小于55°。为了减少堵塞次数和降低堵塞高度，在耙道的另一侧钻凿1~2个短炮孔，短炮孔倾角控制在20°左右。

堑沟拉槽法有工艺简单、工作安全、效率高且容易保证质量等优点，所以使用得比较普遍。但堑沟对底柱切割较大，且堑沟爆破的作用强，故底部结构稳固性会受到一定影响。

开凿切割立槽是为了给落矿堑沟开掘自由面和提供补偿空间。根据切割井和切割巷道的相互位置不同，切割立槽的开掘方法可分为"八"字形拉槽法和"丁"字形拉槽法两种（图16-20）。

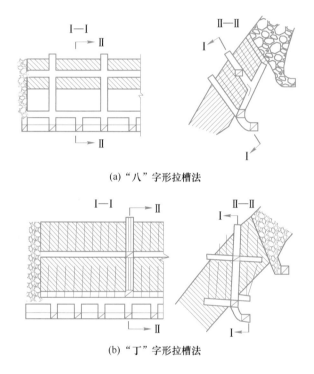

(a) "八"字形拉槽法

(b) "丁"字形拉槽法

图16-20　切割立槽的开掘方法

（1）"八"字形拉槽法。如图16-20（a）所示，多用于中厚以上的倾斜矿体。从堑沟按预定的切割槽轮廓，掘进两条方向相反的倾斜天井，两井组成一个倒"八"字形。紧靠下盘的天井用作凿岩，另一条天井则作为爆破的自由面和补偿空间。自凿岩天井钻凿平行另一条天井的中深孔，爆破这些炮孔后便形成切割槽。

这种切割方法具有工程量少、炮孔利用率高、废石切割量小等优点，但凿岩工作条件不好，工效较低。

（2）"丁"字形拉槽法。如图16-20（b）所示，掘进切割横巷和切割井，切割横巷和切割井组成一个倒"丁"字形。自切割横巷钻凿平行于切割井的上向垂直平行中深孔。以切割井为自由面和补偿空间，爆破这些炮孔则形成切割立槽。

切割巷道的断面通常取决于所使用的凿岩设备，长度取决于切割槽的范围。切割井位置通常根据矿石的稳固性、出矿条件、天井两侧炮孔排数等因素确定。"丁"字形拉槽法可应用于各种厚度和各种倾角的矿体中。对比前种方法，该法凿岩条件好，操作方便，在实际中应用得较多。

切割槽的形成步骤有两种：

（1）形成切割槽之后进行落矿。优点是能直接观察切割槽的形成质量，并能及时弥补其缺陷。缺点是对矿岩稳固性要求高，也容易造成因补偿空间过于集中，不能很好地发挥挤压爆破作用，在实践中使用不多。

（2）形成切割槽与落矿同次分段爆破。优缺点恰与上述相反，为当前大多数矿山所应用。

切割槽应垂直于矿体走向，布置在爆破区段的适中位置，使补偿空间尽量分布均匀，此外，应布置在矿体厚大或转折和稳固性较好的部位。

习　　题

1　名词解释

（1）采准系数；（2）采准工作比重；（3）松散系数；（4）补偿空间。

2　简答题

（1）简述采准巷道包括的工程类型。

（2）简述浅孔拉底的三种方法。

（3）简述中深孔拉槽的四种方法。

3　绘图题

（1）绘制切割巷道与切割井联合拉槽法示意图。

（2）绘制无切割巷道切割天井拉槽法示意图。

4　扩展阅读

[1] 李子明. 中关铁矿分段采矿法底部结构切割槽施工工艺优化 [J]. 现代矿业，2021，37（11）：80-82.

[2] 刘小强. CY-R40C切割槽天井钻机在李楼铁矿的应用 [J]. 现代矿业，2020，36（5）：169-171，197.

[3] 姜福允，皇甫风成. 中深孔辅助切割槽天井钻机一次爆破成井技术应用实例 [J]. 新疆有色金属，2019，42（2）：63-65.

[4] 王欢，黄华桃，龚清田，等. 聚矿槽切割槽一次成槽技术在普朗铜矿的应用 [J]. 中国矿山工程，2019，48（1）：64-67，71.

[5] 罗佳，柳小胜，宋嘉栋，等. 地下采矿切割槽形成技术研究 [J]. 有色金属（矿山部分），2015，67（6）：14-19.

[6] 曾宪文. 对地下采准工作量指标的看法 [J]. 化工矿山技术，1982（6）：61.

17 落　矿

本章课件

本章提要

本章主要介绍常见落矿方法，重点讲解钻爆法中浅孔落矿、中深孔落矿、深孔落矿三种方式，详细讲解了每种落矿方法中炮孔布置、凿岩设备、施工过程和使用条件。本章可为学习典型采矿方法的回采部分提供支撑。

17.1　落　矿　方　法

17.1.1　落矿方法

回采工作中，将矿石从矿体分离下来并破碎成一定块度的过程，称为落矿。

对落矿的要求是：工作安全；在设计范围内崩矿完全，而对外部破坏最小；矿石破碎块度均匀，尽量减少二次破碎的大块；满足矿块生产能力的要求；落矿费用最低。

大多数金属矿床矿石坚硬（坚硬和硬矿石占72%），通常采用凿岩爆破方法落矿，也称为钻爆法落矿。此外，还有机械落矿、水力落矿和溶解落矿等。机械落矿仅在中硬以下的软岩石中使用。水力落矿是指利用高压水射流，将脆而软的矿石击落，再用水或其他方式运出破碎的矿石。溶解落矿是指利用水作溶剂，将有用矿物溶于水中，运出水溶液，再从中将有用矿物分离出来，开采岩盐矿就经常利用这种方法。

17.1.2　钻爆法落矿

17.1.2.1　钻爆法工序费用

钻爆法是中硬以上矿石落矿的基本方法。在中硬矿石中，应用爆能较低的炸药；在硬矿石中，应完善凿岩工具和方法，使用能产生最大破碎效果、爆能较高的炸药。

17.1.2.2　钻爆法评价技术指标及其影响因素

评价落矿的技术经济效果，常用下列指标：

（1）凿岩工劳动生产率，以崩矿量表示，单位是 t/工班或 m^3/工班。

（2）每米炮孔（浅孔或深孔）崩矿量，以 m^3/m 或 t/m 表示，它的倒数为单位凿岩消耗量 m/m^3 或 m/t。

（3）单位炸药消耗量是指爆破单位矿石所消耗的炸药量，单位是 kg/t 或 kg/m^3。

（4）不合格大块产出率，以质量百分数表示。

影响崩矿指标的主要因素有以下几种：

（1）矿石坚固性。一般单位炸药消耗量和单位凿岩消耗量与矿石坚固性几乎成正比，随矿石坚固性增加，凿岩速度也明显地降低。矿石的坚固性不同，凿岩工劳动生产率定额应有相应的差异。

（2）矿石的裂隙性。具有密集裂隙（间距小于 0.5~1.0m）的矿石，在凿岩爆破工作量不大时，仍能获得良好的破碎效果。相反，裂隙间距较大时，即使加密炮孔，也会产生大量的大块。

（3）矿体厚度。矿体厚度对崩矿效率有重要影响。窄工作面凿岩的孔数，一般高于宽工作面，每米炮孔崩矿量少、单位炸药消耗量多。这是由爆破夹制性及边孔崩矿量小所致。考虑避免夹制性及减少矿石损失和贫化等要求，各种落矿方法适合的最小矿体厚度为：浅孔落矿时为 0.4~0.5m；中深孔和深孔落矿时为 5~8m；药室落矿时为 10~15m。

（4）自由面数目。与巷道掘进不同，回采时工作面常有 2 个、3 个，甚至 4 个自由面。增加自由面数目，可以降低需要的炮孔数目，减少炸药消耗量。随工作面宽度增加，自由面数目对落矿效率的影响也减小。

17.1.2.3　钻爆法分类

凿岩爆破方法落矿又可分为浅孔落矿、中深孔落矿、深孔落矿和药室落矿四种。

（1）浅孔落矿。使用轻型凿岩机凿孔，炮孔孔径小于 50mm，孔深小于 5m。

（2）中深孔落矿。使用中型或重型凿岩机和接杆钻凿中深孔。炮孔孔径为 50~90mm（最大可大于 100mm），孔深 5~20m。

（3）深孔落矿。使用专用钻机钻孔，炮孔孔径大于 90mm，孔深大于 20m。这种落矿方法的推广，对采矿方法开采参数产生了重要影响，显著地提高了落矿效率。

（4）药室落矿。在矿体中掘进专用的巷道和硐室，进行集中装药落矿。这种落矿方法，由于巷道工程量大、崩矿块度不均匀（易产生大块和粉矿）、作业条件恶劣，除极坚硬的矿石外，目前已很少使用。

17.2　浅　孔　落　矿

17.2.1　浅孔落矿定义

相对巷道掘进，回采时浅孔落矿的最大特点就是与采矿方法相结合，与回采工艺密切相关；浅孔落矿的自由面至少有两个，在一个自由面上凿孔，向另一个自由面方向崩矿。

17.2.2　浅孔落矿爆破设计

17.2.2.1　浅孔布置形式

浅孔落矿的炮孔布置形式主要有垂直孔和水平孔两种，布置方式有平行排列和交错排列。交错排列时，爆破能量在矿体中分布比较均匀，爆破块度较为均匀，且采幅较窄时，交错排列效果较好，应优先采用。平行排列常用于矿石和围岩不易分离或接触界线不明显、采幅较宽的矿体。

在开采缓倾斜薄矿体时（矿体厚度小于 2.5~3m），用单层回采，一般凿水平炮孔（图 17-1（a））。缓倾斜中厚矿体，则需分层回采，采用下向梯段或上向梯段工作面（图 17-1（b）（c））。开采急倾斜矿体时，可采用下向分层回采（图 17-1（d））或上向分层回采（图 17-1（e））。

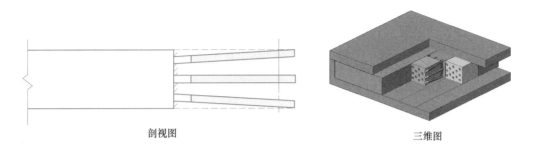

剖视图　　　　　　　　　　三维图

(a) 单层回采水平炮孔(纵剖面图)

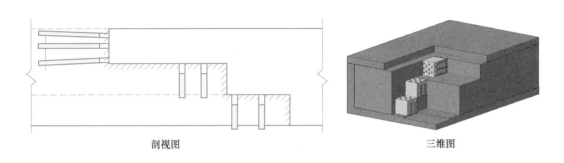

剖视图　　　　　　　　　　三维图

(b) 下向梯段和上向梯段工作面(横剖面图)

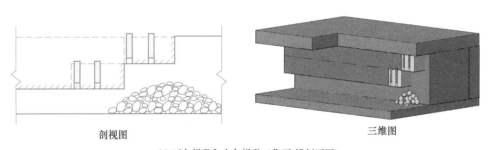

剖视图　　　　　　　　　　三维图

(c) 下向梯段和上向梯段工作面(横剖面图)

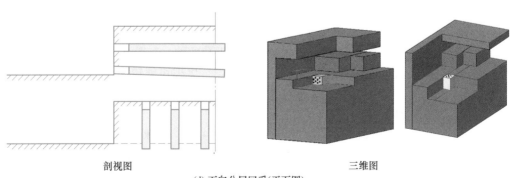

剖视图　　　　　　　　　　三维图

(d) 下向分层回采(平面图)

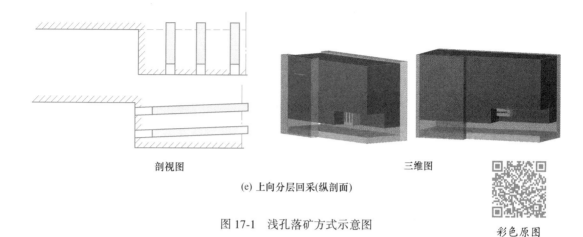

剖视图　　　　　　　　　　　　　　　　三维图

(e) 上向分层回采(纵剖面)

图 17-1　浅孔落矿方式示意图

彩色原图

水平炮孔落矿，爆破后工作面顶板较平整，但同时爆破的炮孔数量受限制；此法在矿石稳固性较差时应用。上向垂直炮孔落矿，凿岩工作线长，允许同时爆破孔数多，落矿量大，但矿石顶板不规整，易形成浮石。因此，这种落矿方式，在较稳固的矿石中才能采用。炮孔布置方向，应尽量与矿体层理和裂隙面垂直，以提高破碎质量，减少大块产出率。

17.2.2.2　炮孔直径和深度

炮孔直径一般为 38~42mm。药卷直径一般为 32mm。

常用炮孔深度为 1.5~3.5m。垂直炮孔一般应按一次落矿分层高度确定，水平炮孔一般应按一次落矿宽度或采幅宽度确定。当矿体较薄和形状不规则，矿岩也不稳固时，应取小值，以便控制采幅，降低矿石损失与贫化。

炮孔的深度和直径，是影响落矿效果的重要因素。增加炮孔深度和直径，可减少每立方米矿石所需炮孔长度，增加爆破能的利用。

在一定的矿床地质条件下，炮孔深度和直径有一个合理的范围。当矿体厚度小，围岩不稳固时，深孔大直径爆破，常使工作面工作不安全，而且会增加矿石的损失与贫化。此时，采用小直径浅孔爆破，能获得良好的效果。

炮孔排列形式根据矿脉厚度和矿岩分离的难易程度确定。目前常用的排列形式有下列几种：

（1）"一"字形排列。这种排列方式用于矿石可爆性较好，矿石与围岩容易分离，矿脉厚度小于 0.7m（图 17-2（a））的条件。

（2）平行排列。这种排列方式适用于矿石坚硬，矿体与围岩接触界线不明显或难以分离的厚度较大的矿脉（图 17-2（b））。

（3）"之"字形排列。这种排列方式适用于矿石爆破性较好，矿脉厚度为 0.7~1.2m 的条件下。这种炮孔布置，能较好地控制采幅的宽度（图 17-2（c））。

（4）交错排列。这种排列方式用于矿石坚硬、厚度大的矿体。用这种布置方法崩下的矿石，块度均匀，在生产中使用非常广泛（图 17-2（d））。

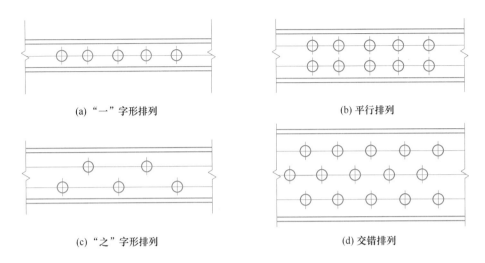

(a) "一"字形排列

(b) 平行排列

(c) "之"字形排列

(d) 交错排列

图 17-2 炮孔排列形式

17.2.2.3 炮孔排距

$$W = (25 \sim 30)d \tag{17-1}$$

式中，W 为最小抵抗线，mm；d 为炮孔直径，mm。

当 W 过大时，会降低破碎质量，大块多；过小时，则使矿石过度粉碎，既增加了凿岩成本，浪费爆破器材，也给易氧化、易黏结矿石的装运工作带来困难。

通常情况下，炮孔平均直径为 40mm，获得炮孔排距为 1.0~1.2m。

17.2.3 浅孔凿岩施工

施工浅孔凿岩水平或微倾斜炮孔，一般用手持式或气腿式凿岩机，如 YT28 等；上向垂直炮孔用伸缩式凿岩机，如 YSP45 等。钎头直径一般为 30~46mm，最小抵抗线为钎头直径的 25~30 倍。

如图 17-3（a）所示，YT28 气腿式凿岩机，属于风动浅孔凿岩设备，工作气压 0.63MPa，水压 0.2MPa，冲击频率不小于 37Hz，凿岩速度 470mm/min，通常外形尺寸为 670mm×240mm×210mm，整机质量 28kg。该机适宜穿凿直径为 34~42mm，深度在 5m 以下的浅孔。上述技术指标随着凿岩设备厂家不同而有所不同。

近年来广泛采用自行凿岩台车，如图 17-3（b）所示，在水平或近水平厚矿体中钻凿水平或微倾斜炮孔，不仅显著地提高了凿岩效率，同时也大大改善了凿岩工作人员的劳动条件。单臂式凿岩台车属于电力驱动的液压凿岩设备，适合的钻孔直径为 27~45mm，钻孔深度为 2100~5500mm，凿岩速度为 0.8~2m/min。通常有履带式和轮式两种类型。用于掘进的凿岩台车，移动方便，凿岩效率高，凿岩机操作人员作业条件好，是目前井下凿岩的主要使用设备。

17.2.4 浅孔落矿评价

浅孔落矿方法适用于厚度在 5~8m 以下的不规则矿体，可使矿体与围岩接触面处的矿石回采率达到最高，而贫化最小。此外，矿石破碎良好，大块产出率低，然而，浅孔落矿

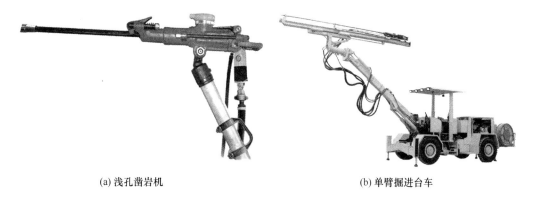

(a) 浅孔凿岩机　　　　　　　　　　(b) 单臂掘进台车

图 17-3　浅孔凿岩设备

在顶板暴露面下作业，工作安全性差、粉尘高、每次爆破矿石量少，生产能力小。

17.3　中深孔落矿

17.3.1　中深孔落矿定义

使用中型和重型接杆式凿岩机钻凿中深孔。炮孔孔径最大可大于 100mm，孔深 5~20m。

中深孔落矿，于 1954 年在我国首先使用，之后迅速得到推广。这种落矿方法，引起了采矿方法的改革，提高了矿块的生产能力，改善了劳动生产条件。

17.3.2　适用条件

中深孔落矿适用于矿体中厚以上、矿岩界限相对规则的矿体开采。如果矿岩界限变化较大，中深孔落矿则极易带来较大的损失与贫化。中深孔落矿采矿方法主要应用于大规模采矿方法，如分段矿房法、分段凿岩的阶段空场法、无底柱分段崩落法和有底柱分段崩落法。

17.3.3　布置形式

（1）炮孔布置形式。炮孔布置方式一般有扇形布置和水平布置两种。

扇形布置中深孔，凿岩巷道掘进工程量小，炮孔布置灵活，钻孔设备移动次数少，扇形孔呈放射状排列，孔口间距小而孔底距较大，崩落矿石块度不均匀。平行布置中深孔，主要用于矿体规整、要求矿石块度均匀的场合。

国内主要采用上向中深孔，其中上向扇形炮孔应用较多（图 17-4），主要用于回采落矿；上向平行孔主要用于切割槽拉槽爆破。

上向扇形孔爆破设计，在设计爆破范围内，以凿岩巷道中所确定的凿岩中心为起点，作放射状布置，先布置边角孔（图 17-5 中 1、4、8、11 孔），再按选用的孔间距均匀地添布其余炮孔，或先布置中央炮孔，后对称布置两边炮孔（图 17-5 中 6、5、7、9、3、10、2）。

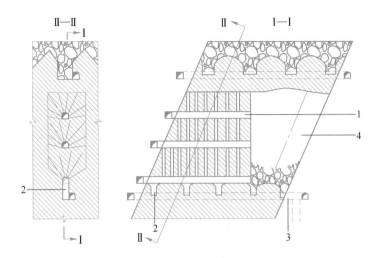

图 17-4　上向扇形中深孔布置

1—凿岩巷道；2—放矿漏斗；3—电耙巷道；4—切割立槽范围

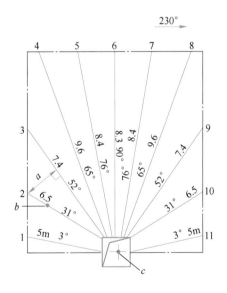

图 17-5　炮孔布置方法

a—孔底距；b—炮孔；c—凿岩中心

（2）中深孔爆破炮孔排距。炮孔排距通常等于最小抵抗线，一般为炮孔直径 d 的 25~30 倍。最小抵抗线 W，也可用下式求出：

$$W = d\sqrt{\frac{7.85\Delta\eta}{mq}} \tag{17-2}$$

式中，d 为炮孔直径，mm；Δ 为装药密度，g/cm^3；η 为装药系数，$\eta = 0.7 \sim 0.8$；m 为中深孔密集系数（近系数），$m = 0.8 \sim 1.2$；q 为单位炸药消耗量，g/cm^3。

（3）中深孔爆破炮孔间距 a。炮孔间距 a 是指同排内相邻炮孔的距离，扇形孔用孔底距 a 表示。孔底距一般为最小抵抗线的 0.8~1.2 倍，即 $a = (0.8 \sim 1.2)W$。孔底距 a 也可用下式计算：

$$a = mW \tag{17-3}$$

式中，m 为密集系数（邻近系数），一般取 $0.8 \sim 1.2$，对于扇形孔底，m 值可增大到 $1.5 \sim 3.0$；W 为最小抵抗线，m。

（4）炸药单耗。炸药单耗与矿石性质、炸药性能、炮孔直径和深度、采幅宽度等因素有关。常用井下爆破炸药单耗见表 17-1。

表 17-1　常用井下爆破炸药单耗

岩石硬度系数 f	<8	$8 \sim 10$	$10 \sim 15$
炸药单耗/$kg \cdot m^{-3}$	$0.26 \sim 1.0$	$1.2 \sim 1.6$	$1.6 \sim 2.6$

（5）中深孔一次爆破总装药量。用下式计算：

$$Q = qABL \tag{17-4}$$

式中，Q 为采场一次爆破总装药量，kg；q 为炸药单耗，kg/m^3；A 为采幅宽度，m；B 为一次崩矿总长度，m；L 为平均炮孔深度，m。

（6）起爆顺序及时间间隔。从自由面开始，采用排间延期或排内延期的起爆顺序，非电导爆管雷管起爆。以形成新自由面所需的时间来确定延期间隔时间，通常情况下，延期间隔时间为 $15 \sim 75ms$，常用 $25 \sim 30ms$。

（7）凿岩设备凿岩中心。底板到凿岩钻机放射盘中心的高度，一般为 $1.0 \sim 1.4m$，取决于凿岩设备。

（8）多巷道凿岩炮孔。多凿岩巷道布孔时，炮孔排面间应保持一定衔接关系。同排同段爆破的两条凿岩巷道（图 17-6），应使炮孔分布均匀，以减少大块的产出率。同排不同段（图 17-7（a））或既不同排又不同段（图 17-7（b））的炮孔衔接时，通常在相邻炮孔控制范围的边界，留 $0.8 \sim 1.0m$ 的间隔。在同一平面上的炮孔，若爆破方向互相垂直，其间应留 $1.0 \sim 1.5m$ 的间隔（图 17-7（c））。凡留有间隔带的地方，在其附近都需增设一排加强炮孔，以消除间隔带。

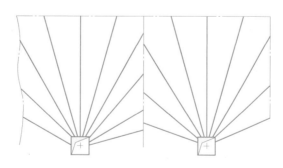

图 17-6　两条凿岩巷道同排同段炮孔布置

17.3.4　中深孔凿岩设备

中深孔凿岩通常使用 YGZ-90 等凿岩机。在我国矿山生产中，使用较多的是 YGZ-90 钻机和凿岩台车，如图 17-8 所示。

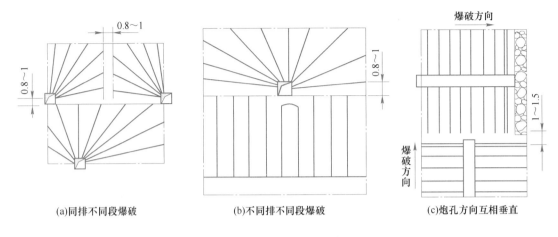

(a)同排不同段爆破　　　　　(b)不同排不同段爆破　　　　　(c)炮孔方向互相垂直

图 17-7　相邻炮孔间布置方法

(a) YGZ-90导轨式中深孔凿岩机　　　　　(b) 中深孔凿岩台车

图 17-8　中深孔凿岩设备

　　YGZ-90 型导轨式单独回转凿岩机是以压缩空气为动力的中深孔凿岩机具，主要用于井下采场钻凿上向平行或扇形炮孔；适用于巷道断面 2.2m×2.2m 到 2.7m×2.7m 的凿岩巷道。设备尺寸 1.7m×1.0m×2.0m，质量 600kg；工作气压 0.5～0.7MPa，水压 0.4～0.6MPa，接杆长度 0.8m，钻孔直径 50~80mm。采用 65mm "十" 字形合金钎头在 $f=8～18$ 级的矿岩中，凿岩速度 68cm/min，凿岩最大孔深 30m。YGZ-90 匹配的雪橇式台架由柱架、推进器、夹钎器、手摇绞车、操纵台等部分组成。对巷道断面要求较小，结构简单，制造容易，维修量小，利用凿岩机的正反转与夹钎器配合，可实现半机械化装卸钎杆。但移动、定位调整仍需手工操作。

　　凿岩台车是指将一台或几台凿岩机连同推进器安装在特制的钻臂上，并配以底盘，进行凿岩作业的设备，是在手持式凿岩机和拖式底盘基础车上发展起来的一种现代施工机械，如图 17-8（b）所示。凿岩台车具有车身小、结构紧凑、重心低、机动灵活、工作稳定、爬坡能力强等优点。如采用履带行走方式，可在 28°斜坡道上凿岩工作。钻孔作业采用电动工作，可大幅改善工作环境，降低噪声、粉尘和能耗，大幅提高施工效率和施工质量。凿岩台车对巷道的工作面、顶板、侧帮、底板均能凿岩作业。凿岩台车不仅能钻凿掘进炮孔,还能根据断面大小情况,很方便地钻凿锚杆孔。

随着智能化技术进步,智能化中深孔全液压凿岩台车处于研发和小范围实验阶段。该设备是以 PLC 群底层控制系统为支撑的高度智能化柔性化装备,其智能化功能主要体现在具备智能开孔、智能凿岩、智能防卡、包容寻优、频率匹配、岩石特性采集、自动接卸杆和异常工况处置。

17.3.5 中深孔落矿装药

目前我国金属矿山,中深孔落矿时广泛使用装药器装药,它是提高粉状炸药装药密度的有效措施(可将人工装药密度 $0.5 \sim 0.6 g/cm^3$ 提高到 $0.9 \sim 1.0 g/cm^3$)。常用的装药器有 BQF-100 型(图 17-9)。BQF-100 型装药器的装药量 100kg,工作风压 $0.25 \sim 0.45 MPa$,输药管内径 25mm 或 32mm,适应炮孔直径 $40 \sim 90 mm$,输药能力为 600kg/h,装药密度 $0.95 \sim 1.0 g/cm^3$,装药深度 $0 \sim 50 m$,设备自重约 85kg。

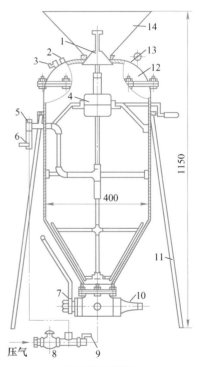

(a) 装药器实物图   (b) 装药器结构图

图 17-9　BQF-100 型装药器

1—下料钟;2—安全阀;3—放气阀;4—搅拌装置;5—调压阀;6—进气阀;7—底阀(给药阀);
8—总进风阀;9—吹气阀;10—输药嘴;11—支架;12—桶体;13—风压表;14—漏斗

当井下大气相对湿度大于 85% 时,用半导体输药管并使装药器接地,压气装药后再装入起爆药包等条件,完全可以保证装药安全。当输药管直径、工作风压、炸药粒度和湿度选取适合,操作配合熟练,使用装药器装药时的返粉率可控制在 5% 以下。

17.3.6　施工过程

应用中深孔落矿时，由于扇形布孔，炸药能量分布不均，爆破后容易产生大块。为了降低大块产出率，国内外出现一种小抵抗线爆破技术。它的实质是在保持孔网面积 $S = a \times W$（孔间距×最小抵抗线）和单位炸药消耗量 ρ 基本不变的情况下，减少最小抵抗线 W，增大孔间距 a，使炮孔的密集系数 $m(m = a/W)$ 为 3～6（普通爆破法 $m = 0.8 ～ 1.2$）。小抵抗线爆破，反射波能增强，增加自由面矿石的片裂作用，也加强了径向裂隙的延伸，为后排孔爆破创造良好的破碎条件。但是，减少抵抗线要有一个合理界限，抵抗线过小，不能保证有较大的破碎体积，甚至炮孔之间可能残留脊部矿石。我国试验研究表明，最佳的抵抗线应为一般爆破法抵抗线值的 0.5 倍左右。这种爆破技术，能显著地减少大块产出率，从而提高出矿效率，降低采矿成本。

17.3.7　评价

中深孔落矿是我国地下矿山应用极为广泛的落矿方法，是在分段巷道中凿岩和天井中凿岩的主要方法。提高这种落矿方法效率的途径是推广全液压凿岩台车，进一步提高机械化、自动化和智能化程度，为增加炮孔凿岩深度和凿岩效率创造良好条件。

17.4　深孔落矿

17.4.1　深孔落矿

孔径大于 80～250mm、孔深大于 20m 的炮孔被称为深孔。深孔落矿方法的出现，大大简化了采矿方法结构，减少了采准巷道工程量，提高了凿岩工劳动生产率，并为大量落矿创造了条件。

17.4.2　深孔落矿布置形式

17.4.2.1　深孔布置方式

深孔可按垂直、倾斜和水平三种方式布置，每种又可分扇形、平行或束状布孔（图 17-10）。

平行布置能充分利用深孔长度，炸药分布均匀，矿石破碎效果较好。缺点是掘进凿岩巷道工程量较大，需经常移动凿岩设备，辅助作业时间多。扇形布置时，凿岩巷道工程小，每个凿岩位置可钻若干（一个排面）深孔。但扇形布孔的总长度，比平行布孔要增加 50%～60%。目前扇形布置应用较为广泛，因为使用高效率的凿岩设备，增加的凿岩费用要比增加掘进凿岩巷道便宜得多。

束状布置，是指从一个凿岩硐室钻凿几排扇形深孔，如第一排的排面倾角为 5°～8°，第二排为 10°～15°，第三排为 50°～60°，使崩落矿石层厚达 6～8m。一般这种布孔用于崩落顶柱和间柱，而回采矿房应用很少。

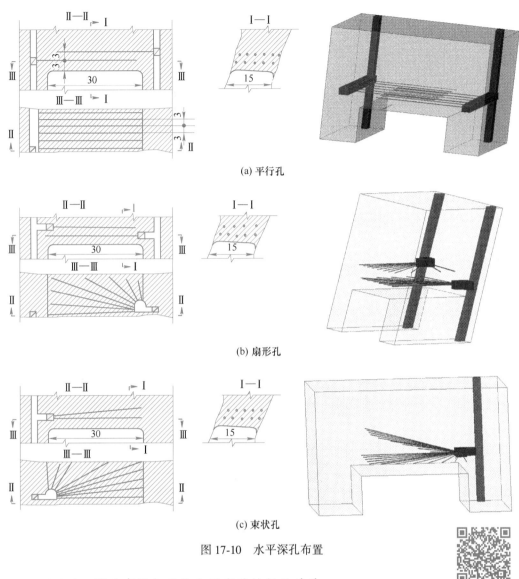

(a) 平行孔

(b) 扇形孔

(c) 束状孔

图 17-10　水平深孔布置

彩色原图

17.4.2.2　深孔布置与矿体和围岩的接触面关系

当接触面明显且容易分离时，凿岩硐室可布置在接触面内，孔底距上盘接触面 $10\sim20cm$，以防崩落围岩，增加矿石贫化。当接触面不明显时，凿岩硐室可布置在矿体下盘距下盘边界面 $0.5\sim1m$，将边孔布置在下盘接触面上，而孔底上向盘围岩超钻 $(0.2\sim0.4)W$（图 17-11）。为防止下盘接触面处残留矿石，应避免将凿岩硐室布置在上盘。

17.4.3　施工设备

深孔凿岩多利用潜孔钻机进行穿孔。潜孔钻机利用潜入孔底的冲击器与钻头对岩石进行冲击破碎（图 17-12）。潜孔凿岩的实质，是在凿岩过程中冲击器潜入孔内，以减小由于钎杆传递冲击功所造成的能量损失，从而减小孔深对凿岩效率的影响。

目前使用 YQ-100A 型潜孔钻机，可钻凿水平扇形深孔，钻头直径为 $95\sim105mm$，最

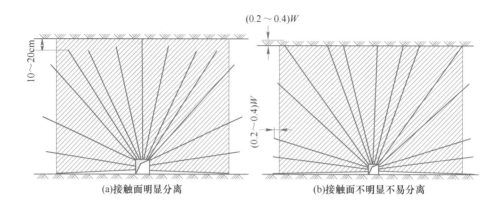

图 17-11 按矿体与围岩的接触面条件布置深孔

图 17-12 潜孔钻

小抵抗线为钎头直径的 25~35 倍。扇形孔的孔底距为 $(1~1.3)W$，孔深一般小于 25~30m。

地下高气压智能潜孔钻机是我国近年来开发的潜孔凿岩设备。在设备行走导航与炮孔定位技术、潜孔凿岩参数自动匹配及智能控制技术、自动防卡纠偏技术、多钻杆存储及智能化机械手技术、钻机智能控制与通信技术等技术研究基础上开发形成的地下高气压智能潜孔钻机，已实现自主行驶、全自动接卸杆、凿岩参数自动匹配、随钻参数自动采集、凿岩偏斜率自动控制、自动防卡杆等多项智能控制功能。

17.4.4 深孔落矿评价

和浅孔、中深孔落矿比较，深孔落矿可提高劳动生产率，减少采准工程量，改善劳动条件和工作安全性。但这种落矿方法大块产出率高，矿体与围岩接触面处矿石损失大（主要发生在下盘），矿石贫化高（主要来自上盘）。此外，应用深孔落矿时，要求矿体厚度大于 5~8m，形态规整，容易与围岩接触面分离。

17.5 二次破碎

爆破崩矿时，矿石破碎到适合放矿和运输条件的最大允许块度，叫作矿石合格块度。矿石合格块度决定于放矿巷道的断面，运搬、运输和提升矿石设备的类型和尺寸，提升前有无地下破碎装置等。

放矿巷道宽度与矿石块度横断面尺寸的比例，大致为1.8∶1~5∶1。对容易通过或在堵塞时容易排除的放矿巷道部位，选取较小数值；相反，影响整个矿山或其区段生产能力，而又难于处理的地方（如主溜井），取4∶1或更高的数值。放矿巷道、运搬和运输设备最大允许的矿石块度，变化在250~300mm到800~1000mm。

大于合格块度尺寸的矿石块，称为不合格大块（简称大块），这部分矿石需要在放矿过程中进行二次破碎。不合格大块数量与全部崩落的矿石数量之比，称为不合格大块产出率（以重量百分比表示）。

不合格大块在矿石运搬过程中需进行破碎，称为二次破碎。矿石二次破碎费用与落矿方法有关：浅孔落矿时，二次破碎费用与落矿费用的百分比为20%~30%；深孔落矿时，一般大于50%。

矿石二次破碎地点：浅孔落矿时，在回采工作面和放矿闸门处或振动放矿机上；深孔落矿时，一般都在二次破碎巷道和放矿漏斗中。通过平底结构利用自行设备进行出矿时，通常在主溜井上方设置格筛处，进行二次破碎（图17-13）。

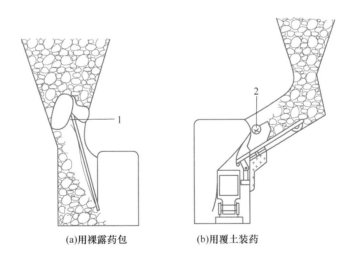

(a)用裸露药包   (b)用覆土装药

图17-13 二次破碎地点
1—排除漏斗堵塞；2—在振动放矿机上破碎大块

矿石二次破碎应通过穿孔爆破方法进行。在待爆破岩体上施工钻孔后，装入炸药进行爆破。在地下开采中，当在溜井等放矿结构中出现大块，无法穿孔爆破时，可以进行覆土爆破，即把药包放在待爆破的大块表面，通过药包起爆来破碎大块。覆土爆破法，工作简单、迅速，但炸药消耗量大，并且在放矿巷道中产生大量有毒气体，破碎的碎矿石四处飞散。此外，在溜井格筛上方进行大块破碎时，可以利用机械破碎装置进行破碎，如破碎锤（图 17-14）。

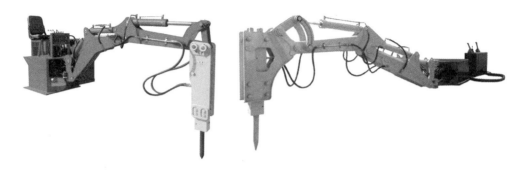

图 17-14　破碎锤

在矿块内对不合格大块进行二次破碎过程，会降低矿石运搬的生产能力，产生粉尘和有毒气体，污染工作环境，特别是处理大块堵塞漏斗时，工作十分危险，并且在漏口闸门中破碎大块，往往发生崩坏闸门和破坏电缆线等事故。可见不合格大块对回采过程的不良影响是十分严重的。

在溜井口上方，采用液压机械集中破碎时，由于破碎地点集中，在矿山信息化建设过程中，部分矿山已经实现了破碎机械远程控制，通过在地表建立远程控制室，实现大块的远程破碎。固定设备的远程操控，改善了操作者作业环境，减少了粉尘、噪声危害。随着岩块图像的自动识别技术的进步，未来溜井上方等固定地点大块破碎，可以实现自主破碎、无人操作，节省了劳动成本。

减少或者消除不合格大块产出率，是落矿和放矿过程的重要研究课题。目前，有两种途径解决这个问题：第一，改善落矿时矿石破碎质量；第二，采取必要的技术措施，增大矿石合格块度尺寸。

在一般情况下，增加落矿的单位炸药消耗量，能降低不合格大块产出率，从而减少二次破碎单位炸药消耗量。增加矿石合格块度尺寸，就要增大放矿巷道的断面尺寸、矿石运搬和运输设备的功率、矿车的规格以及设置地下破碎站等。实践表明，将合格块度从 400mm 增大到 800~1000mm，不合格大块数量，占比可降到 1/20~1/15。由于开采费用降低了，能在 2~4 年内收回基建投资。因此，在一些大型地下矿山，有增加矿石合格块度尺寸的趋势。

17.6　常用的采矿爆破设计分析软件

17.6.1　JKSimBlast 爆破模拟软件

JKSimBlast 是由澳大利亚昆士兰大学 JKTech 研发的一款用于爆破设计、分析以及管理的模块化软件。该软件主要模块包括 2DBench、2DRing 和 2DFace，分别适用于露天开采、地下开采和井巷掘进爆破设计。还有 JKBMS、2DView、TimeHex 等辅助模块，分别用于爆破数据管理、爆炸扩展分析，以及延时扩展分析。

2DBench 用于台阶爆破参数设计优化以及爆破效果分析，可完成从炮孔布置到效果分析的整个爆破模拟流程（图 17-15）。其功能包括允许用户通过逐行、沿线、多边形填充或文本导入等方式创建炮孔，并通过调整孔口或孔底位置修改炮孔；通过长度、质量、百分比等方式装填炮孔，以及长度、高度等方式设置孔内延时；通过设置连接块长度、点燃时间、雷管延时时间、炸药爆速精准控制爆破时间；通过成本、质量等多种指标分析及检查爆破设计；通过最大单段装药量、能量分布等多种工具评价及优化爆破效果。

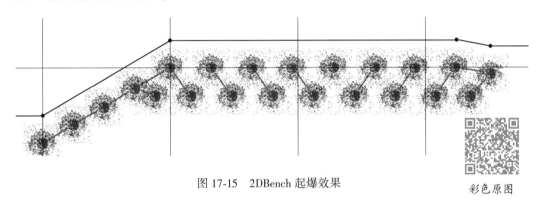

图 17-15　2DBench 起爆效果

彩色原图

依据用途不同，2DBench 中的分析工具分为两大类：一类用于爆破过程中的振动等危害分析，另一类用于爆破后的爆破效果评价。其中，岩体损伤工具将爆破振动与岩体形变相互联系，通常用于评估岩体损伤程度；块度分析工具通常用于预测爆破后的块度分布，并可通过计算大块率直观地评价爆破效果。爆破危害控制分析工具主要指最大单段装药量，该工具可用于检查爆轰序列以及判断是否产生过度振动，以达到预测和控制爆破、保护边坡及重要构（建）筑物的目的。爆破效果评价分析工具包括能量分布、岩体损伤和块度分析。能量分布工具可通过三维静态或四维动态计算，能量密度或质量密度求解，并以不同单位显示（kg/t、kg/m^3、MJ/t、MJ/m^3 等），该工具可以评估炸药能量在平面或体积上的分布，通常用于优化孔网参数以及装药结构。

JKSimBlast 软件具备操作简单、爆破效果分析工具全面等特点，适用于矿山技术人员日常爆破设计与分析使用。

17.6.2　Aegis 爆破模拟软件

Aegis 是加拿大矿山爆破设计解决方案服务商 iRing 研发出的全新一代地下矿精准布孔爆破设计软件（图 17-16）。Aegis 通过匹配炸药能量和矿岩应力分布，同时，利用矿石特性和炸药性能，达到精确破碎的最佳爆破效果。

Aegis 包含地下矿山爆破设计和爆破模拟分析两个模块。根据用户输入参数，自动运行设计流程，可提供多个符合现场施工标准的不同爆破设计方案，用于评估爆破成本、矿石贫化率和爆破效果（块度等）的差异，进而选取最优的设计方案。Aegis 分析模块提供多种爆破效果模拟分析工具，以改善爆破效果，降低生产成本（图 17-17）。

爆破设计模块，根据用户自定义的钻孔和爆破参数，可快速自动完成整个采场的爆破设计。操作灵活，可以轻松调整整个采场、几个或单个炮孔布置、炮孔装药结构、装药

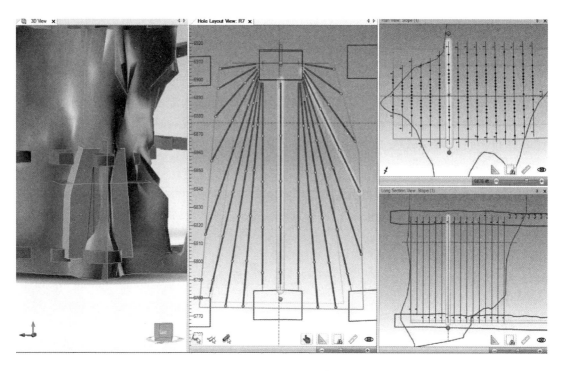

图 17-16　炮孔设计

量、起爆网络和起爆顺序，以满足实际需求。数据输出十分便捷，钻机型号、岩石类型、炸药和矿山信息存储在数据库中，可以获得完整的历史记录，完成成果报告。用途上十分广泛，支持切割槽、天井的设计，合并到爆破设计中。可自定义炮孔、装药报告及图纸输出打印格式。

彩色原图

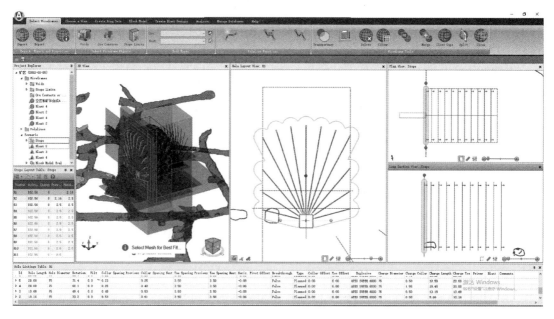

图 17-17　爆破范围分析

17.6.3 LS-DYNA 爆破分析软件

ANSYS/LS-DYNA 拥有目前世界上分析功能齐全的显式动力分析程序包，可以利用 ANSYS 的仿真分析环境进行模型的建立，还可以利用 ANSYS/LS-DYNA 自带求解器（LS-DYNA SOLVER）进行 K 文件的求解，其中，后处理模块可以运用专门为有限元动力仿真求解器 LS-DYNA 开发的后处理软件 LS-Prepost 进行数据分析。在爆炸分析模块，ANSYS/LS-DYNA 不但能够提供相应的炸药材料模型和状态方程，还能够模拟冲击波的传播过程和结构的瞬态响应过程（图 17-18）。

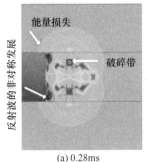   

(a) 0.28ms   (b) 0.40ms   (c) 2.00ms   (d) 9.00ms

图 17-18 不同微差时间的爆破裂隙分布

习 题

彩色原图

1 名词解释

（1）落矿；（2）单位炸药消耗量；（3）浅孔落矿；（4）中深孔落矿；（5）深孔落矿；（6）矿石合格块度；（7）大块产率。

2 简答题

（1）简述落矿的基本要求。

（2）简述凿岩爆破方法的分类。

（3）影响矿石合格块度的因素有哪些？

（4）影响崩矿指标的因素有哪些？

（5）简述深孔落矿的三种不同布孔形式及适用条件。

3 绘图题

（1）以孔距 1.0m，排距 1.2m，绘制浅孔落矿的炮孔布置设计图。

（2）以孔底距 1.8m，排距 1.5m，绘制扇形中深孔炮孔设计图，并列出炮孔和爆破参数。

4 扩展知识阅读

［1］周宗红，刘剑，许敏捷，等. 云南金平长安金矿中深孔凿岩爆破参数优化研究［J］. 化工矿物与加工，2021，50（4）：9-13.

［2］程平，郭进平，孙锋刚. 破碎矿体水平深孔落矿爆破试验研究［J］. 爆破，2020，37（3）：68-73.

［3］孙家驹，伍耀斌，韩强. 降低中深孔爆破大块率的研究与应用［J］. 中国矿山工程，2016，45（4）：45-48.

［4］陈何，孙忠铭. 束状孔大量高效采矿技术的开发与应用［J］. 金属矿山，2010（11）：1-4.

18 运　搬

本章课件

本章提要

　　本章重点讲解了重力运搬、电耙运搬、无轨设备运搬以及爆力运搬四种常用的运搬方式。从运搬方式的适用条件、工程布置、工艺过程、优缺点方面进行了详细介绍。本章内容的学习，可为典型采矿方法的底部结构设计提供支撑。

　　将回采崩落的矿石，从工作面运搬到运输水平的过程，称为矿石运搬。矿石运搬的效率，决定着回采强度的大小以及回采作业的集中程度。因此，对这项工作过程的基本要求，就是提高生产率和降低生产费用。

　　矿石运搬方法有重力运搬、机械运搬、爆力运搬和水力运搬等。前两种方法应用较多，爆力运搬应用范围有限，而水力运搬应用极少。机械运搬方法又分为电耙运搬、振动给矿机和输送机运搬与无轨设备运搬。矿石运搬方法和采矿方法密切相关，在采矿方法选择同时确定。

　　从回采工作面到运输水平的装矿点，完全依靠重力运搬矿石，只是在少数采矿方法中应用。通常，矿石在采场中靠重力溜放到采准巷道，然后用机械方法将矿石运搬到矿石溜井中，再靠重力装入矿车。溜井起暂时贮存矿石的作用，以减少运搬和阶段运输之间的相互影响。

　　采用自行设备，铲装采场自溜的矿石（或回采工作面的矿石），并运至井筒附近的溜井或直接运至地面，连续完成运搬、运输和提升等工作过程。

18.1　重力运搬

18.1.1　定义

　　回采崩落的矿石在重力作用下，沿采场溜至矿块底部放矿巷道，直接装入运输水平的矿车中。这种从落矿地点到运输巷道全程上的自重溜放矿石方法，称为重力运搬。

18.1.2　适用条件

　　在开采急倾斜薄和极薄矿脉时，重力运搬矿石方法应用非常广泛。采场矿石重力运搬方法的应用范围，主要受矿体倾角、矿石性质和回采工艺等因素的影响。当用空场采矿法时，矿体倾角一般不小于50°~55°，才能应用重力运搬；用崩落采矿法时，矿石能沿65°~80°的倾斜面借重力向下滚动。当矿体倾角小于上述数值时，应用重力运搬的条件是矿体厚度较大,可以在底板岩石中开掘放矿漏斗。

在采场中应用重力运搬,矿石从放矿口流出后,一种方式是通过机械运搬,再经放矿溜井中重力运搬;或者在回采工作面用机械运搬,再经放矿溜井中重力运搬,虽然其中部分过程也属重力运搬,但由于机械运搬为该过程的不可缺少的重要环节,故将这些运搬方法按其主要特点命名,如电耙运搬、自行设备运搬等。此时,在采场中重力运搬应用条件和全过程重力运搬相同。

通过溜井,借助重力运搬矿石,其倾角不小于 55°~60°;在个别情况下,如溜井上部不需贮存矿石时,这段溜井的倾角可为 45°~50°。

18.1.3 布置形式及结构参数

(1)漏斗放矿。经放矿漏斗和闸门放矿时,底柱高度一般为 5~8m,漏斗间距从 4~6m 至 6~8m,漏斗坡面角为 45°~50°。这种放矿结构简单,底柱矿量较少,但放矿能力较低,放矿闸门维修工作量大(图 18-1)。

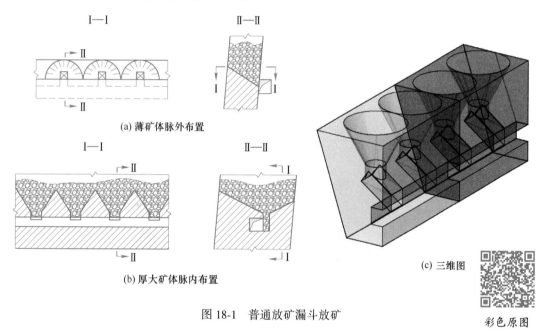

(a) 薄矿体脉外布置

(b) 厚大矿体脉内布置

(c) 三维图

彩色原图

图 18-1 普通放矿漏斗放矿

(2)人工漏斗放矿结构。人工构筑的放矿闸门,不留底柱,可提高矿石回采率,简化底部结构。适用于围岩和矿石均稳固的急倾斜极薄矿脉。

崩落矿石沿采场自重溜向矿块底部,经放矿漏斗和闸门装入矿车,或经人工架设的漏斗闸门装入矿车(图 18-2)。

(3)带格筛漏斗放矿结构。开采急倾斜厚矿体或缓倾斜极厚矿体时,某些情况下采用有格筛破碎硐室的重力运搬结构。其特点是崩落的矿石,借矿石自重沿采场溜至放矿漏斗,通过格筛硐室后,再溜至放矿溜井和闸门,装入运输巷道的矿车中(图 18-3)。从放矿漏斗流出的大块矿石,在格筛上进行二次破碎后,再流入放矿溜井中。

这种放矿结构,底柱高度为 12~18m,底柱矿量占全矿块矿量的 20%~30%。安装的格筛,应略向破碎硐室倾斜 2°~3°。从漏斗流出的矿石堆,不应超过格筛总面积的三分之

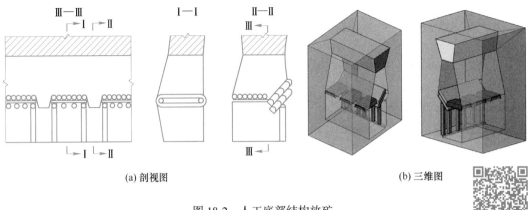

(a) 剖视图　　　　　　　　　(b) 三维图

图 18-2　人工底部结构放矿

彩色原图

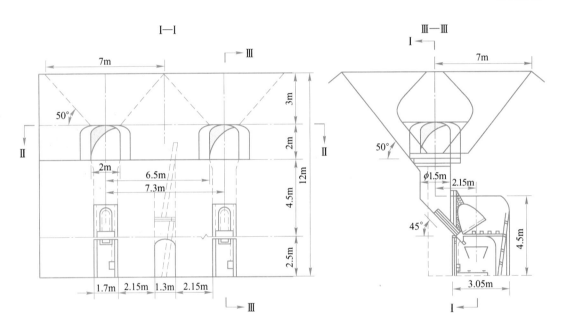

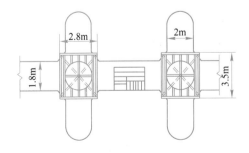

(a) 重力装矿系统三视图

彩色原图

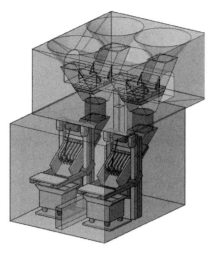

(b) 装矿系统三维模型

(c) 放矿格筛

图 18-3 有格筛破碎室的重力放矿结构

二, 格筛如图 18-3 (c) 所示。有格筛破碎硐室的重力运搬结构, 放矿能力大, 放矿成本低。但由于具有采准工作量大, 底柱矿量多, 以及放矿劳动条件恶劣等严重缺点, 目前仅在少数矿山使用。

18.2 电耙运搬

电耙运搬矿石, 目前在我国中小型矿山应用较为广泛。这是因为电耙具有构造简单、设备费用少、移动方便、坚固耐用、修理费用低和适用范围广等优点。电耙运搬的主要缺点是: 运矿工作间断, 钢绳磨损很大, 电能消耗较多, 矿石容易粉碎, 耙运距离增加时生产效率急剧下降。

电耙运搬矿石的使用条件是运搬距离一般为 10~60m。当使用小型电耙绞车时, 可减至 5~10m。

耙矿工作一般在水平或微倾斜的平面上进行; 在特殊需要时, 也可沿 25°~30° 倾角的底板向下或沿 10°~15° 倾角向上耙运。

电耙运行所经过的巷道或采场的高度不应小于 1.5~1.8m。在储量不大的缓倾斜矿体, 其厚度小于 1.5~2.0m, 且矿石稳固性差、地压大、巷道维护困难等条件下, 电耙运搬矿石方法更为适合。

在地下开采中, 电耙运搬矿石应用于采场时, 多沿采场底板耙运直接装车或耙运至溜井中 (图 18-4); 还可用于专门的耙矿巷道中, 将自重溜入巷道的矿石耙至溜井中或经装车平台直接耙入矿车中 (图 18-5)。

18.2.1 电耙设备

目前国内使用的电耙绞车功率为 5.5~55kW, 国外有 100kW 和 130kW 的绞车。在采

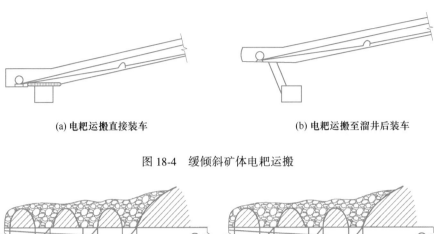

(a) 电耙运搬直接装车   (b) 电耙运搬至溜井后装车

图 18-4　缓倾斜矿体电耙运搬

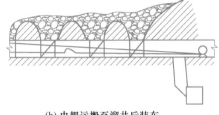

(a) 电耙运搬直接装车   (b) 电耙运搬至溜井后装车

(c) 电耙运搬三维模型

图 18-5　电耙运搬

准巷道掘进中用 5.5kW 或 7kW 的电耙绞车，在小采场中应用 14kW 或 28(30)kW 的电耙绞车，而在专用放矿巷道中用 28(30)kW、55kW 或更大的电耙绞车。电耙绞车分双绞筒和三绞筒两种，可根据耙运矿石方式选取（图 18-6）。

图 18-6　电耙耙斗和绞车

耙斗常为箱形和算形，每种又分刃板和刃齿两种形式。箱形耙斗用于耙运松软碎块矿石（图 18-7），坚硬矿石则用算形耙斗（图 18-8）。

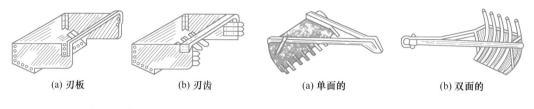

| (a) 刃板 | (b) 刃齿 | (a) 单面的 | (b) 双面的 |

图 18-7　箱形耙斗 　　　　　　　　　　图 18-8　算形耙斗

耙斗容积变化在 $0.1 \sim 0.6 m^3$，常用 $0.2 \sim 0.3 m^3$。耙运的矿石块度和耙斗容积关系，见表 18-1。国外耙斗容积可达 $2.0 m^3$，此时耙运矿石块度达 1200mm。

表 18-1　矿石块度和电耙绞车功率及耙斗容积关系

电耙绞车功率/kW	耙斗容积/m³	耙运矿石块度/mm
15	0.17~0.2	<400
28.30	0.3	<500
55	0.5~0.6	<650

为了将电耙尾绳悬起，一般应用滑轮。常用的滑轮直径为 $200 \sim 300mm$。电耙用钢丝绳直径为 $9 \sim 19mm$。

18.2.2　电耙运搬的生产率

电耙运搬的生产率取决于电耙绞车的功率、耙斗容积、耙运距离、矿石块度及漏斗堵塞次数和耙矿条件（水平、上坡或下坡）等因素。

缩短耙运距离能显著提高运搬的生产率，但是需要增加运输巷道、矿石溜井、漏口和移动电耙绞车的次数。因此，水平的耙运距离一般不超过 $40 \sim 50m$（最优距离在 $20 \sim 30m$ 以下），倾角小于 $25° \sim 30°$ 的倾斜向下耙运距离不超过 $50 \sim 60m$（最优在 $30 \sim 40m$ 以下）。目前我国地下矿山耙运距离一般为 $30 \sim 50m$，耙斗容积为 $0.2 \sim 0.5 m^3$，电耙绞车功率为 $15 \sim 55kW$，生产效率为 $150 \sim 500 t/d$。

据统计，电耙运搬的纯作业时间仅占 $30\% \sim 40\%$，二次破碎占 $30\% \sim 40\%$，设备故障占 $15\% \sim 25\%$，其他占 $15\% \sim 25\%$。因此，增加耙矿作业时间，减少二次破碎、设备故障及运输等的影响，是提高电耙运搬生产率的主要途径。

18.2.3　耙矿巷道和受矿巷道

采场中矿石借自重经受矿巷道，流入耙矿巷道。受矿巷道分为漏斗式、堑沟式和平底式三种形式。

（1）漏斗式受矿巷道。适用于各种矿石条件。由于对底柱切割较少，稳固性较好，是目前应用最广泛的受矿巷道形式（图 18-9）。底柱高度为 $8 \sim 15m$，底柱矿量占全矿块的 $16\% \sim 20\%$。漏斗间距为 $5 \sim 7m$，每个漏斗担负的放矿面积为 $30 \sim 50 m^2$，漏斗斜面角为 $45° \sim 55°$。

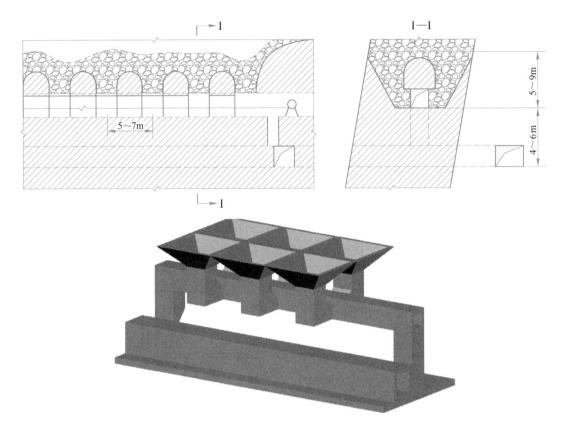

图 18-9 漏斗式受矿巷道

漏斗的形状有方形和圆形，对于受矿条件没有本质上的影响。为保证底柱的稳固性，漏斗颈和漏斗斜面的交点，应在电耙巷道顶板以上 1.5～2m。漏斗颈和斗穿的规格为 1.8m×1.8m 或 2m×2m。为减少漏斗堵塞，有些矿山加大到 2.5m×2m 或 2.5m×2.5m。漏斗颈与电耙巷道的关系，应使溜下的矿石自然堆积的斜面占耙道宽度的 1/2～2/3，此时电耙出矿最为有利（图 18-10）。

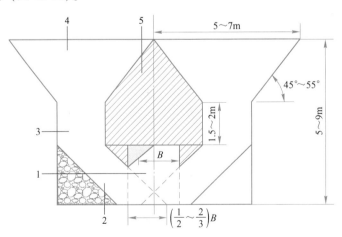

图 18-10 漏斗细部图

1—电耙巷道；2—斗穿；3—漏斗颈；4—漏斗；5—桃形矿柱

在电耙巷道两侧布置漏斗时，可对称或交错布置（图 18-11）。交错布置时，漏斗分布较均匀，漏斗脊部残留矿石少，对底柱破坏较小，流入耙道的矿堆高度较低，便于耙斗运行，故在实际中应用较多。但当用木棚或金属支架维护耙道时，耙道与斗穿交叉处支护困难，流入耙道的矿堆迫使耙斗折线运行，易将支护拉倒。

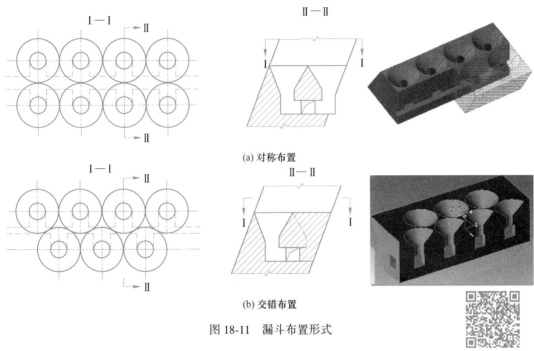

(a) 对称布置

(b) 交错布置

图 18-11 漏斗布置形式

（2）堑沟式受矿巷道。它将各漏斗沿纵向连通，形成一个"V"形槽（图 18-12）。这就把拉底和扩漏两项作业结合在一起，可用上向中深孔同时开凿，故能提高切割工作效率。但堑沟对底柱切割较多，降低了底柱的稳固性。因此，一般适用于矿石中等稳固以上的条件。这种受矿巷道的放矿口宽度为 2~3.5m，漏口堵塞次数较少，漏口单侧布置较多。

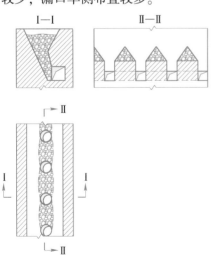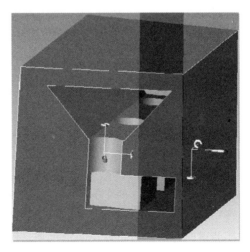

彩色原图

图 18-12 堑沟式受矿巷道

（3）平底式受矿巷道。其特点是拉底水平和电耙巷道在同一高度上，采下的矿石在拉底水平形成三角矿堆，上面的矿石借自重经放矿口流入耙道中（图 18-13）。放矿口尺寸为 1.5~3.0m，常布置在电耙巷道一侧。当矿石极稳固时，也可双侧布置放矿口。平底式受矿巷道适用于矿石稳固的条件。

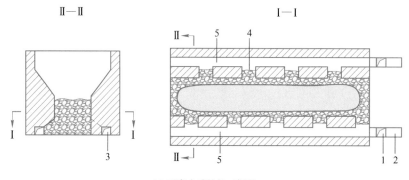

(a) 平底出矿结构三视图

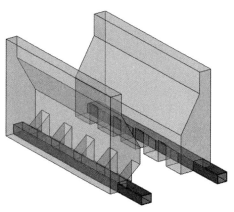

(b) 平底结构三维模型

图 18-13　平底式受矿巷道

1—溜井；2—电耙绞车硐室；3—电耙巷道；4—放矿口；5—拉底巷道

彩色原图

这种受矿巷道，结构简单，采准工作量较少，切割工作效率高，放矿条件好，底柱矿量小。但放矿结束后，残留于采场的三角矿堆，要待下阶段回采时才能回收，且矿石损失与贫化率均较大。

18.2.4　电耙巷道的位置

一般布置在运输巷道上部 3~6m，电耙运搬的矿石流入溜井中，使耙矿与运输工作互不干扰。溜井的容量应不小于一列车的容量。电耙巷道也可直接布置在运输巷道顶板上，耙运的矿石经装车台直接装入矿车中。此时，因耙矿与运输干扰很大，为了减少底柱矿量，也可将耙矿巷道与运输巷道布置在同一水平，耙运的矿石经溜井放至下一阶段运输巷道集中出矿。

18.3 无轨设备运搬

自行设备运搬矿石，有铲运机、矿用地下卡车、扒渣机等。

(1) 铲运机。铲运机（load-haul-dump，LHD），即装-运-卸设备。地下铲运机是以柴油机或以拖曳电缆供电的电动机为动力、液压或液力-机械传动、铰接式车架、轮胎行走、前端前卸式铲斗的装载、运输和卸载设备。地下铲运机主要用于地下矿山和隧道工程。地下铲运机机身低矮、驾驶室横向布置、采用光面或半光面地下矿用耐切割工程轮胎，且装有柴油机尾气净化装置。

铲运机将矿石铲入铲斗后，将铲斗提起运至溜井处，翻转铲斗卸出矿石。车体为前后两半，中央铰接，液压转向，操作轻便，转弯灵活，前后轴均为驱动轴，爬坡能力大（最大可达30%）。铲运机如图18-14所示。

图 18-14 铲运机实物图

柴油铲运机的优点是不需配带风绳或电缆，运距不受限制；铲斗容积大（0.75~10m³），速度快（40km/h），效率高。柴油驱动设备的主要问题是废气净化。虽然这种设备均装有废气净化装置，但对有害气体净化不完全，须以大量风流给予冲淡。此外，应用铲运机时，维修工作量大，轮胎磨损严重，要求巷道规格大。

根据统计，铲运机的利用率平均约为60%，台班效率实际平均200~800t，最佳运距为150~200m。使用铲运机的矿山，年产量在50万~300万吨以上的占70%。因为大型铲运机速度高，生产能力大，总费用较低，目前有向大斗容铲运机发展的趋势。

以井下智能通信、井下精确定位与智能导航及智能调度等技术为支撑的地下智能铲运机，已经具备了远程遥控铲装、自动称重计量、巷道环境及设备状态感知、巷道内智能行驶等功能。北京矿业科技有限责任公司开发的铲运机远程遥控和无人驾驶平台如图18-15所示。

(2) 地下矿用卡车。地下矿用卡车主要用于矿山井下运输，适宜于采用斜坡道的矿山，以短距离运输矿岩为主（图18-16）。地下矿用卡车机动灵活，适用范围广，可简化巷道布置，便于一次成巷。通常采用柴油为动力，由于尾气净化不好，运行过程中噪声较大，释放较多的热量，导致空气质量较差；井下温度上升，需要加大通风，净化空气。

地下矿用汽车运距一般超过500m，最佳运距在4~7km以内。使用地下矿用汽车的多数矿山，其斜坡道坡度为10%~20%，个别情况为25%。一些日产1000~3000t的地下矿

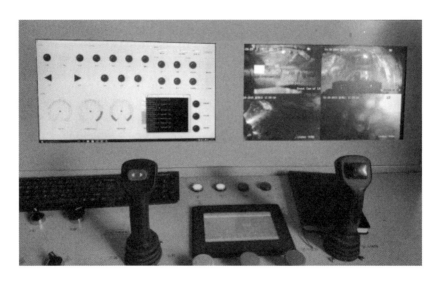

图 18-15　国产遥控智能铲运机控制系统

(a) 地下卡车

(b) 车铲配合

图 18-16　铲运机与卡车配合运输

山都采用 20~35t 的地下矿用汽车，日产 1.5 万~4.0 万吨的地下阶段运输采用 45~50t 的地下矿用汽车。与机车运输相比，地下矿用汽车的基本投资约低 20%，基建时间缩短，运行费用高 15%~25%，运输总成本稍低。

要使无轨矿山发挥最大综合经济效益，不仅要使用铲运机，还要发展与其配套使用的地下矿用汽车等无轨辅助设备。铲运机和无轨辅助设备的比例为 1∶4。

随着智能矿山开采的需求，地下智能矿用汽车也相继研发出来。目前我国已研发出 35t 交流电传动智能矿用汽车，采用双动力电传动全轮驱动技术，实现了视距遥控、远程遥控及自主行驶等模式，实现了电动化、网联化和智能化，具备智能辅助驾驶、遥控和自主运行功能。

（3）扒渣机。扒渣机又称挖掘式装载机（图 18-17），由机械手与输送机相接合，扒渣和输送装车功能合二为一，采用电动全液压控制系统和生产装置，具有安全环保、能耗小、效率高的特点。扒渣机适用于一些生产作业空间狭窄、生产规模小的非煤矿山的巷道掘进和小规模采场运搬工作。

图 18-17　扒渣机

无轨设备搬运底部结构：回采的矿石借自重落到矿块的底部，经堑沟或平底的放矿口溜到装矿巷道的端部，用自行搬运设备出矿。当用铲运机出矿时，装矿巷道断面为 3.0m×3.0m，间距为 7m，长度为 6~7m，无轨设备运搬底部结构如图 18-18 所示。

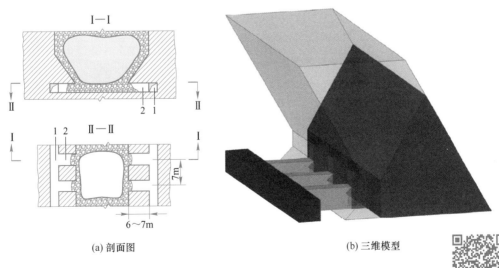

（a）剖面图　　　　　　　　　　（b）三维模型

彩色原图

图 18-18　铲运机出矿的装矿巷道
1—运输巷道；2—装矿巷道

用无轨设备特别是铲运机运搬矿石，具有很突出的优点：

（1）多用性。同一种设备可用于回采和采准工作，铲运机还能清路、运送材料等。

（2）机动灵活。可在同一阶段或分段，或在不同阶段的几个工作面使用，调动方便。

（3）生产率高。无需拆装等辅助时间，设备功率大，效率高。

（4）安全性好。能减轻体力劳动，减少井下工人数量，实现综合机械化，降低生产费用。

无轨设备运搬矿石的主要缺点是：

（1）设备及零件昂贵，设备使用期限短。

（2）柴油驱动设备所需风量增加 0.5~1 倍，能耗大。

（3）装矿巷道断面较大，要求矿岩稳固。

（4）维修工作量大，操作水平要求较高。

18.4 爆力运搬

爆力运搬是指利用中深孔、深孔爆破时产生的动能，使崩下的矿石沿采场底板移运，抛到受矿巷道中。当矿体倾角小于 50°~55° 时，用一般的爆破方法，崩落的矿石部分残留在底板岩石上，不能借重力放出。当矿体倾角小于 25°~30° 时，可以采用机械方法运搬矿石。当倾角在 30°~55° 时，矿石既不能重力运搬，而用机械运搬又有困难。在这种条件下，先用爆力将崩落矿石抛掷一段距离后，再靠惯性力和自重沿底板滑移一段距离（图 18-19）。

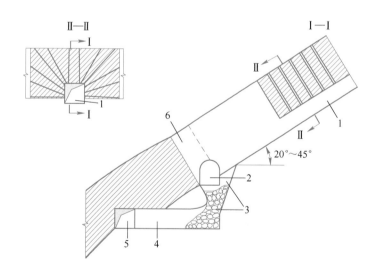

图 18-19　爆力运搬矿石

1—深孔凿岩天井；2—开凿受矿堑沟的巷道；3—受矿巷道；
4—装矿巷道；5—运输巷道；6—切割天井

爆力运搬使用条件：当矿体倾角在 0°~55° 范围内，均可使用爆力运搬法，但当倾角在 30°~55° 时，爆力运搬可获得较好的技术经济效果；当倾角小于 30° 时，必须清理底板。矿体的厚度应为 3~30m，但以不小于 5~6m 为宜。因为矿体薄时，爆破的夹制作用大，抛掷距离也受到限制，会造成大量矿石损失。倾角为 15°~20° 时，爆力运搬距离为 30~40m；倾角为 30°~40° 时，爆力运搬距离为 60~80m。此外，要求矿岩接触面平整，且较稳固。

爆力运搬矿石的工艺特点：

（1）一般扇形布置深孔，凿岩天井位于下盘接触线处，深孔排面与矿体垂直，近下盘的炮孔是水平的，爆破后应使底板保持平整。

（2）单位炸药消耗量比一般爆破增加 15%~25%。

（3）每次爆破 1~2 排炮孔，且第二排炮孔延发时间不小于 50~100ms，以保证第一排炮孔爆破后已将矿石抛出。

（4）下部受矿巷道（漏斗或堑沟）的容积，应容纳每次崩下的全部矿石；下次爆破前要求放空受矿巷道中的矿石。

（5）矿房底板积留的矿石，在下次爆破前应予清除。

20 世纪 60 年代起，我国一些矿山开始应用爆力运搬矿石，并取得较好的效果。中条山有色金属公司胡家峪铜矿，是我国应用爆力运搬较早、使用时间较长的矿山。该矿矿体倾角为 35°~45°，厚度为 8~10m，矿石和围岩稳固（图 18-20）。采准系数为 8.3m/kt，出矿效率为 220~250t/d（28kW 电耙出矿），矿房回采贫化率为 10.4%，损失率为 9.5%。

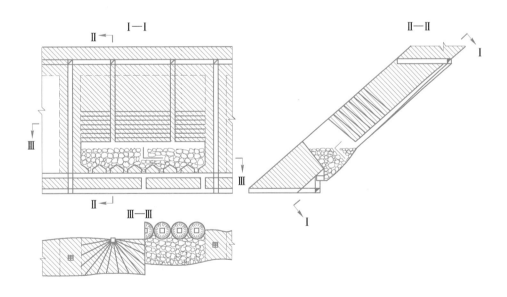

图 18-20　爆力运搬在胡家峪铜矿应用

爆力运搬的评价：与底板漏斗重力运搬方法相比，可节省采准工作量，提高劳动生产率并降低成本；和房柱采矿法机械运搬方案相比，可显著地减少机械运搬，无需工人进入采空区作业，因而可保证工作安全。但爆力运搬也存在一些缺点，如回采间柱困难、矿石损失率大、单排爆破矿石破碎质量变坏、工作组织复杂、单位炸药消耗量大、凿岩天井维修量大以及通风条件不好等。

习　题

1　名词解释

（1）运搬；（2）重力运搬；（3）爆力运搬。

2　简答题

（1）重力运搬的适用条件有哪些？

（2）简述爆力运搬矿石的工艺特点。

3　图纸绘制与三维建模

（1）漏斗式受矿巷道三维模型。

（2）堑沟式受矿巷道三维模型。

（3）平底式受矿巷道三维模型。

4　扩展知识点

[1] 梁桂龙，肖体群，吴达成，等. 大新锰矿矿石运搬质量存在的问题及对策研究［J］. 中国锰业，2022，40（2）：65-66，78.

[2] 彭敏杰，刘禄平，路洋，等. 平底堑沟式浅孔留矿法在中厚矿体中的应用［J］. 采矿技术，2022，22（2）：4-6.

[3] 罗佳，詹进，欧任泽，等. 香炉山钨矿缓倾斜中厚矿体开采新方案［J］. 矿业研究与开发，2015，35（9）：1-4.

[4] 鲁爱辉，秦四龙，刘天林，等. 大型遥控铲运机在地下采矿应用前景展望［C］//第十届全国采矿学术会议论文集——专题四：机电与自动化，2015：142-145.

[5] 李宗利，赵林海，白新营，等. 预控顶爆力运搬房柱采矿法的应用［J］. 甘肃冶金，2015，37（1）：1-10.

[6] 刘顺斌. 爆力运搬采矿法在苍山铁矿的应用［C］//2010 全国采矿科学技术高峰论坛论文集，2010：298-299.

典型采矿方法

工程问题

　　现有一个黄金矿山，矿石平均品位 3g/t，矿体平均倾角 70°，平均厚度 40m，埋深 600m，倾斜方向向下延伸到 1500m，矿岩稳固。矿区界限内有村庄和耕地，地表不能出现塌陷和变形。矿山设计年产矿石量 120 万吨，采用什么样的采矿方法，才能达到产能的要求？

　　通过第四篇的学习，了解各种采矿方法的适用条件、工艺特征、采场结构参数、采切工程类型和位置、回采作业以及采矿方法的优缺点。在学习完这些典型方法后，要能够灵活运用，针对上述具体问题，可以初步优选出几种满足要求的开采方法，具备进一步进行采矿方法优选的能力。

19　空场采矿法

本章课件

本章提要

　　本章重点讲解空场采矿方法开采特点和适用条件。按照矿体从缓倾斜薄矿脉、急倾斜薄矿脉、倾斜中厚矿体、急倾斜厚大矿体，分别讲解了全面法和房柱法、浅孔留矿法、分段矿房法和阶段矿房法等采矿方法的特征、结构参数、采切工程布置、回采过程和方法评价。通过本章学习，应能够灵活选择适合空场开采的典型采矿方法。

　　空场采矿法在回采过程中，将矿块划分为矿房和矿柱（图19-1），先采矿房，再采矿柱。在回采矿房时，采场以敞空形式存在，仅依靠矿柱和围岩本身的强度来维护。矿房采完后，要及时回采矿柱和处理采空区。在一般情况下，回采矿柱和处理采空区同时进行；有时为了改善矿柱的回采条件，用充填料将矿房充填后，再用其他采矿法回采矿柱。

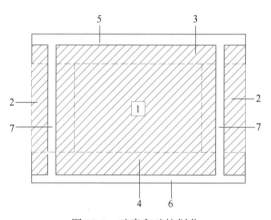

图 19-1　矿房和矿柱划分

1—矿房；2—间柱；3—顶柱；4—底柱；5—回风巷道；6—运输巷道；7—天井

　　应用空场采矿法的基本条件是矿石和围岩稳固，采空区在一定时间内，允许有较大的暴露面积。这类采矿方法在我国应用最早、最广泛，在技术上也最成熟。

　　空场采矿法中应用较广泛的采矿方法有全面采矿法、房柱采矿法、留矿采矿法、分段矿房法和阶段矿房法。

19.1　全面采矿法

19.1.1　使用条件

　　在薄和中厚（小于5~7m）的矿石和围岩均稳固的缓倾斜（倾角一般小于30°）矿体

中，应用全面采矿法。其特点是，工作面沿矿体走向或沿倾斜全面推进，在回采过程中将矿体中的夹石或贫矿（有时也将矿石）留下，呈不规则的矿柱以维护采空区，这些矿柱一般作永久损失，不进行回采。个别情况下，用这种采矿法回采贵重矿石，也可不留矿柱，而用人工支柱支撑顶板。

19.1.2　结构和参数

开采水平和微倾斜矿体（倾角小于5°）时，将矿体划分为盘区，工作面沿盘区的全宽向其长轴方向推进。用自行设备运搬时，盘区的宽度取200~300m；用电耙运搬时，取80~150m。盘区间留矿柱，其宽度为10~15m到30~40m。

缓倾斜矿体，将矿体划分为阶段。阶段高度为15~30m，阶段斜长为40~60m，阶段间留矿柱2~3m。

19.1.3　采准与切割工作

全面采矿法的采准和切割工作比较简单。掘进阶段运输巷道，在阶段中掘1~2个上山，作为爆破自由面；在底柱中每隔5~7m开漏口；在运输巷道另一侧，每隔20m布置一个电耙绞车硐室（图19-2）。

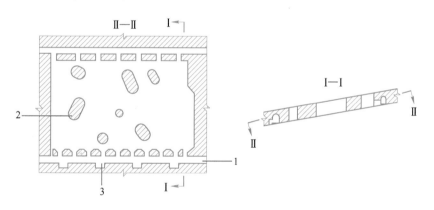

图19-2　全面采矿方法图
1—运输巷道；2—支撑矿柱；3—电耙硐室

当采用前进式回采顺序时，阶段运输巷道应超前于回采工作面30~50m。

19.1.4　回采工作

回采工作自切割上山开始，沿矿体走向一侧或两侧推进。当矿体厚度小于3m时，沿全厚一次回采；矿体厚度大于3m时，以梯段工作面回采（图19-3）。此时一般在顶板下开出2~2.5m高的超前工作面，用下向炮孔回采下部矿体。

当矿体厚度较小时，一般采用电耙运搬。当矿体厚度较大且倾角又很小时，也可采用无轨自行设备运搬矿石。运距小于200~300m，采用载重为2~4m³的铲运机，运距更大时，宜用载重量20~60t自卸汽车和铲运机配套。

根据顶板稳固情况，留不规则矿柱支撑顶板。此外，有时也安装锚杆维护顶板，锚杆长度为1.5~2m，锚杆参数（间距×排距）为0.8m×0.8m~1.5m×1.5m。

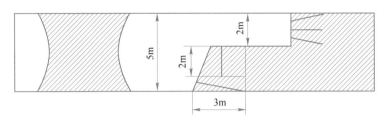

图 19-3　下向梯段工作面回采

因采空区面积较大，应加强通风管理。例如封闭离工作面较远的联络道，使新鲜风流较集中地进入工作面，污风从上部回风巷道排出。

19.1.5　评价

全面采矿法是工艺简单、采准和切割工作小、生产效率较高、成本较低的采矿方法。但由于留下矿柱不回采，矿石损失率超过 10%~15%，顶板暴露面大，并要求严格的顶板管理和通风管理。对于贵重矿石应采用人工矿柱方法，以代替自然矿柱。

19.2　房柱采矿法

房柱采矿法（room and pillar mining method）用于开采水平和缓倾斜的矿体，在矿块或采区内矿房和矿柱交替布置，回采矿房时留连续的或间断的规则矿柱，以维护顶板稳定。因此，它比全面采矿法适用范围广，不仅能回采薄矿体（厚度小于 2.5~3m），而且可以回采厚和极厚矿体。矿石和围岩均稳固的水平和缓倾斜矿体，是这种采矿法应用的基本条件。

19.2.1　结构和参数

矿房长轴可沿矿体走向、沿倾斜或伪倾斜布置，主要取决于所采用的运搬设备和矿体倾角。我国大多数地下金属矿山采用电耙运搬矿石，矿房一般沿倾斜布置。矿房长度取决于采用的运搬设备有效运距。采用电耙运搬时，一般为 40~60m。矿房宽度，根据矿体厚度和顶板稳固性确定，一般为 8~20m。矿柱尺寸为直径 3~7m，间距 5~8m。

分区宽度，根据分区隔离顶板的安全跨度和分区的生产能力确定，变化在 80~150m 到 400~600m。分区矿柱一般为连续的，承受上覆岩层的载荷，其宽度与开采深度和矿体厚度有关。

19.2.2　采准和切割工作

阶段运输巷道可布置在脉内或底板岩石中。后者有很多优点：可在放矿溜井中贮存部分矿石，从而减少电耙运搬和运输之间的相互影响；有利于通风管理；当矿体底板不平整时，可保持运输巷道平直，有利于提高运输能力。其缺点是增加了岩石中掘进工程量。目前，我国金属矿山多采用这种布置方式（图 19-4）。

从图 19-4 可见，房柱采矿法的采准巷道施工工序有：自底板运输巷道 1，向每个矿房

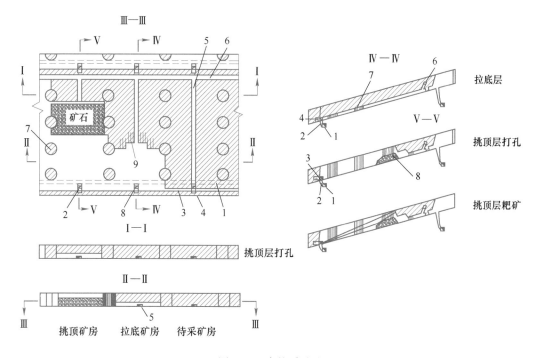

图 19-4　房柱采矿法

1—运输巷道；2—放矿溜井；3—切割平巷；4—电耙硐室；
5—上山；6—联络平巷；7—矿柱；8—崩落矿石堆；9—炮孔

的中心线位置掘进放矿溜井 2；在矿房下部的矿柱（顶底柱）中掘进电耙硐室 4；沿矿房中心线并紧贴底板掘进上山 5，以利行人、通风和运搬设备或材料，并作为回采时的自由面；各矿房间掘进联络平巷 6；在矿房下部边界处掘进切割平巷 3；切割平巷 3 既可作为起始回采时的自由面，又可作为去相邻矿房的通道。

19.2.3　回采工作

矿房回采方法，根据矿体厚度不同而异：当矿体厚度小于 2.5～3m 时，则一次采全厚；当矿体厚度大于 2.5～3m 时，则应分层回采。

当矿体厚度小于 8～10m，采用电耙运搬时，一般使用浅孔先在矿房下部进行拉底，然后用上向炮孔挑顶。拉底是从切割平巷与上山交汇处开始，用凿岩机施工水平炮孔，自下而上逆倾斜推进。拉底高度为 2.5～3m，炮孔排距 0.6～0.8m，间距 1.2m，孔深2.4～3m。随拉底工作面的推进，在矿房两侧按规定的尺寸和间距，将矿柱切开。

整个矿房拉底结束后，再用凿岩机挑顶，回采上部矿石。炮孔排距 0.8～1m，间距 1.2～1.4m，孔深 2m。当矿体厚度小于 5m 时，挑顶一次完成；当矿体厚度为 5～10m 时，则以 2.5m 高的上向梯段工作面分层挑顶，并局部留矿，以便站在矿堆上进行凿岩爆破工作。

用上述落矿方式采下的矿石，采用电耙绞车，将矿石耙至放矿溜井中，放至运输巷道装车。

当矿体厚度大于 8～10m 时，应采用深孔落矿方法回采矿石。先在顶板下面切顶，然后在矿房的一端开掘切割槽，以形成下向正台阶的工作面（图 19-5）。切顶的高度根据所采用的落矿方法和出矿设备确定，一般为 2.5~5m。切顶空间下部的矿石，采用下向平行深孔落矿。

由于无轨自行设备迅速发展，应用房柱采矿法时，广泛采用无轨凿岩、装载和运搬设备。

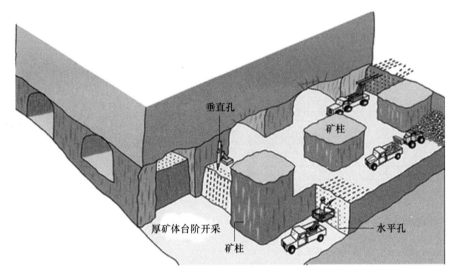

图 19-5　厚矿体无轨设备开采方案

当顶板局部不稳固时，该区域可留矿柱。当顶板整体不稳固时，应采用锚杆进行维护，故房柱采矿法的应用范围得到扩大。

19.2.4　评价

房柱采矿法是开采水平和缓倾斜矿体最有效的采矿方法，采准切割工程量不大，工作组织简单，通风良好，矿房生产能力高。但矿柱矿量所占比重较大（间断矿柱占 15%~20%，连续矿柱达 40%），且一般不进行回采。因此，矿石损失较大。

用房柱采矿法开采贵重矿石时，可以采用人工矿柱代替自然矿柱，以提高矿石回采率，或者改连续矿柱为间断矿柱，在可能条件下，再部分地回采矿柱，以减少矿柱矿量损失。

近年来不少矿山实践表明，应用锚杆或锚杆加金属网维护不稳固顶板，可扩大房柱采矿法在开采水平或缓倾斜厚和极厚矿体方面的应用。如果广泛使用无轨自行设备，则可使这种采矿方法的生产能力和劳动生产率达到较高的指标，成为高效率的有广阔发展前途的采矿方法。

19.3　浅孔留矿采矿法

19.3.1　使用条件

留矿采矿法（shrinkage stoping）属于空场采矿法。它的特点是工人直接在矿房暴露面下的留矿堆上面作业，自下而上分层回采。每次采下的矿石靠自重放出三分之一左右（有时达 35%~40%），其余暂留在矿房中作为继续上采的工作台。矿房全部回采完毕后，暂留在矿房中的矿石再进行大量放出，称为最终放矿或大量放矿。

在回采矿房过程暂留的矿石经常移动，不能作为地压管理的主要手段。当围岩不稳固时，留矿不能防止围岩片落，特别是在大量放矿时，围岩的暴露面逐渐增加，往往引起围岩大量片落而增大矿石贫化。崩落的大块岩石经常堵塞漏斗，造成放矿困难，增加矿石损失。

根据以上特点，留矿法适用条件为：

（1）围岩和矿石均稳固。即围岩无大的断层破碎带，在放矿过程中，围岩不会自行崩落。围岩不稳固或有断层破碎带，在回采和放矿过程中必然会发生片帮，不但会造成矿石贫化，而且片落的大块常造成漏口堵塞，使放矿发生困难。顶板矿石必须足够稳固，在回采过程中不会自然冒落，才能确保人身安全和顺利地进行上采。

（2）矿体厚度以薄和极薄矿脉为宜。中厚以上的矿体，若采用留矿法，因顶板暴露面积大，回采安全性较差，撬顶、平场及二次破碎等工作量显著增大，因而技术经济效果不好。

（3）矿脉倾角以急倾斜为宜。用留矿法开采极薄矿脉，矿脉倾角应在65°以上，倾角为60°~65°的矿脉，采高超过25~30m时，放矿即发生困难。倾角小于60°的矿脉，一般应采取辅助放矿措施。如近年来国内某些矿山在矿房底部安装振动放矿机进行放矿，改善了矿石的流动性。试验证明，当矿脉倾角为55°~60°时，采下的矿石可全部放出。当倾角为45°~55°时，国内有的矿山用电耙在采场内耙运出矿，收到了良好的效果。

（4）矿石无结块和自燃性。矿石中不应含有胶结性强的泥质，含硫量也不能太高，以防止矿石结块和自燃。

19.3.2 结构和参数

矿块结构如图19-6所示，其主要参数包括阶段高度、矿块长度和宽度、矿柱尺寸及底部结构等。

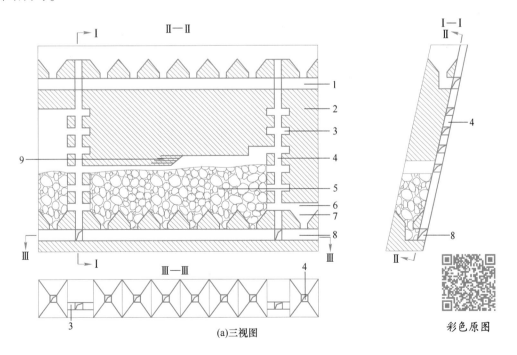

(a)三视图   彩色原图

(b) 三维模型　　　　　　　　　　　　(c) 实质模型图

图 19-6　留间柱、顶底柱的留矿法

1—上阶段运输巷道；2—顶柱；3—联络巷道；4—人行通风井；5—崩落的矿石；
6—拉底水平；7—漏斗；8—阶段运输巷道；9—水平炮孔

　　阶段高度应根据矿床的勘探程度、围岩稳固情况、矿体倾角等因素来确定。开采薄矿脉或中厚矿体的矿床，段高应采用 30~50m。

　　矿块长度主要考虑矿石和围岩的稳固性，一般为 40~60m。

　　开采薄矿脉时，间柱宽 2~6m，顶柱厚 2~3m，底柱高 4~6m；中厚以上矿体间柱宽 8~12m，顶柱厚 3~6m，底柱高 8~10m。

　　开采极薄矿脉时，由于矿房宽度很小，一般不留间柱，只留顶柱和底柱，矿块之间靠天井的横撑支柱隔开，并对围岩起支护作用。图 19-7 表示在矿块一侧掘先进天井、另一侧设顺路天井的留矿法结构。图 19-8 表示在矿块中央掘先进天井，两侧设顺路天井的留矿法结构。

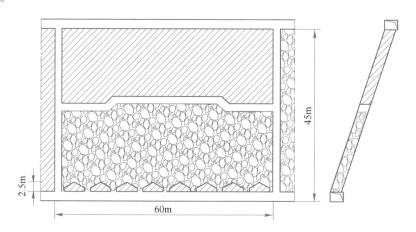

图 19-7　在矿块一侧掘先进天井，另一侧设顺路天井的留矿法

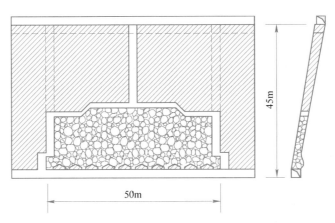

图 19-8　在矿块中央掘先进天井，两侧设顺路天井的留矿法

19.3.3　采准工作

采准工作主要是掘进阶段运输巷道、先进天井（作为行人、通风之用）、联络道、拉底巷道和漏斗颈等。如图 19-6 所示，先进天井布置在间柱中，在垂直方向上每隔 4~5m 掘联络道，与两侧矿房贯通。

在矿房中，每隔 5~7m 设一个漏斗。为了减少平场工作量，漏斗应尽量靠近下盘。由于采用浅孔落矿，一般不设二次破碎水平，少量大块直接在采场工作面进行破碎。

19.3.4　切割工作

切割工作比较简单，以拉底巷道为自由面，形成拉底空间和辟漏，它的作用是为回采工作开辟自由面，并为爆破创造有利条件。

拉底高度一般为 2~2.5m，拉底宽度等于矿体厚度；在薄和极薄矿脉中，为保证放矿顺利，其宽度不应小于 1.2m。

19.3.5　回采工作

留矿法回采工作包括凿岩、爆破、通风、局部放矿、撬顶平场、大量放矿等。

回采工作自下而上分层进行，分层高度一般为 2~3m。在开采极薄矿脉时，为了作业方便和取得较好的经济效益，采场的最小工作宽度为 0.8~1m。

（1）凿岩。当矿石较稳固时，采用上向炮孔；当矿石稳固性较差时，可采用水平炮孔。打上向炮孔时，可采用梯段工作面或不分梯段的整层一次打完。梯段工作面长度为 10~15m。长梯段或不分梯段的工作面，可减少撬顶和平场的时间，便于回采工作组织，目前使用比较广泛。施工水平炮孔时，梯段工作面长度为 2~4m，高度为 1.5~2m，炮孔间距为 0.8~1m。

（2）爆破。一般采用 2 号岩石乳化炸药，用非电导爆管或数码电子雷管起爆。

（3）通风。留矿法开采充填型或矽卡岩型矿床，凿岩爆破作业产生的粉尘中游离二氧化硅粒子含量很高，对工人的健康危害很大。因此，工作面通风的风量应保证满足排尘和排除炮烟的需要。在采掘工作面中，空气的含氧量不得少于 20%，风速不得低于

0.15m/s。矿房的通风系统，一般是从上风流方向的天井进入新鲜空气，通过矿房工作面后，由下风流方向的天井排到上部回风巷道中。电耙巷道的通风，应形成独立的系统，防止污风窜入矿房或运输巷道中。

（4）局部放矿。一般采用重力放矿。在局部放矿时，放矿工应与平场工密切联系，按规定的漏斗放出所要求的矿量，以减少平场工作量和防止在留矿堆中形成空洞。如果发现已形成空洞，应及时采取措施处理。其处理方法有：

1）爆破震动消除法。在空洞上部，用较大的药包爆破，将悬空的矿石震落。

2）高压水冲洗法。在漏斗中向上或在空洞上部矿堆面向下，用高压水冲刷。此法对于处理粉矿结块形成的空洞，效果良好。

3）从空洞两侧漏斗放矿，使悬空的矿石垮落。

除自重出矿外，留矿法的出矿方法还有其他类型，其中使用较为成功的有以下两种：

1）电耙出矿。如图19-9所示，在矿房下部阶段运输巷道 1 上方 3~4m 处，沿矿房长轴方向掘电耙道 2；在厚度小于 7m 的矿体中，沿电耙道一侧，在厚度大于 7m 的矿体中，沿电耙道两侧掘斗穿和漏斗 3 通达矿房底部。电耙道与阶段运输巷道之间掘放矿溜井 4 连通。放矿时，矿石沿漏斗进入电耙道，用电耙耙入放矿溜井，经漏口闸门溜放到阶段运输巷道中的矿车内。

当矿体倾角小于 45°~55° 时，矿石不能自重溜放，国内某些矿山创造了在矿房内使用电耙耙运出矿的方法。如图19-10 所示，采用上向倾斜工作面（倾角 10°~25°）分层崩矿，每次崩下的矿石，由安装在矿房的电耙耙至矿房底柱中预先掘好的短溜井，然后由阶段运输巷道装车运走。

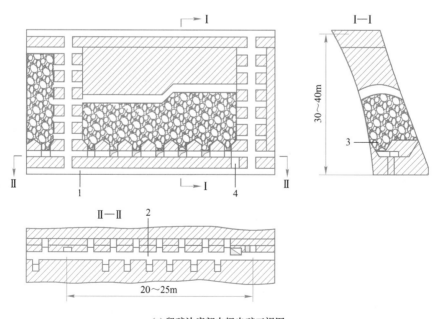

(a) 留矿法底部电耙出矿三视图

(b) 留矿法底部电耙出矿三维模型

图 19-9 典型浅孔留矿采矿法三视图

1—阶段运输巷道；2—电耙道；3—漏斗；4—放矿溜井

彩色原图

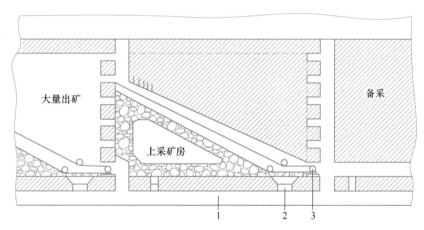

图 19-10 留矿法矿房用电耙耙运出矿

1—阶段运输巷道；2—放矿短溜井；3—电耙绞车

由于矿房为倾斜工作面且使用电耙耙运出矿，故平场工作量很小。

大量出矿时，电耙在空区耙运，矿房暴露空间逐渐增大，应及时检查上盘围岩的稳定情况。如有浮石应及时处理，必要时对局部欠稳固地段可采用锚杆支护。

2）铲运机出矿。如图 19-11 所示，距脉内沿脉巷道侧帮 5~6m 掘下盘沿脉巷道，沿此巷道每隔 5~6m 掘装载巷道横穿脉内沿脉巷道。脉内沿脉巷道作为拉底层，可直接向上回采。采下的矿石自重溜放到装车巷道内，用铲运机装入下盘沿脉平巷的列车内。随着铲运机不断装载，矿房内留存的矿石跟随自重溜放。

这种底部结构不留底柱，放矿口断面大，矿石不易堵塞，底部结构尤为简化。

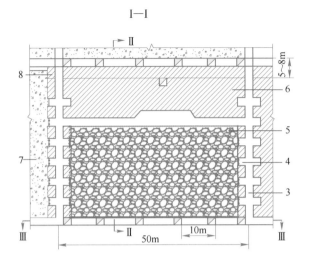

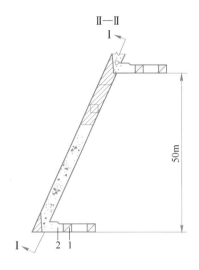

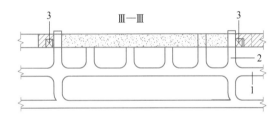

(a) 留矿法底部铲运机出矿三视图

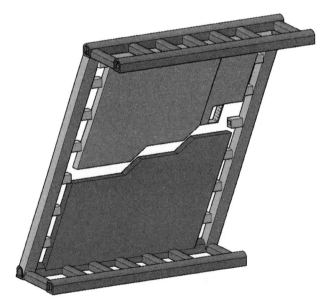

(b) 留矿法底部铲运机出矿三维模型

彩色原图

图 19-11　留矿法底部铲运机出矿

1—运输巷道；2—装矿穿脉；3—人行天井；4—联络道；5—崩落矿石；6—未采矿石；7—充填体；8—顶柱

（5）平场、撬顶和二次破碎。为了便于工人在留矿堆上进行凿岩爆破作业，局部放矿后应将留矿堆表面整平，称为平场。平场时，应将顶板和两帮已松动而未落下的矿石或岩石撬落，以保证后续作业的安全，称为撬顶。崩矿和撬顶时落下的大块，应在平场时破碎，以免卡塞漏斗，称为二次破碎。

（6）最终放矿及矿房残留矿石的回收。矿房采完后，应及时组织最终放矿，也称大量放矿，即放出存留在矿房内的全部矿石。

放矿时，应避免存留矿石中产生空洞或悬拱现象。在放矿时如漏斗堵塞，应及时处理，以提高放矿强度，防止围岩片落，减少二次贫化。

由于矿房底板粗糙不平，特别是底板倾角变缓处，常积存一部分散体矿石和粉矿不能放净。采用水力冲洗法可把残存在矿房底板的散体矿石和粉矿冲洗下来。

19.3.6 评价

优缺点：留矿法具有结构及生产工艺简单，管理方便，可利用矿石自重放矿，采准工程量小等优点。若用留矿法开采中厚以上矿体，矿柱矿量损失贫化大；工人在较大暴露面下作业，安全性差；平场工作繁重，难以实现机械化；积压大量矿石，影响资金周转，因此，在中厚以上矿体中，多不采用留矿法。

我国中小型矿山，用留矿法开采薄和极薄矿脉，至今仍极为广泛。但下列问题，仍有待研究解决：

（1）采用先进的天井掘进技术。采用留矿法需掘先进天井。过去用普通法掘进天井，劳动强度大，工作条件差，掘进工效低，改用吊罐掘进天井，也存在不少困难；近年来，天井钻机、反井钻机技术日渐成熟，推广采用天井钻进和反井钻机掘进天井，可改善劳动条件，提高掘进功效。

（2）研制轻型液压凿岩机，寻求合理的凿岩爆破参数，研究控制采幅的有效技术措施，降低废石混入率。

（3）矿脉倾角在55°～60°时，使用轻型振动放矿机配合矿石自重出矿，可大大提高出矿效率和矿石回采率。

（4）对于厚度小于6m的矿脉，应改进底部出矿结构，推广小型铲运机出矿，可不留底柱，简化底部结构，提高出矿效率。

（5）对于极薄矿脉，应研究混采和分采的合理界线，以提高采、选的综合经济效果。

（6）研究采场地压管理。用留矿法回采所形成的采空区未作处理，剧烈地压活动已先后在许多矿山出现。近年来，采用充填法来处理采空区后，回收顶底柱，一方面可消除采空区危害，另一方面可提高矿柱回收率。

19.4 分段矿房采矿法

分段矿房法（sublevel open stoping）是指沿矿块的垂直方向，划分为若干分段；在每个分段水平上布置矿房和矿柱，各分段采下的矿石分别从各分段的出矿巷道运出。分段矿房回采结束后，可立即回采本分段的矿柱，并同时处理采空区。

分段矿房法的特点是以分段为独立的回采单元，因而灵活性大，适用于倾斜和急倾斜的中厚到厚矿体。同时，由于围岩暴露较小，回采时间较短，可相应地适当降低对围岩稳固性的要求。

根据留设矿柱形状不同，分段矿房法可以分为留设斜顶柱的分段矿房法和留设水平顶柱的分段矿房法。

19.4.1 结构和参数

阶段高度一般为 40~60m，分段高度为 15~25m。每个分段划分为矿房和间柱，矿房沿走向长度为 35~40m，间柱宽度为 6~8m。分段间留水平或斜顶柱，其真厚度一般为5~6m。

19.4.2 采准工作

如图 19-12 所示，从阶段运输巷道掘进斜坡道连通各个下盘分段运输平巷 1，以便行驶无轨设备、无轨车辆（运送人员、设备和材料）；沿矿体走向每隔 100m，掘进一条放矿溜井，通往各分段运输平巷。

在每个分段水平上，掘下盘分段运输平巷 1，在此巷道沿走向每隔 10~12m，掘装运横巷 2，通往靠近矿体下盘的堑沟平巷 3，靠上盘接触面掘进凿岩平巷 4。

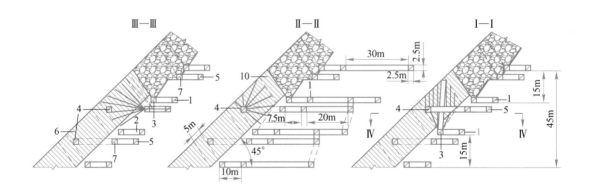

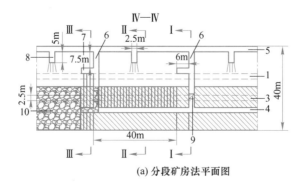

(a) 分段矿房法平面图

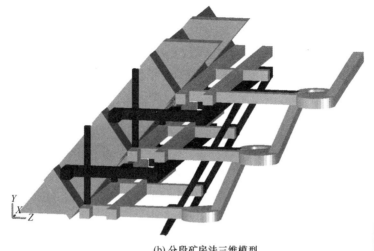

(b) 分段矿房法三维模型

图 19-12 分段矿房法典型方案

1—分段运输平巷；2—装运横巷；3—堑沟平巷；4—凿岩平巷；5—矿柱回采平巷；
6—切割横巷；7—间柱凿岩硐室；8—斜顶柱凿岩硐室；9—切割天井；10—斜顶柱

彩色原图

19.4.3 切割工作

在矿房的一侧掘进切割横巷 6，连通凿岩平巷 4 与矿柱回采平巷 5，从堑沟平巷 3 到分段矿房的最高处，掘切割天井 9。在堑沟平巷钻上向扇形中深孔，在切割平巷钻上向平行中深孔，以切割天井为自由面，爆破后便形成切割槽（图 19-12 中 Ⅰ—Ⅰ）。

19.4.4 回采工作

从切割槽向矿房另一侧进行回采。在凿岩平巷中钻环形深孔，崩下的矿石从装运巷道用铲运机运到分段运输平巷最近的溜井，溜到阶段运输巷道装车运出（图 19-12 中 Ⅱ—Ⅱ）。

当一个矿房回采结束后，立即回采一侧的间柱和斜顶柱。回采间柱的深孔凿岩硐室，布置在切割巷道靠近下盘的侧部（图 19-12 中 7）；回采斜顶柱的深孔凿岩硐室，开在矿柱回采平巷的一侧（图 19-12 中 8），对应于矿房的中央部位。间柱和斜顶柱的深孔布置，如图 19-12 的 Ⅲ—Ⅲ 剖面所示。回采矿柱的顺序是：先爆破间柱并将崩下矿石放出，然后再爆破顶柱；因受爆力抛掷作用，顶柱崩落的大部分矿石溜到堑沟内放出。矿石总回采率在 80% 以上，贫化率不大。

沿走向每隔 200m 划为一个回采区段，每个区段有一个矿房正在回采，一个矿房回采矿柱，一个矿房进行切割。使用铲运机出矿时，矿房日产量平均为 800t，区段的月产能力达 4.5 万~6 万吨。

19.4.5 评价

分段矿房法适用于矿石和围岩中等稳固以上的倾斜和急倾斜中厚以上矿体。由于分段回采，可使用高效率的无轨装运设备，应用时灵活性大，回采强度高。同时，分段矿房采完后，允许立即回采矿柱和处理采空区，既提高了矿柱的矿石回采率，又处理了采空区，从而为分段回采创造了良好的条件。

分段矿房法的主要缺点是采准工作量大，每个分段都要掘分段运输平巷、切割巷道、凿岩平巷等。随着无轨设备在我国的推广应用，分段矿房法用于开采中厚和厚大的倾斜矿体，将是一种有效的采矿方法。

19.5 阶段矿房采矿法

阶段矿房法是指用深孔回采矿房的空场采矿法。根据落矿方式不同，阶段矿房法可分为水平深孔阶段矿房法和垂直深孔阶段矿房法。前者要求在矿房底部进行拉底，后者除拉底外，还需在矿房的全高开出垂直切割槽。垂直深孔球状药包落矿的阶段矿房法，深孔崩落的矿石借自重可全部溜到矿块底部放出。

水平深孔落矿阶段矿房法和垂直深孔分段凿岩阶段矿房法，是目前开采矿岩稳固的厚和极厚急倾斜矿体时广泛应用的采矿方法；急倾斜平行极薄矿脉组成的细脉带，也采用这种方法合采。

垂直深孔球状药包落矿阶段矿房法，适用于急倾斜的厚大矿体或中厚矿体；矿体与围岩接触面规整，否则矿石贫化损失大；矿体无分层现象，不应有互相交错的节理或穿插破碎带；围岩中稳至稳固，矿石中稳以上。

19.5.1 水平深孔落矿阶段矿房法

水平深孔落矿阶段矿房法，是指在凿岩硐室中，钻水平扇形深孔，向矿房底部拉底空间崩矿（图 19-13）。

19.5.1.1 结构和参数

阶段高度为 40~60m，沿走向布置的矿房长度为 20~40m，垂直走向布置的矿房宽度为 10~30m，间柱宽度为 10~15m，顶柱厚度为 6~8m，底柱高度：漏斗底部结构为 8~13m；平底结构为 5~8m。

19.5.1.2 采准工作

如图 19-13 所示，阶段运输巷道一般布置在脉外；在厚矿体中布置上、下盘脉外沿脉运输巷道，构成环形运输系统。在间柱中心线位置自脉外运输巷道掘穿脉巷道（采用环形运输系统时，此穿脉巷道与上、下盘沿脉运输巷道贯通），在阶段运输水平上方 4~5m 掘电耙巷道。由于应用深孔落矿，二次破碎工作量较大，一般电耙巷道应设专用回风系统。在穿脉巷道一侧（间柱中心位置）掘凿岩天井，在天井垂向按水平深孔排距（一般为 3m）。掘凿岩联络平巷通达矿房，然后再将其前端扩大为凿岩硐室（平面直径 3.5~4m，高约 3m）。

19.5.1.3 切割工作

切割工作主要是指开凿拉底空间和辟漏。浅孔拉底和辟漏方法与留矿法相似，一般常用中深孔或深孔方法形成拉底空间，如图 19-13 所示。

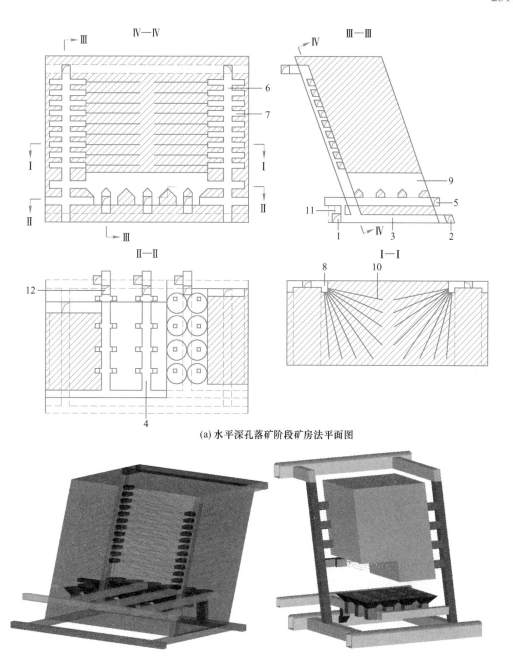

(a) 水平深孔落矿阶段矿房法平面图

(b) 水平深孔落矿阶段矿房法三维模型

图 19-13　水平深孔落矿阶段矿房法

1—下盘沿脉运输巷道；2—上盘沿脉运输巷道；3—穿脉巷道；4—电耙巷道；
5—回风巷道；6—凿岩天井；7—凿岩联络平巷；8—凿岩硐室；
9—拉底空间；10—炮孔；11—行人天井；12—溜井

彩色原图

19.5.1.4　回采工作

切割工作完成以后，在凿岩硐室中钻凿水平扇形深孔（图 19-13），最小抵抗线为
2.5~3m。一般先爆 1~2 排（层）深孔，以后逐渐增加爆破排数。每次崩下的矿石，

可全部放出，也可暂留一部分在矿房中，但不能作为维护围岩的手段，只起调节出矿作用。

深孔落矿大块率较高，达 20%~30%，因此，必须在二次破碎巷道中进行二次破碎，再由溜井放出。二次破碎水平中，应设有专用回风道，保证二次破碎后，能很快排出炮烟，并带走粉尘。

19.5.2　垂直深孔落矿的阶段矿房法

根据所选取凿岩设备，可分为分段凿岩和阶段凿岩。目前国内地下金属矿山，多使用分段凿岩。

本法的特点是：回采工作面是垂直的，回采工作开始之前，除在矿房底部拉底、辟漏外，必须开凿垂直切割槽，并以此为自由面进行落矿，崩落的矿石借自重落到矿房底部放出。随着工作面的推进，采空区不断扩大。矿房回采结束后，再用其他方法回采矿柱。

19.5.2.1　矿块布置和结构参数

根据矿体厚度，矿房长轴可沿走向或垂直走向布置。一般当矿体厚度小于 15m 时，矿房沿走向布置；在矿石和围岩极稳固的条件下，这个界限可增大至 20m。

阶段高度取决于围岩的允许暴露面积，因为这种采矿方法回采矿房的采空区是逐渐暴露出来的，可采取较大的数值，一般为 50~70m。国外一些矿山应用本采矿法时，其阶段高度有增加的趋势。增加阶段高度，可增加矿房矿量比重和减少采准工作量。分段高度取决于凿岩设备能力，用中深孔时为 8~10m，用深孔时为 10~15m。

矿房长度根据围岩的稳固性和矿石允许暴露面积决定，一般为 40~60m。矿房宽度，沿走向布置时，即为矿体的水平厚度，垂直走向布置时，应根据矿岩的稳固性决定，一般为 15~20m。

间柱宽度，沿走向布置时为 8~12m，垂直走向布置时为 10~14m。顶柱厚度根据矿石稳固性确定，一般为 6~10m；底柱高度（采用电耙底部结构时）为 7~13m。

19.5.2.2　采准工作

如图 19-14 所示，采准巷道有阶段运输巷道、通风人行天井、分段凿岩巷道、电耙巷道、溜井、漏斗颈和拉底巷道等。

阶段运输巷道一般沿矿体下盘接触线布置，通风人行天井多布置在间柱中，从此天井掘进分段凿岩巷道和电耙巷道。对于倾斜矿体，分段凿岩巷道靠近下盘，以使炮孔深度相差不大，从而提高凿岩效率。对于急倾斜矿体，分段凿岩巷道则布置在矿体中间。

19.5.2.3　切割工作

切割工作包括拉底、辟漏及开切割槽等。切割槽可布置在矿房中央或其一侧。由于回采工作是垂直的，矿房下部的拉底和辟漏工程，不需在回采之前全部完成，可随工作面推进逐次进行。一般拉底和辟漏超前工作面 1~2 排漏斗的距离。拉底方法一般用浅孔从拉底巷道向两侧扩帮。辟漏可从拉底空间向下或从斗颈中向上开掘。

19.5.2.4　回采工作

在分段巷道中打上向扇形中深孔（最小抵抗线为 1.5~1.8m）或深孔（最小抵抗线为 3m），全部炮孔打完后，每次爆破 3~5 排孔，分段爆破，上下分段保持垂直工作面或上分段超前一排炮孔，以保证上分段爆破作业的安全。

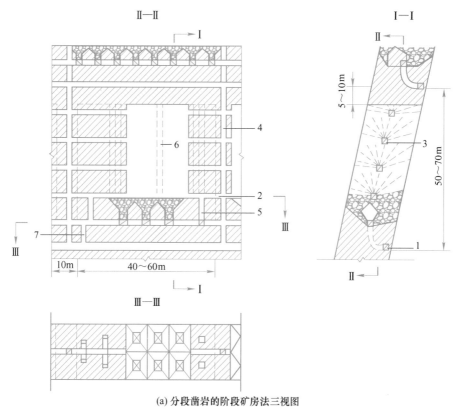

(a) 分段凿岩的阶段矿房法三视图

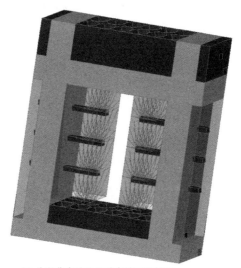

(b) 分段凿岩的阶段矿房法三维模型

图 19-14　沿走向布置的分段凿岩阶段矿房法

彩色原图

1—阶段运输巷道；2—拉底巷道；3—分段凿岩巷道；4—通风人行天井；5—漏斗颈；6—切割天井；7—溜井

崩落的矿石借重力落到矿房底部，经斗穿溜到电耙道。经电耙耙运到放矿溜井，经电机车装运后，运输到主溜井。

矿房回采时的通风，必须保证分段凿岩巷道和电耙巷道风流畅通。当切割槽位于矿房一侧时，矿房通风系统如图 19-15 (a) 所示；当工作面从矿房中央向两翼推进时，通风系统如图 19-15 (b) 所示。为了避免上下风流混淆，多采用分段集中凿岩（打完全部炮孔），分次爆破，使出矿时的污风，不致影响凿岩工作。

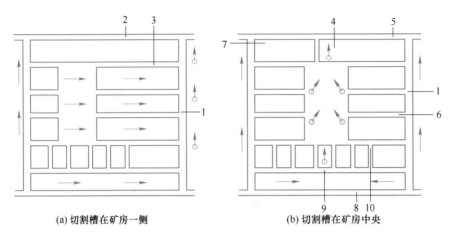

(a) 切割槽在矿房一侧　　　　　　(b) 切割槽在矿房中央

图 19-15　分段凿岩阶段矿房法通风系统

1—天井；2，5—回风巷道；3—检查巷道；4—回风小井；6—分段凿岩巷道；

7—风门；8—阶段运输巷道；9—电耙巷道；10—漏斗颈

当开采厚和极厚急倾斜矿体时，矿房长轴垂直走向布置，如图 19-16 所示。此时的矿房长度即为矿体水平厚度，矿房宽度根据岩石和围岩稳固程度而定，一般为 8~20m。

采准和切割工作与沿走向布置的方案类似。切割槽靠上盘接触面布置，向上盘方向崩矿。

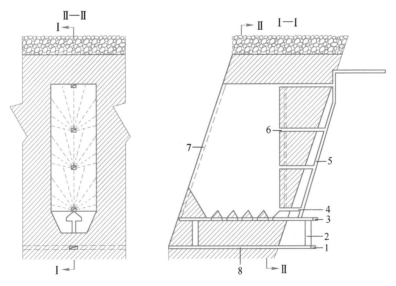

图 19-16　矿房垂直走向布置分段凿岩阶段矿房法

1—阶段运输巷道；2—放矿溜井；3—电耙巷道；4—拉底巷道；5—通风人行天井；

6—分段凿岩巷道；7—切割天井；8—穿脉运输巷道

19.5.3 垂直深孔球状药包落矿阶段矿房法

19.5.3.1 特征

垂直深孔球状药包落矿阶段矿房法（vertical crater retreat，VCR）具有矿石破碎质量好、效率高、成本低、工艺简单、作业条件安全、切割工程量小等一系列优点。该法在围岩稳固、矿石中稳至稳固、倾斜至急倾斜的中厚和厚矿体中均可应用。

19.5.3.2 矿块布置、结构和参数

根据矿体厚度，矿房可沿走向或垂直走向布置。当开采中厚矿体时，矿房沿走向布置；开采厚矿体时，矿房垂直走向布置。此时可先采一步骤矿房，采完后进行胶结充填，再采二步骤矿房；采完放矿完毕后，可用水砂或尾砂充填。

阶段高度取决于围岩和矿石的稳固性及钻孔深度，因钻孔过深，难以控制钻孔的偏斜度。阶段高度一般以 40~80m 为宜。

矿房长度根据围岩的稳固性和矿石允许的暴露面积确定，一般为 30~40m。矿房宽度，沿走向布置时，即为矿体的水平厚度；垂直走向布置时，应根据矿岩的稳固性确定，一般为 8~14m。

间柱宽度，沿走向布置时为 8~12m；垂直走向布置且先采间柱时，其宽度一般为 8m。

顶柱厚度根据矿石稳固性确定，一般为 6~8m。底柱高度按出矿设备确定，当采用铲运机出矿时，一般为 6~7.5m。也可不留底柱，即先将底柱采完形成拉底空间，然后分层向下崩矿，整个采场采完和铲运机在装运巷道出矿结束后，采用遥控技术，使铲运机进入采场底部，将留存在采场平底上的矿石铲运出去。

19.5.3.3 采准工作

当采用垂直平行深孔时，在顶柱下面开掘凿岩硐室（图 19-17），硐室长度比矿房长

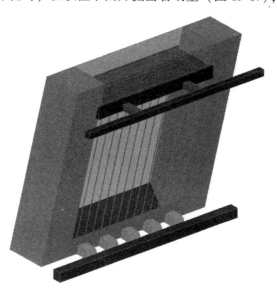

图 19-17 垂直平行深孔球状药包落矿阶段矿房法

度大 2m，硐室宽度比矿房宽 1m，以便钻凿矿房边孔时留有便于安置钻机的空间，并使周边孔距上、下盘围岩和间柱垂面有一定的距离，以控制矿石贫化和保持间柱垂面的平直稳定。钻机工作高度一般为 3.8m。为充分利用硐室自身的稳固性，一般硐室墙高为 4m，拱顶处全高为 4.5m，形成拱形断面。

为了增强硐室安全性，可采用管缝式锚杆加金属网护顶。锚杆网度为 1.3m×1.3m，呈梅花形，锚杆长 1.8~2m。

当采用垂直扇形深孔时，在顶柱下面开掘凿岩平巷，便可向下钻垂直扇形深孔（图 19-18）。

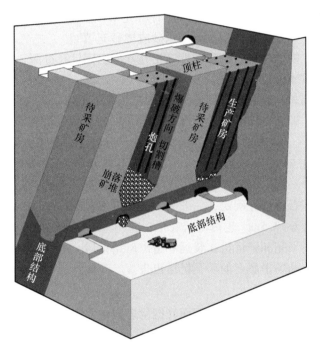

彩色原图

图 19-18 垂直扇形深孔球状药包落矿阶段矿房法

当采用铲运机出矿时，由下盘运输巷道掘装运巷道通达矿房底部的拉底层，与拉底巷道贯通。装运巷道间距一般为 8m，巷道断面为 3m×3m，曲率半径为 6~8m。为保证铲运机在直道状态下铲装，装运巷道长度不小于 8m。

19.5.3.4 切割工作

拉底高度一般为 6m。可留底柱、混凝土假底或平底结构。留底柱时，在拉底巷道矿房中央向上掘 6m 高，宽 2~2.5m 的上向扇形切割槽，然后自拉底巷道向上打扇形中深孔，沿切割槽逐排爆破，矿石运出后，形成堑沟（图 19-17 或图 19-18）。采用混凝土假底柱时，则自拉底巷道向两侧扩帮到上、下盘接触面（指矿房沿走向布置时）。然后打上向平行孔，将底柱采出，再用混凝土形成堑沟式人工假底柱。若不设人工假底柱，则成为平底结构。

19.5.3.5 回采工作

A 钻孔

钻孔多采用大直径深孔，炮孔直径多为 165mm。炮孔排列有垂直平行深孔和扇形孔两种。在矿房中采用垂直平行深孔有下列优点：能使两侧间柱立面保持垂直平整，为下部回采间柱创造良好条件；容易控制钻孔的偏斜率；炮孔利用率高；矿石破碎较均匀。但凿岩硐室工程量大。而扇形孔所需的凿岩巷道工程量显著减少，一般在回采间柱时可考虑采用。

采用垂直平行深孔的孔网规格一般为 3m×3m，按矿石的可爆性确定。各排平行深孔交错布置或呈梅花形布置，周边孔的孔距适当加密。垂直平行深孔的炮孔排列参见图 19-19。

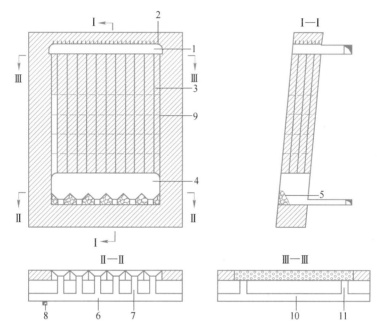

图 19-19　垂直平行深孔球状药包落矿阶段矿房法
1—凿岩硐室；2—锚杆；3—钻孔；4—拉底空间；5—人工假底柱；6—下盘运输巷道；
7—装运巷道；8—溜井；9—分层崩矿线；10—上阶段运输巷；11—穿脉横巷

B　爆破

球状药包所用炸药：必须采用高密度（$1.35 \sim 1.55 \mathrm{g/cm^3}$）、高爆速（$4500 \sim 5000 \mathrm{m/s}$）、高威力（以铵油炸药为 100 时，应为 $150 \sim 200$）的炸药，多采用乳化铵油炸药。

分层爆破参数如下：

（1）选定药包质量。球状药包是指药包长度不大于药包直径的 6 倍的药包。如采用耦合装药，则药包直径应与孔径相同或采用散装炸药。当采用不耦合装药时，药包直径小于钻孔直径。

（2）药包最优埋藏深度。指药包中心距自由面的最佳距离。参考球状药包计算相关理论进行确定。

（3）布孔参数。合理的炮孔间距应考虑矿石的可爆性，使爆破后形成的顶板平整。

单分层装药结构及施工顺序如下：

（1）测孔。在进行爆破设计前要测定孔深，测出矿房下部补偿空间高度。全部孔深测完后，即可绘出分层崩落线并据此进行爆破设计。

（2）堵孔底。将系吊在尼龙绳尾端的预制圆锥形水泥塞下放至孔内预定位置，再下放未装满河沙的塑料包堵住水泥塞与孔壁间隙，然后向孔内填装散沙至预定高度为止。另一种堵孔方法是采用碗形胶皮堵孔塞。用一根 6~8mm 的塑料绳将堵孔塞吊放入孔内，直至下落到顶板孔口外，然后上提将堵孔塞拉入孔内 30~50cm，此时由于胶皮圈向下翻转呈倒置碗形，紧贴于孔壁，有一定承载能力。堵孔后，按设计要求填入适量河沙。

（3）装药。单分层爆破装药结构，是指装药时采用系结在尼龙绳尾端的铁钩钩住预系在塑料药袋口的绑结铁环，借药袋自重下落的装药方法。先向孔内投入一个 10kg 药袋，然后将装有起爆弹的 5kg 药袋直接投入孔内，再投一个 5kg 药袋，上部再投入一个 10kg 药袋。

（4）填塞。药包上面填入河沙或水袋，填塞高度以 2~2.5m 为宜。

起爆网络：采用起爆弹+非电导爆管或数码电子雷管起爆网络。

爆破：采用单分层爆破时，每分层推进高度 3~4m。爆破后顶板平整，一般无浮石和孔间脊部。一般一次可崩落 3~5 层。可根据矿石的可爆性、矿房顶板暴露面积和总崩矿量、底部补偿空间及安全技术要求等因素加以周密设计，再行确定。

C 出矿

（1）出矿设备：多采用铲运机从出矿穿脉中进行出矿。平底结构时，采用遥控铲运机对残留在采场中部的矿石进行运搬。

（2）出矿方式：一般每爆破一分层，出矿约 40%，其余暂留矿房内，待全部崩矿结束后，再行大量出矿。若矿石含硫较高，则产生二氧化硫，易于结块。为减少崩下矿石在矿房的存留时间，使矿石经常处于流动状态，减少矿石结块机会；当矿岩稳固，允许暴露较大的空间和较长的时间时，可采取强采、强出、不限量出矿。铲运机在装运巷道铲装，再转运至溜井，运输距离一般为 30~50m。

19.5.4 阶段矿房法评价

水平深孔落矿阶段矿房法和垂直深孔分段凿岩阶段矿房法具有回采强度大、劳动生产率高、采矿成本低、回采作业安全等优点。但也存在一些严重缺点，如矿柱矿量比重较大（达 35%~60%），回采矿柱的贫化损失大（用大爆破回采矿柱，其损失率达 40%~60%）；水平深孔落矿阶段矿房法崩矿时对底部结构具有一定的破坏性；垂直深孔分段凿岩阶段矿房法采准工作量大等。

垂直深孔球状药包落矿阶段矿房法有下列显著优点：

（1）矿块结构简单，省去了切割天井，大大减少了矿块的采准工程量和切割工程量。

（2）生产能力高，是一种高效率的采矿方法。

（3）采矿成本显著降低，经济效果很好。

（4）球状药包爆破对矿石的破碎效果好，降低了大块产出率，有利于铲运机装运。

（5）工艺简单，各项作业可实现机械化。

（6）作业安全可靠，可改善矿工的作业条件。凿岩工在凿岩硐室或凿岩巷道中钻孔，爆破工也可在凿岩硐室或凿岩巷道中向下装药，保证了作业的安全性。

垂直深孔球状药包落矿阶段矿房法也存在下列缺点：

（1）凿岩技术要求高，必须采用高风压潜孔钻机钻大直径深孔，并结合其他技术措施，才能控制钻孔偏斜。

（2）矿层中如遇矿石破碎带，则穿过破碎带的深孔易于堵塞，处理较困难，有时需用钻机透孔或补打钻孔。

（3）矿体形态变化较大时，矿石贫化损失大。

（4）要求使用高密度、高爆速和高威力炸药，爆破成本较高。

阶段矿房法发展方向：垂直深孔球状药包落矿阶段矿房法，在矿岩稳固、上下盘规整的厚和极厚矿体中，有取代水平深孔和垂直深孔落矿阶段矿房法的趋势。

19.6 空场法空区治理与残矿回收

应用空场采矿法时，矿房回采以后，还残留大量矿柱。对于缓倾斜和倾斜矿体，矿柱矿量占 15% ~ 25%；对于急倾斜厚矿体，矿柱矿量达 40% ~ 60%。为了充分回采地下资源，及时回采矿柱是空场采矿方法第二步骤回采的不可忽视的工作。矿柱存在时间过长，不仅增加同时工作的阶段数目，积压大量的设备和器材，延长维护巷道和风、水、压风管道的时间，增加生产费用，而且由于地压增加，使矿柱变形和破坏，为以后回采矿柱增加困难，甚至不能回采，造成永久损失。同时，矿房回采后在地下形成大量采空区，严重地威胁下部生产阶段的安全，成为以后发生大规模地压活动的隐患。

矿块是回采矿体的基本单元，可划分为矿房和矿柱两步骤回采，是空场采矿法的主要特征。采用空场采矿法中任何一种采矿方法设计矿块时，必须统一考虑矿房和矿柱的结构参数、采准巷道布置、回采方法和工艺、使用的采掘设备以及选取的主要技术经济指标，并且明确规定回采矿房和矿柱在时间上和空间上的合理配合与各回采步骤的产量分配。同时，应详细地提出采空区处理方案、工程量、主要材料消耗和所需的设备。在生产施工时，应按设计规定把矿柱回采和处理采空区落实到年度、季度，甚至月度计划上。

在敞空矿房条件下，回采矿柱的同时就应处理采空区，二者必须互相适应，相互协同。但为了讨论问题方便，将分别介绍矿柱回采方法及采空区处理方法。至于矿房回采、矿柱回采和采空区处理三者在时空上的关系，将在采矿的总体设计和生产进度计划中解决。

19.6.1 矿柱回采方法

矿柱回采方法，主要取决于已采矿房的存在状态。当采完矿房后进行了充填时，广泛采用崩落法或充填法回采矿柱。采完的矿房为敞空时，一般采用空场法或崩落法回采矿柱。

用房柱法开采缓倾斜薄和中厚矿体时，对于连续性矿柱，可局部回采成间断矿柱；对于间断矿柱，可进一步缩采成小断面矿柱或部分选择性回采成间距大的间断矿柱，并采用后退式矿柱回采顺序，运搬完崩落矿石后，再进行采空区处理。

规模不大的急倾斜盲矿体，用空场法回采矿柱后，崩落矿石基本可以全部回收，残留采空区的体积不大，而且又孤立存在，一般采用封闭法处理。

用崩落法回采矿柱和矿块，在回采条件上有很大差别。力求空场法的矿房占较大的比重，而矿柱的尺寸应选择尽可能小的值。崩落矿柱的过程中，崩落矿石和上覆岩石可能相混合，特别是崩落矿石层高度较小且分散；大块较多，放矿的损失贫化较大。

图 19-20 为用留矿法回采矿房后所留下的矿柱情况。为了保证矿柱回采工作安全，在矿房大放矿前，打好间柱和顶底柱中的炮孔。放出矿房中全部矿石后，再爆破矿柱。一般先爆间柱，后爆顶底柱。

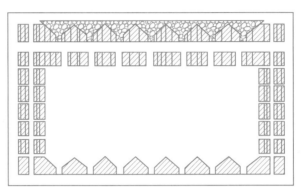

图 19-20　留矿法矿柱回采

矿房用分段凿岩的阶段矿房法回采时，底柱用束状中深孔，顶柱用水平深孔，间柱用垂直上向扇形中深孔落矿（图 19-21）。同次分段爆破，先爆间柱，后爆顶底柱。爆破后，在崩落岩石下面放矿，矿石的损失率高达 $40\% \sim 60\%$。这是由于爆破质量差、大块多，部分崩落矿石留在底板无法放出，崩落矿石分布不均（间柱附近矿石层较高），放矿管理困难等。

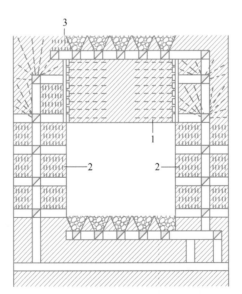

图 19-21　阶段矿房法矿柱回采
1—水平深孔；2—垂直扇形中深孔；3—束状中深孔

降低矿柱的损失率，可以采取以下措施：
（1）同次爆破相邻的几个矿柱时，可先爆中间的间柱，再爆与废石接触的间柱和阶段间矿柱，以减少废石混入。

（2）及时回采矿柱，以防矿柱变形或破坏，且不能全部装药。

（3）增加矿房矿量，减少矿柱矿量。例如矿体较大或开采深度增加，矿房矿量降低至40%以下时，应改为一个步骤回采的崩落采矿法。

19.6.2　采空区处理

采空区处理的目的是，缓和岩体应力集中程度，转移应力集中的部位，或使围岩中的应变能得到释放，改善其应力分布状态，控制地压，保证矿山安全持续生产。

采空区处理方法有崩落围岩、充填和封闭三种。

19.6.2.1　崩落围岩处理采空区

崩落围岩处理采空区的目的是使围岩中的应变能得到释放，减小应力集中程度；用崩落岩石充填采空区，在生产地区上部形成岩石保护垫层，以防上部围岩突然大量冒落，冲击气浪对采准巷道、采掘设备和人员造成危害。

崩落围岩又分自然崩落和强制崩落两种。矿房采完后，矿柱是应力集中的部位。按设计回采矿柱后，围岩中应力重新分布，当某部位的应力超过其极限强度时，即发生自然崩落。从理论上讲，任何一种岩石，当它达到极限暴露面时应能自然崩落。但由于岩体并非理想的弹性体，往往在远未达到极限暴露面积前，由于地质构造原因，围岩某部位即发生破坏。

当矿柱崩落后，围岩跟随崩落或逐渐崩落，并能形成所需的岩层厚度，这是最理想的条件。如果围岩不能很快自然崩落，或者需要将其暴露面积逐渐扩大才能崩落，为保证回采工作安全，则必须在矿房中暂时保留一定厚度的崩落矿石。当暴露面积扩大后，若围岩长时间仍不能自然崩落，则需强制崩落围岩。

一般来说，围岩无构造破坏、整体性好、非常稳固时，需在其中布置工程，进行强制崩落，处理采空区。爆破的部位根据矿体的厚度和倾角确定：缓倾斜和中厚以下的急倾斜矿体，崩落上盘岩石；急倾斜厚矿体，崩落覆岩；倾斜的厚矿体，崩落覆岩和上盘；急倾斜矿脉群，崩落夹壁岩层；露天坑下部空区，崩落边坡。

崩落岩石的厚度一般应满足缓冲保护垫层的需要，达15~20m以上为宜。对于缓倾斜薄和中厚矿体，可以间隔一个阶段放顶，形成崩落岩石的隔离带，以减少放顶工程量。

崩落围岩方法一般采用深孔爆破或药室爆破（用于崩落极坚硬岩石或崩落露天坑边坡）。崩落围岩的工程，包括巷道、天井、硐室及钻孔等，要在矿房回采的同时完成，以保证工作安全。

在崩落围岩时，为减弱冲击气浪的危害，对于离地表较近的空区，或已与地表相通的相邻空区，应提前与地表或与上述空区崩透，形成"天窗"。强制放顶工作，一般与矿柱回采同段进行，且要求矿柱超前爆破。如不回采矿柱，则必须崩塌所有支撑矿（岩）柱，以保证较好强制崩落围岩的效果。

19.6.2.2　充填采空区

在矿房回采之后，可用充填材料（废石、尾砂等）将矿房充满，再回采矿柱。这种方法不但处理了空场法回采的空区，还为回采矿柱创造了良好的条件，提高了矿石回采率。

用充填材料支撑围岩，可以减缓或阻止围岩的变形，以保持其相对的稳定，因为充填材料可对矿柱施以侧向力，有助于提高其强度。

充填法处理采空区，适用于下列条件：

（1）上覆岩层或地表不允许崩落。

（2）开采贵重矿石或高品位的富矿，要求提高矿柱的回采率。

（3）已有充填系统、充填设备或现成的充填材料可资利用。

（4）深部开采，地压较大，有足够强度的充填体，可以缓和相邻未采矿柱的应力集中程度。

充填采空区与充填采矿法在充填工艺上有不同的要求。采空区充填不是随采随充，而是矿房采完后一次充填，因此充填效率高。在充填前，要对一切通向空区的巷道或出口进行坚固地密闭。如用水力充填时，应设滤水构筑物或溢流脱水；干式充填时，上部充不满，充填不密实；胶结充填时，充填料的离析现象严重。

19.6.2.3 封闭采空区

在通往采空区的巷道中，砌筑一定厚度的隔墙，使空区中围岩崩落所产生的冲击气浪，遇到隔墙时能得到缓冲。这种方法适用于空区体积不大，且离主要生产区较远，空区下部不再进行回采工作的条件。对于处理较大的空区，封闭法只是一种辅助方法，如密闭与运输巷道相通的矿石溜井、人行天井等。

19.7 小 结

空场采矿法的基本特征，是将矿块划分为矿房和矿柱两步骤开采，在回采矿房时，用矿柱和矿岩本身的强度进行地压管理。矿房回采后，有的不回采矿柱处理采空区，有的在回采矿柱的同时处理采空区。回采矿房效率高，技术经济指标也好；回采矿柱条件差，工作也困难，矿石损失和贫化很大。采空区处理是应用本类采矿法时必须进行的一项作业。

全面采矿法适用于水平及缓倾斜薄和中厚矿体，回采时留不规则矿柱全面推进。房柱采矿法也适用于水平和缓倾斜矿体，但矿体厚度不限，在回采矿房时留下连续的或间断的矿柱，必要时可后退式回采部分矿柱。当围岩不够稳固时，可采用锚杆进行加固。

留矿法是开采急倾斜薄和中厚矿体的最有效采矿方法。倾角较小时，可采用留矿电耙出矿的变形方案。在矿房中暂留的矿石不能作为支撑上盘围岩的主要手段。

分段矿房法和阶段矿房法，用于倾斜和急倾斜的中厚以上的矿体。垂直深孔球状药包落矿方案属于阶段矿房法的一种，这种采矿法在条件适合的矿体中可以得到迅速推广。

应用本类各种采矿方法回采矿房后，应及时回采矿柱（有的不需要回采矿柱），同时处理采空区。否则，将为矿山遗留严重的安全隐患，可能发生大规模的地压活动，造成资源的巨大损失。

习 题

1 简答题

（1）空场采矿法包含的采矿方法有哪些？

(2) 全面采矿法的使用条件是什么？

(3) 房柱法的使用条件是什么？

(4) 简述浅孔留矿法的使用条件。

(5) 简述分段崩落法的使用条件。

(6) 简述阶段矿房法的使用条件。

(7) 简述浅孔留矿采矿法的特点。

2　论述题

(1) 简述全面法与房柱采矿法的不同点。

(2) 简述典型浅孔留矿采矿法的回采过程。

3　绘图题

基于绘图软件，能够熟练绘制：

(1) 房柱法采矿方法三视图；

(2) 全面法采矿方法三视图；

(3) 浅孔留矿法三视图；

(4) 分段矿房法三视图；

(5) 分段凿岩阶段矿房法；

(6) VCR 采矿法。

4　扩展阅读

[1] 徐帅，安龙，李元辉，等 . 基于 SOM 的深埋厚大矿体采场结构参数优化研究 [J]. 采矿与安全工程学报，2015，32（6）：883-888.

[2] 安龙，徐帅，任少峰，等 . 深部厚大矿体回采顺序设计及优化研究 [J]. 东北大学学报（自然科学版），2013，34（11）：1642-1646.

[3] 李元辉，东龙宾，解世俊，等 . 阶段矿房法采空区围岩稳定性分析及处理方案 [J]. 金属矿山，2013（11）：17-20.

20 崩落采矿法

本章课件

本章提要

本章主要讲解典型崩落采矿方法中的单层崩落采矿法、有底柱分段崩落法、无底柱分段崩落法和阶段崩落法中的阶段强制崩落法、自然崩落法。采矿方法讲解时，按照矿体从缓倾斜到急倾斜，从薄、中厚到厚大矿体的顺序进行讲解。每种采矿方法均介绍了采矿方法的特征、适用条件、结构参数、采准切割工程、回采工作和评价。通过本章学习，达到能灵活选择满足条件的崩落采矿法。

崩落采矿法是以崩落围岩来实现地压管理的采矿方法。随着矿石崩落，强制或自然崩落围岩充填采空区，以控制和管理地压，称为崩落采矿法。

崩落采矿法类中包括下列采矿方法：（1）单层崩落法；（2）分层崩落法；（3）分段崩落法；（4）阶段崩落法。前两种方法采用浅孔落矿，一次崩矿量小，在矿石回采期间，工作空间需要支护，随着回采工作面的推进，崩落上部岩石用以充填采后空间。这两种方法的工艺过程较复杂，生产能力较低，但矿石损失贫化较小。后两种方法经常用深孔或中深孔落矿，一次崩矿量大，生产能力较高，故也称大量崩落法。上覆岩石在崩落矿石同时崩落下来，并在崩落岩石覆盖下放出矿石，故矿石损失贫化较大。

崩落采矿法随着覆盖岩层的崩落，造成上覆岩层的变形和破坏，这种变形和破坏逐渐传导到地表，导致地表的变形与破坏，形成地表沉降和塌陷。因此，崩落法的使用会对地表的环境造成较大的影响。崩落法使用时，需要考虑地表环境是否允许变形和塌陷。

20.1 单层崩落法

单层崩落法主要用来开采顶板岩石不稳固，厚度一般小于 3m 的缓倾斜矿层，如铁矿、锰矿、铝土矿和黏土矿等。将阶段间矿体划分成矿块，矿块回采工作按矿体全厚沿走向推进。当回采工作面推进一定距离后，除保留回采工作所需的空间外，有计划地回收支柱并崩落采空区的顶板，用崩落顶板岩石充填采空区，借以控制顶板压力。

顶板岩石的稳固程度不同，顶板允许的暴露面积也不一样。根据允许暴露面积，采用不同的工作面形式。按工作面形式可将单层崩落法分为长壁式崩落法（简称长壁法）、短壁式崩落法（简称短壁法）和进路式崩落法三种。

20.1.1 长壁式崩落法

长壁式崩落法（longwall mining method）的工作面是壁式的，工作面的长度等于整个矿块的斜长，所以称为长壁式崩落法。

20.1.1.1 矿块结构参数及采准布置

矿块的采准工程布置如图 20-1 所示。

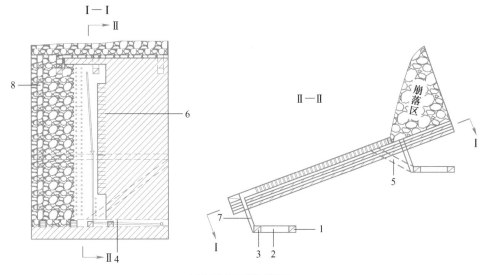

(a) 长壁式崩落法三视图

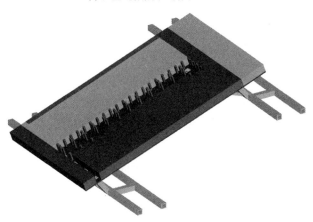

(b) 长壁式崩落法三维模型

图 20-1 长壁式崩落法

1—阶段沿脉运输巷道；2—联络巷道；3—沿脉装矿巷道；
4—切割巷道；5—安全道；6—炮孔；7—矿石溜井；8—切割上山

彩色原图

（1）阶段高度。阶段高度取决于允许的工作面长度，而工作面长度主要受顶板岩石稳固性和电耙有效运距的限制。在岩石稳定性好，且能保证矿石产量情况下，加大工作面长度，可以减少采准工程量，工作面长度一般为 40~60m。

（2）矿块长度。长壁工作面是连续推进的，对矿块沿走向的长度没有严格要求。加大矿块长度可减少切割上山的工程量，因此，矿块长度一般是以地质构造（如断层）为划分界限，并考虑为满足产量要求在阶段内所需要的同时回采矿块数目来确定。其变化范围较大，一般为 50~100m，最大可达 200~300m。

20.1.1.2 采准工作

（1）阶段沿脉运输巷道。该巷道可以布置在矿层或底板岩石中。当矿层底板起伏不平，或者由于断层多和地压大，以及同时开采几层矿层时，为了保证运输巷道的平直、巷道的稳固性和减少矿柱损失等，经常将运输巷道布置在底板岩石中。

（2）矿石溜井。沿装车巷道每隔 5~6m，向上掘进矿石溜井，并与采场下部切割巷道贯通，断面为 1.5m×1.5m。暂时不用的矿石溜井，可作临时通风道和人行道。

（3）安全道。采场每隔 10m 左右施工一条安全道，并与上部阶段巷道连通，它是上部行人、通风和运料的通道，断面一般为 1.5m×1.8m。为了保证工作面推进到任何位置，都能有一个安全出口，安全道之间的距离，不应大于最大悬顶距。

20.1.1.3 切割工作

切割工作包括掘进切割巷道和切割上山。

（1）切割巷道。切割巷道既可作为崩矿自由面，也是安放电耙绞车和行人、通风的通道。它位于采场下部边界的矿体中，沿走向掘进，并与各个矿石溜井贯通，宽度为 2m，高度为矿层的厚度。

（2）切割上山。切割上山一般位于矿块的一侧，连通下部矿石溜井与上部安全道，宽度应保证开始回采所必需的工作空间，一般为 2~2.4m，高度为矿层厚度。

当顶板岩石比较破碎、稳固性很差时，切割巷道和切割上山在采准期间留 0.3~0.5m 的护顶矿，待回采时挑落。

20.1.1.4 回采工作

A 回采工作面形式

常见的回采工作面形式有直线式和阶梯式两种，如图 20-2 所示。

直线工作面上下悬顶距离相等，有利于顶板管理。但在工作面只有一条运矿线，当采用凿岩爆破崩矿时，回采的各种工作不能平行作业，故采场生产能力较低。如果用风镐落矿和输送机运矿（如黏土矿），采用直线式工作面最为合适。

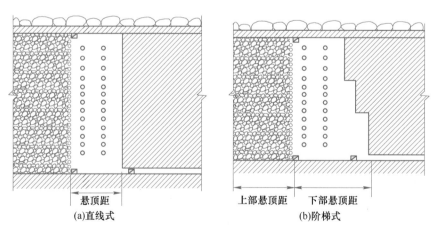

图 20-2 回采工作面形式

阶梯式工作面可分为二阶梯与三阶梯，多为三阶梯工作面。下阶梯多是指下阶梯超前于上阶梯 1.5m（即工作面一次推进距离）。阶梯式工作面的优点是落矿、出矿和支护分别在不同阶梯上平行作业，可缩短回采工作的循环时间，提高矿块的生产能力。缺点是下部悬顶距大，并且根据实际经验，采场最大压力常常在工作面长度的三分之一处（由下面算起）出现，从而增大了管理顶板的困难。

长壁式崩落法的回采工作包括落矿、运搬、支护和放顶等各项工作。

B 落矿

采用浅孔爆破，用轻型凿岩机凿岩，根据矿层厚度、矿石硬度以及工作循环的要求，选取凿岩爆破参数。在布置炮孔时应注意不要破坏顶、底板和崩倒支柱，也不应使爆堆过于分散以保证安全生产、减小损失贫化和有利于电耙出矿。

根据矿层的厚度不同，选用"一"字形、"之"字形和"梅花"形炮孔排列。炮孔深度为1.2~1.8m，稍大于工作面的一次推进距离。推进距离应与支柱排距相适应，以便在顶板压力大时能按设计及时进行支护。此外，孔深还应考虑工作循环的要求。最小抵抗线为0.6~1.0m，矿石坚硬时取小值。传爆系统采用非电导爆管或数码电子雷管。

C 出矿

大多数矿山的回采工作面都采用电耙出矿。电耙绞车安设在切割巷道或硐室中，随回采工作面的推进，逐渐移动电耙绞车。当电耙绞车的安装位置使电耙司机无法观察工作面的耙运情况时，应由专人用信号指挥电耙绞车司机操作，或者直接由电耙司机在工作面根据耙运情况，远距离控制电耙绞车。

D 顶板管理

随长壁工作面的推进，顶板暴露面积逐渐加大，顶板压力也随之增大，如不及时处理，可能出现支柱被压坏，甚至引起采空区全部冒落，被迫停产。为了减少工作空间的压力，保证回采工作正常进行，当工作面推进一定距离后，除了保证正常回采所需要的工作空间用支柱支护，应将其余采空区中的支柱全部（或一部分）撤除，使顶板崩落下来，用崩落下来的岩石充填采空区。顶板岩石崩落后，采空区暴露面积减少，因此工作空间顶压也随之减小，形成一个压力降低区（图20-3中a区域，c区域为应力稳定区，b区域为回采造成的应力升高区）。这种有计划地撤除支柱崩落顶板充填采空区的工作称为放顶。

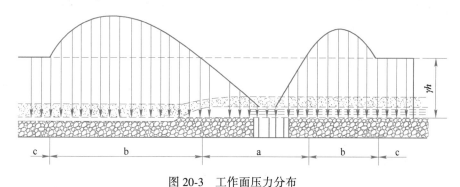

图20-3 工作面压力分布
a—应力降低区；b—应力升高区；c—应力稳定区

每次放顶的宽度称为放顶距。放顶后所保留的能维持正常开采工作的最小宽度称为控顶距，一般为2~3排的支柱距离。顶板暴露的宽度称为悬顶距，放顶时悬顶距为最大悬顶距，等于放顶距与控顶距之和，最小的悬顶距等于控顶距（图20-3）。

放顶距及控顶距根据岩石稳固性、支柱类型及工作组织等条件确定。放顶距变化的范围较大，由一排到五排的支柱间距。合理的放顶距应在保证安全的前提下，使支护工作量及支柱消耗量最小，同时使工作面采矿强度及劳动生产率最大。因此，要加强顶板管理工作。除去加强顶板支护与放顶工作外，必须注意总结与掌握采场地压分布状态和活动规律，以便更好地确定顶板管理中的有关参数。

a　支护

工作面支护的作用主要是延缓顶板下沉，防止顶板局部片落，以保证回采工作正常进行。因此，支柱应具有一定的刚性和可缩性，即支柱应既有一定的承载能力，又可在压力过大时，借助一定的可缩量，避免损坏。

木支柱一般是用削尖柱脚和加柱帽的方法获得一定的可缩量；金属支柱则是利用摩擦力或液压装置来获得一定的可缩量。为了防止顶板冒落，应及时支护。此外，必须保证架设质量，使所有支架受力均匀。

工作面支护形式有如下几种：

（1）木支护。当顶板完整性较好时，采用带柱帽或不带柱帽的立柱或丛柱。柱帽交错排列如图20-4所示。支柱直径一般为180～200mm，排距为0.8～1.6m，间距为0.8～1.2m。当顶板岩石破碎时，采用棚子支护；顶板很破碎时，还应在棚子上加背板。

（2）金属支护。金属支护支承能力比木支护大，并能多次重复使用，但重量大，使用不便。在矿层顶底板形态稳定和厚度变化不大时，还可以使用液压掩护式支架。

除木支护和金属支护外，还有锚杆、木垛和矿柱等支护形式。锚杆一般与木支护配合使用，可增大支柱间距，减少木材消耗量。木垛具有较大的支承面积和支承能力，一般用在暴露面积比较大的矿石溜井口和安全道口的两侧。

b　放顶

当回采工作面推进到规定的悬顶距时，暂时停止回采，并按下列步骤进行放顶：

（1）将控顶距和放顶距交界线上的一排支柱加密，形成单排或双排的不带柱帽的密集支柱。采场地压大时，用双排密集支柱；反之，用单排支柱。

（2）如图20-4所示，在放顶区内回收支柱，一般采用安装在上部阶段巷道的回柱绞车进行。回柱顺序是沿倾斜方向自下而上，沿走向方向先远后近（对工作面而言）。如果顶板条件很坏，地压很大或其他原因，不能回收支柱或不能全部回收时，将残留在采空区的支柱钻一个小孔装入炸药，或直接在支柱上捆上炸药，将支柱崩倒。

一般情况下，在放顶区矿柱回收后，顶板以切顶支柱为界自然冒落。如顶板不能及时自然冒落，则应预先在切顶密集支柱外0.5m处，逆推进方向打一排倾角约为60°的炮孔，孔深1.6～1.8m，并装药爆破，强制顶板崩落。

矿块开始回采的第一次放顶与以后各次放顶的情况是不同的。第一次放顶的条件比较困难，因为这时顶板类似两端固定的梁，压力出现比较缓慢，不容易全放下来。而以后各次放顶，顶板类似一端固定的悬臂梁，容易放顶。因此，第一次放顶的悬顶距大，一般为常规放顶距的1.5～2倍。尤其是当直接顶板比较好时，常产生顶板不下落或冒落高度不够的现象，造成下一次放顶前压力很大，致使工作面冒落。在第一次放顶时，应认真做好准备，如加强切顶支柱，必要时采用双排密集支柱切顶，同时加强控顶区的维护；当顶板

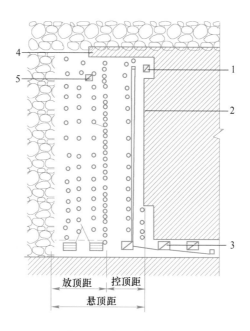

图 20-4 放顶工作示意图

1—安全出口；2—长壁工作面；3—矿石溜井；4—顶柱；5—已封闭的溜井

不易冒落时，可用爆破进行强制放顶。

放顶时能及时冒落下来的岩层称为直接顶。直接顶上部比较稳固的岩层，经过多次放顶后，达到一定的暴露面积才会发生冒落，这层顶板称为老顶，如图 20-5 所示。老顶大面积冒落前，会使工作面压力急剧增加，如果管理不妥，甚至会将整个工作面压垮。老顶冒落引起长壁工作面地压激烈增长的现象，称为二次顶压。二次顶压的显现情况与直接顶的岩性和厚薄有关。当直接顶比较厚时，放顶后直接顶所冒落的岩石能支撑老顶，因此二次顶压的现象并不明显。相反，直接顶较薄，则二次顶压较大，这时应特别注意加强顶板管理，掌握二次顶压的来压规律（时间和距离），采取相应措施，如加强切顶支柱和工作面支柱、及时放顶等。

有时在矿层和直接顶之间，有一层薄而松软的岩石，随着回采工作面的推进而自行冒落，这层岩石称为伪顶。伪顶的存在不仅会增加矿石的贫化，还会影响支柱的质量，对生产不利。所以，如有伪顶存在，要注意加强顶板管理工作，保证生产安全。

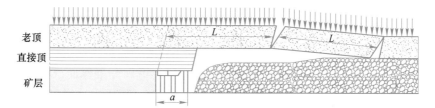

图 20-5 直接顶与老顶

在顶板管理中，除做好支护工作外，还应努力提高工作面的推进速度，因为影响地压活动的诸因素中，除地质条件外，时间因素也很重要。实践证明，推进速度快、顶板下沉量小，支柱承受的压力也小，支柱的消耗量也相应减少，这对安全和生产都极为有利。

E 通风

长壁工作面的通风条件较好，新鲜风流由下部阶段运输巷道经行人井、切割巷道进入工作面。清洗工作面后的污风经上部安全道，排至上部阶段巷道。走向长度大时，应考虑分区通风。

20.1.1.5 开采顺序

多阶段同时回采时，上阶段应超前下阶段，其超前距离应以保证上部放顶区的地压已稳定为原则，一般不小于50m。阶段回采多采用后退式，在矿块中工作面的推进方向通常与阶段的回采顺序一致，但若矿块中有断层，则应使工作面与断层面成一定的交角，尽力避免两者平行。此外，工作面应由断层的上盘向下盘推进，如图20-6（a）所示，以便工作面推进到断层时，由矿石和岩石托住断层上盘岩体。如推进方向相反，则断层下的岩体作用在支柱上，容易压坏支柱，造成冒顶事故，如图20-6（b）所示。

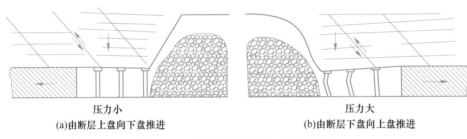

压力小   压力大
(a)由断层上盘向下盘推进   (b)由断层下盘向上盘推进

图 20-6 工作面推进方向与地压的关系

当开采多层矿时，上层矿的回采应超前于下层矿；待上层矿采空区地压稳定后，才能回采下层矿。下层矿比上层矿推后三个月采准，推后六个月回采。

20.1.1.6 劳动组织

长壁法由于工作面要求及时支护，为了提高矿块的生产能力，加快推进速度，必须保证落矿、出矿和支护三大作业之间很好地配合，在同一个班内常需同时进行各种作业，故一般采用综合工作队的劳动组织，由20~40人组成。

阶梯工作面的落矿、出矿和支护三项作业分别在不同阶梯上平行进行。工作面的作业循环，多采用一昼夜一循环的组织形式，即工作面的每一阶梯上每昼夜各完成一次落矿、出矿和支护作业。

20.1.2 短壁式崩落法

当矿层的顶板稳固性较差时，采用长壁工作面不容易控制顶板地压。此时，可在上下阶段巷道之间，沿矿层的走向掘进分段巷道，用分段巷道划分工作面，将工作面长度缩小，形成短壁，以利于顶板管理。工作面长度多在20~25m以下，这样布置工作面的采矿法称为短壁式崩落法。

图20-7是短壁式崩落法的示意图，其回采作业与长壁法基本相同。上部短壁工作面超前于下部，上部短壁工作面采下矿石经过分段巷道和上山运到阶段运输巷道后，装车运走。采场采用电耙运搬，分段巷道和上山多用电耙，也可采用矿车转运。

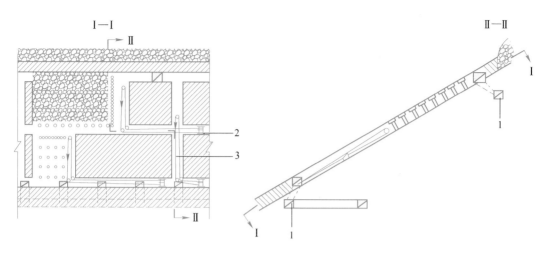

图 20-7　短壁式崩落法示意图

1—阶段运输巷道；2—分段巷道；3—上山

20.1.3　进路式崩落法

如果矿层稳定性更差，且不允许采用短壁工作面回采时，则可采用进路式崩落法。其特点是将矿块用分段巷道或上山划分成沿走向的小分段或沿倾斜的条带，从分段巷道或上山向两侧（或一侧）用进路进行回采，如图 20-8 所示。进路的宽度视顶板岩石稳固性而定。顶板岩石稳固性差时，采用宽度只有 2.0~2.5m 的窄进路；顶板条件稍好时，有时可将进路加宽到 5~7m，以提高工作面的生产能力。进路采完后便放顶。有时为了避免贫化及改善进路的支护条件，在进路靠已回采区域的一侧留有宽为 1.0~1.5m 的临时矿柱，矿柱在放顶前进行回收。

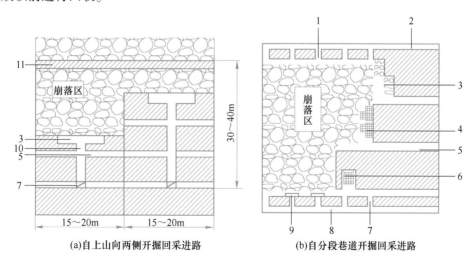

(a)自上山向两侧开掘回采进路　　(b)自分段巷道开掘回采进路

图 20-8　进路式崩落法示意图

1—安全口；2—回风巷道；3—窄进路；4—临时矿柱；5—分段巷道；
6—宽进路；7—矿石溜井；8—阶段运输巷道；9—隔板；10—上山；11—顶柱

20.1.4 单层崩落法的评价

单层崩落法是开采顶板岩石不稳固，厚度小于 3m，倾角小于 30°的层状矿体的有效采矿方法。应用单层崩落法时，地表必须允许崩落。

长壁法的采准工作和工作面布置比较简单，因此，同其他可用采矿方法相比，长壁法是一种生产能力大、劳动生产率高、损失贫化小、通风条件好的采矿方法。这种方法在国内外金属矿或非金属矿均得到比较广泛的应用。

短壁法工作面短小，灵活性大，但矿块的生产能力和劳动生产率均低于长壁法。此法适用于地质条件复杂、地压较大的条件。如果地质条件复杂和地压过大，采用短壁法也不可能时，可用进路式崩落法回采。

应进一步研究和掌握地压活动规律，改进顶板管理工作，应用机械化的金属支架，如液压自行掩护支架，借以减轻体力劳动，提高安全程度和工作面的推进速度。

此外，应研制新型工作面运搬设备，特别是能用于底板起伏不平的运搬机械；改进现有的运搬机械，以提高工作面的运搬能力。

20.2 有底柱分段崩落法

有底部结构的分段崩落法的主要特征是：第一，按分段逐个进行回采；第二，在每个分段下部设有出矿专用的底部结构。分段的回采由上向下逐分段依次进行。依照落矿方式，有底柱分段崩落法可分为水平深孔落矿有底柱分段崩落法与垂直深孔落矿有底柱分段崩落法两种。前一种方法具有比较明显的矿块结构，每个矿块一般都有独立完整的出矿、通风、行人和运送材料设备等系统；在崩落层的下部一般都需要开掘补偿空间，进行自由空间爆破。后一种方法的落矿大都采用挤压爆破，并且连续回采，矿块没有明显的界限。

20.2.1 水平深孔落矿有底柱分段崩落法

20.2.1.1 概述

水平深孔落矿有底柱分段崩落法的典型方案如图 20-9 所示。每个阶段可划分为 2~3 个分段，每个分段下部都设有底部结构，崩矿前须在崩落矿石层下部拉底和开掘补偿空间 7。若矿石稳固性较差或拉底面积较大，可留临时矿柱 8，临时矿柱与上部矿石一起崩落。补偿空间开掘后，一次爆破上面的水平深孔，形成 20~30m 高的崩落矿石层，并在覆岩下放矿，用电耙出矿。矿石经电耙道 6 耙至矿石溜井 5，溜井下口与穿脉运输巷道 2 相通。矿石在穿脉巷道装车，再经构成环形运输的上、下盘沿脉运输巷道 1、3 运走。

新鲜风流由下盘脉外行人通风天井 4 进入，清洗电耙道后，经另一端的通风天井流至上阶段的回风巷道排出。在脉内开掘凿岩天井 9，自凿岩天井开掘联络道 10，进入崩矿边界后开掘凿岩硐室 11，上下凿岩分层的联络道和凿岩硐室分别布置在天井的不同侧面，自凿岩硐室钻凿深孔 12。

20.2.1.2 矿块结构参数

阶段高度主要取决于矿体倾角、厚度和形状规整程度，一般为 40~60m。

电耙道间距和耙运距离。在保证底部结构稳固性的前提下，应缩小耙道间距，以利于

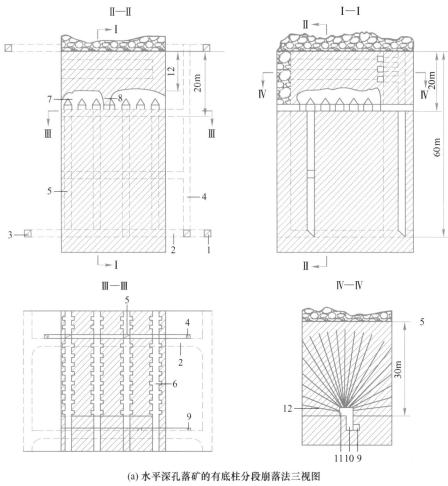

(a) 水平深孔落矿的有底柱分段崩落法三视图

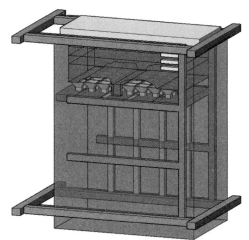

(b) 有底柱分段崩落法三维模型

图 20-9　水平深孔落矿的有底柱分段崩落法

彩色原图

1—下盘脉外运输巷道；2—穿脉运输巷道；3—上盘脉外运输巷道；4—行人通风天井；5—放矿溜井；
6—耙矿巷道；7—补偿空间；8—临时矿柱；9—凿岩天井；10—联络道；11—凿岩硐室；12—深孔

提高矿石回采率，一般变化在 10~15m 范围内。耙运距离一般为 30~50m，加大耙运距离时，电耙效率显著降低。

水平深孔落矿的矿块尺寸主要取决于矿体厚度、矿石稳固性（允许拉底面积）、凿岩设备（钻凿炮孔深度）以及电耙出矿的合适耙运距离和耙道间距等。当矿体厚度小于15m 时，沿走向布置矿块，矿块长度常按耙运距离确定。当矿体厚度大并且矿体形状比较规整，厚度与下盘倾角又变化不大时，可沿走向布置耙道，穿脉巷道装车，穿脉巷道间距可取 30m。反之，多采用垂直走向布置耙道，在沿脉巷道装车。此时可根据矿体厚度等条件取 2~4 条耙道为一个矿块。

底柱高度主要取决于矿石稳固性和受矿巷道形式。采用漏斗底部结构时，分段底柱常为 6~8m；阶段底柱宜设储矿小井，以消除耙矿和阶段运输间的相互牵制。此时底柱高度为 11~13m。

20.2.1.3 采准工作

为提高矿块生产能力和适应这种采矿方法溜井多的特点，在阶段运输水平多用环形运输系统。在环形运输系统中，有穿脉装车和沿脉装车两种形式（图 20-10）。穿脉装车的优点是，由于溜井布置在穿脉巷道内，运输很少受装载的干扰，故阶段运输能力较大；此外，可利用穿脉巷道进行探矿。它的缺点是采准工程量大。确定穿脉巷道长度时要考虑溜井装车过程中整个列车都停留在穿脉巷道上，不阻挡沿脉巷道的通行。穿脉巷道间距要与耙道的布置形式、长度和间距相适应，一般为 25~30m。

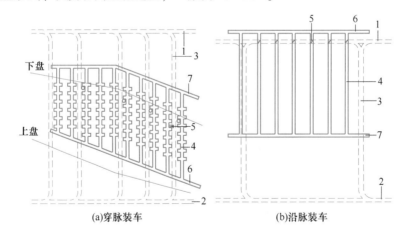

(a)穿脉装车　　　　　　　　(b)沿脉装车

图 20-10　环形运输系统

1—下盘阶段运输巷道；2—上盘阶段运输巷道；3—穿脉运输巷道；
4—电耙道；5—矿石溜井；6—联络道；7—回风道

采场溜井主要有两种布置形式：（1）各分段电耙道都有独立的矿石溜井；（2）上、下各分段电耙道通过分支溜井与矿石溜井相连。前一种形式的出矿强度大，便于掘进和出矿计量管理，但掘进工程量大；后一种形式的工程量小，但施工比较复杂，不便于出矿计量。设计时应结合具体条件，根据放矿管理、工程量和生产能力等要求选取。溜井断面一般为 1.5m×2m 或 2m×2m。溜井的上口应偏向电耙道的一侧，使另一侧有不小于 1m 宽的人行通道。溜井多采用垂直方向，便于施工。倾斜溜井上部分段（长溜井）不小于

60°，最下分段（短溜井）不小于55°。

采准天井用于行人、通风和运送材料设备等。采准天井有两种布置形式：（1）按矿块布置，即每个矿块都有独立的矿块天井；（2）按采区布置，几个矿块组成一个采区，每个采区布置一套天井。采区天井可以减少采准工程量，同时，还可在采区天井中安装固定的提升设备，改善劳动条件。

电耙巷道的布置常取决于矿体厚度：当矿体厚度小于15m时，多用沿脉布置耙道；当矿体厚度大时，一般多用垂直走向布置；当矿体厚度变化不大、形状比较规整时，也可采用沿走向布置耙道。此时，矿石溜井等都布置在矿体内，可减少岩石工程量。

底部结构是由电耙道、放矿口（斗穿）、漏斗颈和受矿巷道（漏斗或堑沟）等组成。有的矿山为了增加矿石流通性、减少堵塞次数和降低堵塞位置，增大了出矿巷道尺寸，例如，把漏斗颈和放矿口尺寸增大到2.5m×2.5m。由于在覆岩下放矿，漏斗间距在底柱稳固性允许的前提下以小为好，一般取5~6m。

凿岩天井的位置和数量主要取决于矿块尺寸、凿岩设备性能和矿石可凿性等。采用深孔爆破时，自天井每隔一定距离交错布置凿岩硐室，凿岩硐室规格为3.5m×3.5m×3.0m，采用中深孔爆破时，炮孔可自天井直接钻凿。

20.2.1.4 切割工作

矿石稳固时，采用中深孔切割拉槽的方法进行拉槽。

在不稳固的矿石中，因不允许在落矿前形成较大的水平补偿空间，所以常用拉底巷道的空间作为补偿空间。具体方法是在拉底水平上掘进成组的平巷和横巷，并在平巷和横巷间的矿柱中钻凿深孔。这些深孔与落矿深孔同次超前爆破，从而形成缓冲垫层和补偿空间。

20.2.1.5 回采工作

这种方法的落矿常用水平扇形深孔自由空间爆破方式。深孔常用YQ-100型潜孔钻机钻凿，一般最小抵抗线为3~3.5m，炮孔密集系数为1~1.2，孔径为105~110mm，孔深一般为15~20m。中深孔用YGZ-90型凿岩机和中深孔凿岩台车钻凿。

出矿作业通常包括放矿、二次破碎和运矿等三项内容。崩落的矿石有70%~80%是在岩石覆盖下放出来的。随着矿石的放出，覆盖岩石也随之下降，崩落矿石与覆盖岩石的直接接触引起了矿石的损失与贫化。因此，在出矿中必须编制放矿计划，按放矿计划实施放矿，控制矿岩接触面形状及其在空间位置的变化，对降低放矿过程中的矿石损失贫化是极为重要的。

20.2.1.6 采场通风

由于采空区崩落和采场结构复杂，采场通风条件较差，因此，须正确选择通风方式和通风系统，合理布置通风工程。对通风的具体要求如下：

（1）原则上宜采用压入式通风，以减少漏风。当井下负压不大时，采用单一压入式即可；负压很大时，则应采用以压入式为主的抽压混合式通风。

（2）将通风的重点放到电耙层，把电耙层的通风系统和全矿总通风系统直接联系起来，使新鲜风流直接进入电耙层。

（3）电耙道上的风向应与耙运的方向相反，风速要满足0.5m/s要求，以迅速排除炮烟、粉尘和其他有害气体，并达到降温的目的。凿岩平巷和硐室也应尽可能有新鲜风流贯通，使凿岩和装药条件得到改善。

（4）尽可能避免全部使用脉内采准，因为这很难构成正规的通风系统。

20.2.1.7 评价

水平深孔落矿有底柱分段崩落法用来开采矿石稳固、形状规整、急倾斜中厚以上的矿体较为合适。该法每次爆破矿量较大，一般不受相邻采场的影响，有利于生产衔接。该法的缺点是，在天井与硐室中凿岩，凿岩工作条件不好；此外，要求矿体条件（厚度、倾角、形状规整程度）较高，适应范围小，灵活性较差。因此，该法在我国使用得不多。

20.2.2 垂直深孔落矿有底柱分段崩落法

垂直深孔落矿有底柱分段崩落法大都采用挤压爆破。应用这种方法开采中厚矿体的典型方案，如图 20-11 所示。

20.2.2.1 矿块结构参数

垂直深孔落矿有底柱分段崩落法的矿块结构参数与水平深孔落矿有底柱分段崩落法基本相同，阶段高 50~60m，分段高 15~25m，分段底柱高 6~8m；矿块尺寸常以电耙道为单元进行划分，矿块长 25~30m，宽 10~15m。

20.2.2.2 采准工作

由图 20-11 可见，这个方案采准布置特点是：下盘脉外采准布置，即出矿、行人、通风和运送材料等采准工程都布置于下盘脉外。阶段运输为穿脉装车的环形运输系统。电耙道也布置于下盘脉外，单侧堑沟式漏斗。下两个分段采用独立垂直放矿溜井，上两个分段采用倾斜分支放矿溜井。

每 2~3 个矿块设置一个行人进风天井，用联络道与各分段电耙道贯通，用作行人、进风、运送材料和敷设管缆。每个矿块的高溜井都与上阶段脉外运输巷道相通，且以联络道与各分段电耙道相连，作为各分段电耙道的回风井。

20.2.2.3 切割工作

切割工作是开掘堑沟和切割立槽。

堑沟是由在堑沟巷道内钻凿垂直上向扇形中深孔（图 20-11），与落矿同次分段爆破而成。堑沟炮孔爆破的夹制性较大，所以常把扇形两侧的炮孔适当地加密。靠电耙道一侧边孔倾角通常不小于 55°。为了减少堵塞次数和降低堵塞高度，在耙道的另一侧钻凿 1~2个短炮孔，短炮孔倾角控制在 20° 左右。

堑沟切割有工艺简单、工作安全、效率高且容易保证质量等优点，所以使用得比较普遍。但堑沟对底柱切割较大，且堑沟爆破的作用较强，故底部结构稳固性会受到一定影响。

开凿切割立槽的目的是给落矿堑沟开掘自由面和提供补偿空间。堑沟拉槽方法主要采用中深孔拉槽。详细工艺参考 16 章中深孔拉槽。

20.2.2.4 回采工作

一般用中深孔或深孔落矿。中深孔常用 YGZ-90 型凿岩机或中深孔凿岩台车；深孔常用 YQ-100 型潜孔钻机或深孔凿岩台车钻凿。中深孔落矿使用广泛。

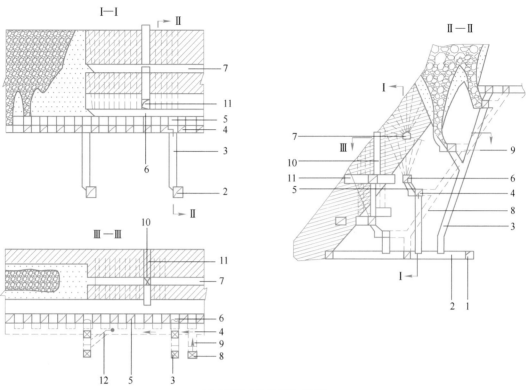

(a) 有底柱分段崩落法三视图

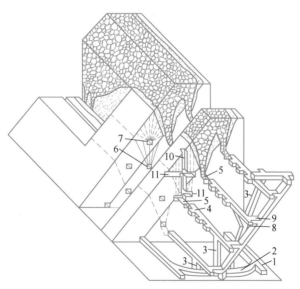

(b) 有底柱分段崩落法三维图

图 20-11　垂直深孔落矿有底柱分段崩落法

1—阶段沿脉运输巷道；2—阶段穿脉运输巷道；3—矿石溜井；4—耙矿巷道；
5—斗颈；6—堑沟巷道；7—凿岩巷道；8—行人通风天井；9—联络道；10—切割井；
11—切割横巷；12—电耙巷道与高溜井的联络道（回风用）

为了减少采准工程量,可将凿岩巷道与堑沟巷道合为一条,如图 20-12 所示。把前面方案的菱形崩矿分间改为矩形崩矿分间,崩下的矿石很大一部分暂留,由下分段放出。

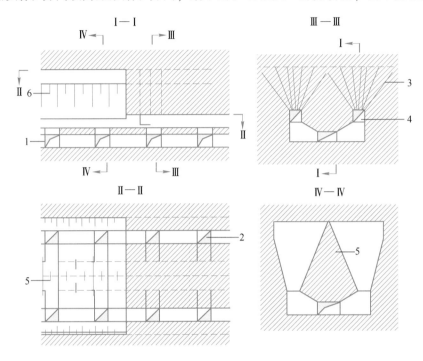

图 20-12 堑沟结构
1—电耙道;2—放矿口;3—中深孔;4—堑沟巷道;5—桃形矿柱;6—堑沟坡面

在上向垂直扇形中深孔落矿有底柱分段崩落法中,广泛使用挤压爆破。

按崩落矿石获得补偿空间的条件,又可分为小补偿空间挤压爆破和向崩落矿岩挤压爆破两种回采方案。

A 小补偿空间挤压爆破方案

如图 20-13 所示,崩落矿石所需要的补偿空间是由崩落矿体中的井巷空间提供。常用的补偿空间系数为 15%~20%。补偿空间系数过大,不但会增加采准工程量,而且还可能降低挤压爆破的效果;补偿空间系数过小,容易出现过挤压甚至"呛炮"现象。在设计时可参考下列情况选取补偿空间系数的数值:

(1) 矿石较坚硬、桃形矿柱稳固性差或补偿空间分布不均匀、落矿边界不整齐等,可取较大的数值。

(2) 矿石破碎或有较大的构造破坏、相邻矿块都已崩落、电耙巷道稳固、补偿空间分布均匀、落矿边界整齐等,可取较小的数值。

矿块的补偿空间系数确定后,可进行矿块采准切割工程的具体布置,使其分布于落矿范围内的堑沟巷道、分段凿岩巷道、切割巷道、切割天井等。工程体积与落矿体积的比值符合确定的数值。当出现补偿空间与要求数量不一致时,常用变动切割槽的宽度、增加切割天井的数目、调整切割槽间距等办法求得一致。

一般过宽的切割槽,施工较困难,且因其空间集中,会影响挤压爆破效果;增减切割天井数目，可调范围也不大；所以通常是以调整切割槽的间距，即用增减切割槽的数目来适应确定的补偿空间系数。

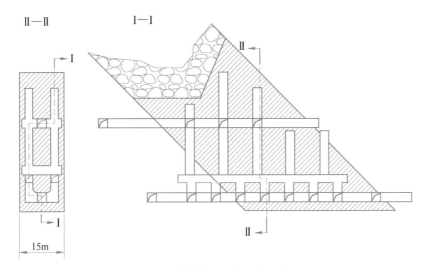

图 20-13　小补偿空间挤压爆破方案

小补偿空间挤压爆破回采方案的优缺点和适用条件如下。

优点：

（1）灵活性大，适应性强，一般不受矿体形态变化、相邻崩落矿岩的状态、一次爆破范围的大小、矿岩稳固性等条件的限制。

（2）对相邻矿块的工程和炮孔等破坏较小。

（3）补偿空间分布比较均匀，且能按空间分布情况调整矿量，故落矿质量一般较好，而且比较可靠。

缺点：

（1）采准切割工程量大，一般为 15~22m/kt，比向崩落矿岩方向挤压爆破的采准切割量大 3~5m/kt。

（2）采场结构复杂，施工机械化程度低，施工条件差。

（3）落矿的边界不够整齐。

适用条件：

（1）各分段的第一个矿块或相邻部位无崩落矿岩。

（2）矿石较破碎或需降低对相邻矿块的破坏影响。

（3）为生产或衔接的需要，要求一次崩落较大范围。

B　向崩落矿岩方向挤压爆破方案

如图 20-14 所示，矿块的下部是用小补偿空间挤压爆破形成堑沟切割，上部为向相邻崩落矿岩挤压爆破。

实施向相邻崩落矿岩挤压爆破（也称侧向挤压爆破）时，在爆破前，需对前次崩落的矿石进行松动放矿，其目的是将爆破后压实的矿石松散到正常状态，以便爆破时借助爆破冲击力，挤压已松散的矿石来获得补偿空间，如此逐次进行，直至崩落全部矿石。

该方法不需要开掘专用的补偿空间，但邻接崩落矿岩的数量及其松散状态，对爆破矿石数量及破碎情况具有决定性的影响，所以本法不如小补偿空间挤压爆破灵活和适应性大。此外，采用该种挤压爆破时，大量矿石被抛入巷道中，需人工清理，劳动繁重，并且劳动条件也不好。

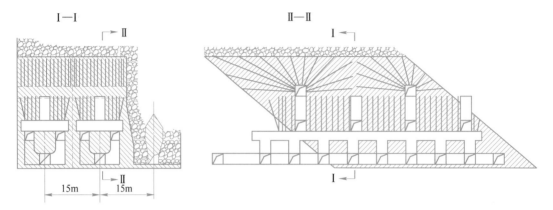

图 20-14　向崩落矿岩挤压爆破回采方案

垂直深孔落矿有底柱崩落法的出矿，大都使用电耙，绞车功率多用 30kW，耙斗容量 $0.25 \sim 0.3 m^3$，耙运距离 $30 \sim 50 m$。有的矿山使用 55kW 电耙绞车，耙斗 $0.5 m^3$。

垂直扇形深孔落矿有底柱分段崩落法在我国有色金属地下矿山使用得比较普遍，其主要优点：

（1）大部分采准切割工程比较集中，掘进时出碴方便，有利于强掘。

（2）所用的出矿设备（电耙）结构简单，运转可靠，操作和维修方便。

（3）应用挤压爆破落矿，破碎质量好，出矿效率高。

缺点：

（1）向相邻崩落矿岩挤压爆破，受相邻矿块的牵制较大，灵活性差。

（2）小补偿空间挤压爆破方案中，部分切割工程施工条件差，机械化程度低，劳动强度大。

随着高效率中深孔凿岩台车的广泛应用，凿岩效率提升，该方法将会得到更大的发展。

20.3　无底柱分段崩落法

无底柱分段崩落法（sublevel caving，SLC）的基本特征是：分段下部未设由专用出矿巷道所构成的底部结构；分段的凿岩、崩矿和出矿等工作均在回采巷道中进行。因此，可大大简化采矿方法结构，给使用无轨自行设备创造了有利条件，并可保证工人在安全条件下进行工作。

无底柱分段崩落法的典型方案如图 20-15 所示。图中 1、2 是上、下阶段沿脉运输巷道，将阶段再划分为分段，分段高一般为 $15 \sim 20 m$。各分段自上而下进行回采，回采的矿石经溜井 3 下放到阶段运输巷道，装车运走。

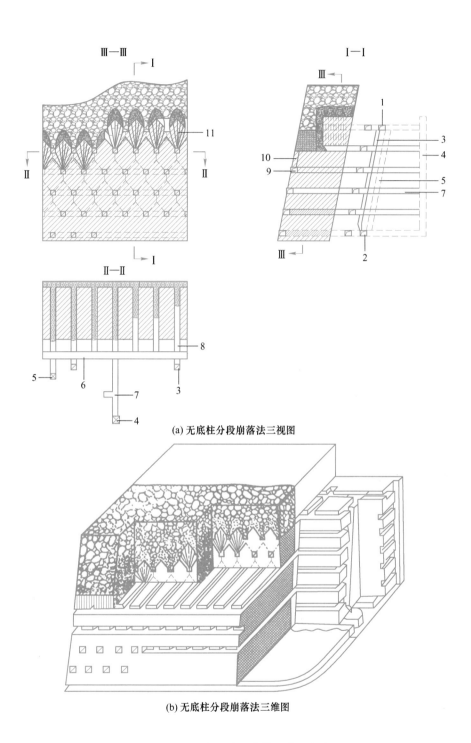

(a) 无底柱分段崩落法三视图

(b) 无底柱分段崩落法三维图

图 20-15　无底柱分段崩落法典型方案

1，2—上、下阶段沿脉运输巷道；3—矿石溜井；4—设备井；5—通风行人井；6—分段运输平巷；
7—设备井联络道；8—回采巷道；9—分段切割平巷；10—切割天井；11—上向扇形炮孔

为提升和下放设备、人员和材料等，开掘设备井 4，5 是供通风专用的通风井。

在每个分段掘进分段运输联络巷道 6 以及由此巷道通向设备井的联络道 7。从分段运输巷道掘进回采巷道（或称进路）8，其间距为 8~10m，上下分段的回采巷道一定保持交错布置。

在回采巷道末端掘进分段切割平巷 9，每隔一定距离从切割巷道开掘切割天井 10，作为开掘切割立槽的自由面。切割立槽即为最初回采崩矿的自由面和补偿空间。

用采矿凿岩台车在回采巷道中凿上向扇形炮孔 11，排距 1.1~1.8m，一般在分段全部炮孔钻凿完毕后进行崩矿，以免出矿和凿岩相互干扰。每次爆破 1~2 排炮孔。崩落的矿石在回采巷道端部用装运机或铲运机运至溜井。矿石是在岩石覆盖下放出的，所以随着矿石的放出，岩石充填了采空区。

由于回采巷道端部被崩落矿石堵死，所以回采巷道中一般需要采用局部扇风机，将通风井进入的新鲜风流引送至工作面，并将污风排出。

一般第一、第二分段进行回采，第三分段钻凿上向扇形炮孔和切割，第四、第五分段进行采准工作，即采准、切割、凿岩、爆破与装运矿石等项工作，分别在不同分段中进行，互不干扰。

20.3.1 结构参数与采准巷道布置

20.3.1.1 阶段高度

该法用于开采矿石中等稳定以上的急倾斜厚矿体，此时阶段高度可达 60~70m。当矿体倾角较缓、赋存形态不规整、矿岩不稳固时，阶段高度可以取低一些，如符山铁矿与丰山铜矿的阶段高度为 50m。

阶段高度越大，开拓和采准的工程量越小，但设备井、溜井和通风井等也随之增高，从而增加掘进的困难；当这些井筒穿过不稳固的矿岩时，还要增加维护费用；当矿体倾角较缓时，下部各分段与矿石溜井和设备井的联络巷道相应增长，运距增加；对于易碎矿石，溜井过高将增加粉矿量。因此，在开采条件不利时，阶段高度应取低些。

在使用设有破碎硐室的箕斗提升或平硐溜井开拓时，常将溜井掘至主要运输水平。中间水平只作为运送人员、材料、通风和掘进天井的辅助水平。因此，上、下两个主要运输水平之间为两个或三个阶段高度。

随着天井掘进技术的不断发展和开采强度的增大，在矿岩稳固性较好的情况下，有增大阶段高度的趋势。近年来，国内有的矿山将阶段高度增大到 80~90m，国外矿山有的高达 100~150m。

20.3.1.2 分段之间的联络

为了运送设备、人员和材料，一般采用设备井和斜坡道两种方案。

A 设备井

设备井应布置在本阶段的崩落界限以外，一般布置在下盘围岩中。只有在矿体倾角大、下盘围岩不稳固，以及为了便于与主要开拓巷道联络时，也可将设备井布置在上盘围岩中。

当矿体走向长度很大时，根据需要，沿走向每 300m 左右布置一条设备井；当走向长度不大时，一般只布置一条设备井。

设备井的断面应根据运送设备的需要决定。设备井一般兼作入风井。

B 斜坡道

在无底柱分段崩落法中，随着铲运机的应用，分段与阶段运输水平常用斜坡道连通。斜坡道一般采用折返式。

斜坡道的间距为 250~500m。斜坡道的坡度根据用途不同在 10%~25% 范围内变化，仅用于联络通行和运送材料等时可取较大坡度（15%~25%）。路面可用混凝土、沥青或碎石敷设。

斜坡道断面尺寸主要根据无轨设备（铲运机）外形尺寸和通风量确定。

20.3.1.3 矿块尺寸及溜井位置

这种采矿方法划分矿块的标志不明显，为了管理上方便，一般以一个溜井所服务的范围作为一个矿块。因此，矿块长度等于相邻溜井间的距离。

溜井的间距，主要根据装运设备的类型确定。当采用铲运机时，因其生产能力大，运行速度快，溜井间距可增大到 150~200m。在决定溜井间距时，还应当考虑溜井的通过矿量，以免因溜井磨损过大提前报废而影响生产。

如矿体中有较多的夹石需要剔除或脉外掘进量大，可根据岩石量的大小，1~2 个矿块设一个岩石溜井。

如果需要分级出矿，可以根据不同品级的矿石分布情况，在适当的位置增设溜井，供不同品级矿石出矿用。

溜井一般布置在脉外，这样生产上会更加灵活、方便。溜井受矿口的位置应与最近的装矿点保留一定的距离，以保证装运设备有效地运行。使用铲运机时，距离应大于 8~10m。

溜井应尽量避免与卸矿巷道相通，可用小的分支溜井与巷道相通，如图 20-16 所示。这样在上下分段同时卸矿时，互相干扰小，也有利于风流管理。

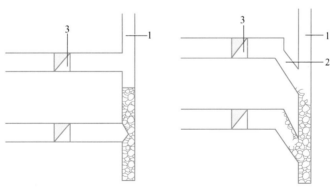

(a) 卸矿巷道与溜井直接相通   (b) 卸矿巷道通过分支溜井与溜井相通

图 20-16 卸矿巷道与溜井的结构
1—主溜井；2—分支溜井；3—分段运输联络道

当开采厚大矿体时，大部分溜井都布置在矿体内。当回采工作后退到溜井附近，本分段不再使用此溜井时，应将溜井口封闭，以防止上部崩落下来的覆盖岩石冲入溜井。封闭时，溜井口要扩大一个平台，以托住封井用的材料，使其经受外力作用后，不致产生移动；最下面用钢轨装成格筛状，上面再铺上几层圆木，最上面覆盖上 1~2m 厚岩碴。有的矿山为了节省钢材和木材，以及改善溜井处的矿石回采条件，改用矿石混凝土充填法封闭溜井。首先将封闭段溜井内矿石放到要封闭的水平；然后再用混凝土充填一段（1m）；最后用混凝土加矿石全段充填。封井工作要求保证质量，否则一旦因爆破冲击使封井的材料及上部的岩碴一起塌入溜井中，将会给生产带来严重影响。因此，在条件允许的情况下，溜井应尽量布置在脉外，以减少封井工作。当脉外溜井位于崩落带内时，开采下部分段也要注意溜井的封闭。

当矿体倾角较缓时，应尽量采用斜溜井，以减少脉外运输联络道的长度，也避免因下部分段运输距离加大而降低装运设备的生产能力。

溜井断面一般方形为 2m×2m 或 2m×2.5m；圆形直径为 2m。

20.3.1.4　分段高度

分段高度大，可以减少采准工作量，但分段高度的增加受凿岩技术、矿体赋存条件以及矿石损失贫化等因素的限制。

分段高度大，炮孔深度也随之增大，当炮孔超过一定深度时，凿岩速度显著下降。同时，炮孔的偏斜度也随炮孔深度的增加而增大；夹钎和断钎事故也增多。这不仅降低了凿岩速度，而且使炮孔的质量变差，影响爆破效果（如块度不均、大块多及产生悬顶、立槽等）。

当采用凿岩台车时，一般炮孔深度控制在 20~35m 以下较为合适，因而分段高度应控制在 15~20m。

当矿体不规则时，若分段过高，在矿体边部，上下分段难以按菱形布置，放矿时，损失贫化增大。此外，如需分级出矿或剔除夹石，分段也不宜过高。中厚矿体的回采巷道沿走向布置时，分段高度受矿体倾角的限制，特别是当矿体倾角小于 65°~70° 时，增大分段高度会使下盘损失增大，这部分损失在下分段也不能回收。在这种情况下，要适当地降低分段高度。

20.3.1.5　回采巷道

A　回采巷道的间距

回采巷道间距对矿石的损失贫化、采准工作量和回采巷道的稳固性均有一定的影响。在一般条件下，回采巷道间距主要根据充分回收矿石要求确定，目前国内多用 15~20m。如果崩落矿石粉矿多、湿度大和流动性不好，此时放出椭球体的偏心率大，可采用较小的间距。

B　回采巷道的断面及形状

回采巷道的断面主要取决于回采设备的工作尺寸、矿石的稳固性及掘进施工技术水平等。当采用铲运机时，根据采用的铲运机型号，宽度为 3~4m，高度为 2.5~3m。

在矿石稳固性允许的情况下，适当加大回采巷道的宽度，有利于设备的操作和运行，还有利于提高矿石的流动性，并可减少矿石堵塞，提高出矿能力；如果沿巷道全宽均匀装矿，则可扩大矿石流动带，改善矿石的回收条件。

在保证设备运行方便的条件下，回采巷道的高度低一些，有利于减少端部（正面）

矿石损失。

回采巷道的断面形状为矩形时，有利于在全宽上均匀出矿。拱形巷道不利于巷道边部矿石流动，使矿石的流动面变窄，并易发生堵塞，增大矿石损失。如果矿石的稳固性差，需要采用拱形时，应适当减少回采巷道间距。

为了使重载下坡和便于排水，回采巷道应有0.3%的坡度。

C　回采巷道的布置

回采巷道布置是否合理，将直接影响损失贫化值。上下分段回采巷道应严格交错布置（图20-17（a）），使回采分间成菱形，以便将上分段回采巷道间的脊部残留矿石尽量回收。如果上下分段的回采巷道正对布置，如图20-17（b）所示，纯矿石放出体的高度很小，那么纯矿石的回采率将大大降低。

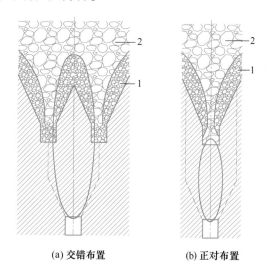

(a) 交错布置　　　　　　(b) 正对布置

图20-17　回采巷道布置方式与矿石回收关系

1—矿石；2—岩石

在同一分段内，回采巷道之间应相互平行。

当矿体厚度大于15~20m时，回采巷道一般垂直走向布置。垂直走向布置回采巷道，对控制矿体边界、探采结合、多工作面作业、提高回采强度等均为有利。

当矿体厚度小于15~20m时，回采巷道一般沿走向布置，如图20-18所示。

根据放矿理论可知，放出漏斗的边壁倾角一般大于70°，因此，回采巷道两侧小于70°范围的崩落矿石，在本分段因不能放出而形成脊部残留。当回采巷道沿走向布置时，靠下盘侧的残留，在下分段无法回收，成为永久损失。为减少下盘矿石损失，可适当降低分段高度；或者使回采巷道紧靠下盘，有时甚至可以直接布置在下盘围岩中。

在矿体厚度较大，垂直走向布置回采巷道时，也要防止因下盘倾角不够陡急而产生大量的下盘矿石损失。

20.3.1.6　分段运输联络道的布置

分段联络道用来联络回采巷道、溜井、通风天井和设备井，以形成该分段的运输、行人和通风等系统。其断面形状和规格与回采巷道大体相同，但与风井和设备井连接部分可

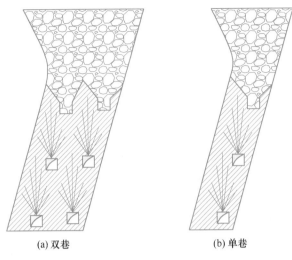

(a) 双巷　　　　　　　　(b) 单巷

图 20-18　回采巷道沿脉布置

根据需要决定断面规格。一般设备井联络道规格为 2.5m×2.7m，风井联络道规格为2m×2m。

当矿体厚度不大，回采巷道沿走向布置（图 20-19（a））时，分段运输联络道在靠溜井处垂直矿体走向布置，并与溜井联通，而各溜井联络道彼此是独立的。为了缩短分段运输联络道的维护时间，两条回采巷道应同时进行回采。

当矿体厚度较大，回采巷道垂直走向布置（图 20-19（b））时，分段运输联络道可布置在矿体内，也可布置在围岩中。布置在矿体内的优点是掘进时有副产矿石、减少回采巷道长度，以及在没有岩石溜井的情况下可以减少岩石混入量。缺点是各回采巷道回采到分段运输联络道附近时，为了保护联络道，常留有 2~3 排炮孔距离的矿石层作为矿柱，暂时不采。此矿柱留到最后，以运输联络道作为回采巷道，再加以回采。采至回采巷道与运输联络道交叉处，由于暴露面积大，稳固性变差，易出现冒落。为了保证安全，难以按正常落矿步距爆破，只能以大步距进行落矿（一次爆破一条回采巷道所控制的宽度），故矿石损失很大。此外，运输联络道一般也是通过主风流的风道，分段回采后期，运输联络道因回采崩落，风路被堵死，使通风条件更加恶化。

因此，一般采用脉外布置。又由于溜井和设备井多布置在下盘围岩中，故多采用下盘脉外布置。

当矿体倾斜不够陡急时，如条件允许，则将运输联络道布置在上盘脉内，采用自下盘向上盘的回采顺序。靠下盘开掘切割立槽，可减少下盘矿石损失，且上盘脉内运输联络巷道与回采巷道交叉口处损失的矿石还可在下分段回收。

当开采极厚矿体且采用铲运机出矿时，由于运输距离的限制，沿矿体厚度方向，每隔100m 左右布置一条联络道（图 20-19（c））。可以从上盘侧开始向联络道逐条推进的顺次进行回采。为了增加同时工作面数目，条件合适时，也可在上、下盘两侧分别布置脉外联络道和溜井，从矿体中间开始同时对向上、下盘两侧进行回采。

在有自燃和泥水下灌危害的矿山，可将厚矿体划分成具有独立系统的分区（图 20-19（d））进行回采，以减少事故的影响范围。当矿山地压较大时，开掘两条联络道，中间留分区矿柱；矿山压力不大时，可开掘一条联络道。此外，当矿体水平面积很大（如梅山铁矿）时，为了增加回采工作地点（增大矿石产量），也要将厚矿体划分成分区进行回采。

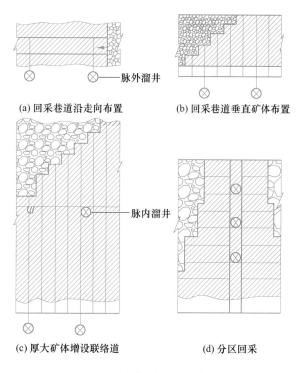

(a) 回采巷道沿走向布置　　　　　(b) 回采巷道垂直矿体布置

(c) 厚大矿体增设联络道　　　　　(d) 分区回采

图 20-19　分段运输联络道布置形式

20.3.2　切割工作

在回采前必须在回采巷道的末端形成切割槽，作为最初的崩矿自由面及补偿空间。

回采巷道沿走向布置时，爆破往往受上下盘围岩的夹制作用，为了保证爆破效果，常用增大切割槽面积或每隔一定距离重开切割槽的办法来解决。

20.3.3　回采工作

回采工作由落矿、出矿和通风等多项工作组成。

20.3.3.1　落矿

落矿工作包括落矿参数的确定、凿岩工作和爆破工作等。

A　落矿参数

落矿参数包括炮孔扇面倾角、扇形炮孔边孔角、崩矿步距、孔径、最小抵抗线孔底距等。

（1）炮孔扇面倾角（端壁倾角）。炮孔扇面倾角指的是扇形炮孔排面与水平面的夹角，可分为前倾与垂直两种。当前倾布置时，常用 70°~85° 的倾角，这种布置方式可以延迟上部废石细块提前渗入，装药较方便，此外，当矿石不稳固时，有利于防止放矿口处被爆破破坏。当炮孔扇形面垂直布置时，炮孔方向易于掌握，但垂直孔装药条件较差。当矿石稳固、围岩块度较大时，大多采用垂直布置方式。

（2）扇形炮孔的边孔角。扇形炮孔的边孔角如图 20-20 所示。

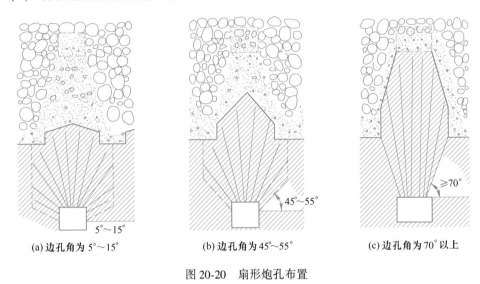

(a) 边孔角为 5°~15°　　　(b) 边孔角为 45°~55°　　　(c) 边孔角为 70° 以上

图 20-20　扇形炮孔布置

边孔角决定着分间的具体形状，边孔角越小，分间越接近方形，因而可以减小炮孔长度。但边孔角过小会使很多靠边界的矿石处于放矿移动带之外，在爆破时容易产生过挤压而使边孔拒爆，此外，45°以下的边孔孔口容易被矿堆埋住，爆破前清理矿堆的工作量大且不安全。相反，增大边孔角使炮孔长度增加，对凿岩工作不利，但可以避免产生上述问题。根据放矿时矿岩移动规律，边孔角最大值以放出漏斗边壁角为限。

根据目前凿岩设备多用 45°~55°（图 20-20（b）），有的还大些。待凿岩设备改进后，还应适当提高边孔角度。在国外，有的凿岩设备采用 70°以上的边孔角，与此同时增大进路宽度（达 5~6m），形成所谓"放矿槽"，在放矿槽的边壁上可不残留矿石。如能施以良好的控制放矿，沿回采巷道全宽均匀出矿，将有利于降低矿石损失贫化。

（3）崩矿步距。崩矿步距是指一次爆破崩落矿石层厚度，一般每次爆破 1~2 排炮孔。

分段高度（H）、回采巷道间距（B）与崩矿步距（L）是无底柱分段崩落法三个重要的结构参数，它们对放矿时的矿石损失贫化有很大影响。

放矿时，矿石层是由上分段的残留体和本分段崩落的矿石两部分构成的。由图 20-21 看出，矿石层形状与数量主要取决于 H、B 与 L 值。

改变 H、B 和 L 值，可使崩落矿石层形状与放出体形状相适应，以期求得最好矿石回收指标。所谓最好的回收指标，是指依据此时的矿石回采率与贫化率计算出来的经济效益最大。符合经济效益最大要求的结构参数，就是一般所说的最佳结构参数。

根据无底柱分段崩落法放矿时的矿石移动规律可知，最佳结构参数实质上是指 H、B 与 L 三者最佳的配合。也就是说三个参数是相互联系和制约的，其中任一个参数都不能离开另外两个参数而单独存在最佳值。例如，最优崩矿步距是指在 H 与 B 既定条件下按三者的最佳配合原则确定的 L 值。

无底柱分段崩落法放矿的矿石损失贫化值除与结构参数有关外，还与矿块边界条件有

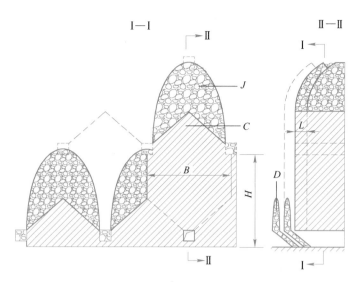

图 20-21　崩落矿石形状与结构参数
C—端壁；*D*—端部残留；*J*—脊部残留

关，有时后者还可能是矿石损失贫化的主要影响因素。因此，在分析矿石损失贫化时，必须注意边界条件问题。

在既定 H 与 B 的条件下，当步距过大时，岩石仅从顶面混入，截止放矿时在端面前残留较大的端部损失；反之，当步距过小时，端（正）面岩石混入后，将崩落矿石截断为上下两部分，不等上部矿石放出，就已达截止品位，停止放矿。这是仅就一个分段一个步距放矿分析的。如果从总体上考察，还有上分段残留下分段部分回收、前个步距残留后个步距部分回收的可能。但尽管如此，步距过大或过小都会使矿石损失贫化指标变差。

（4）孔径、最小抵抗线和孔底距。无底柱分段崩落法采用中深孔凿岩，常用的钎头直径为 51~65mm。根据矿石性质不同，最小抵抗线取 1.5~2.0m；一般可按 $W/d = 30$ 左右计算最小抵抗线。其中，W 为最小抵抗线，d 为孔径。

最小抵抗线太小，当前排炮孔爆破时，容易破坏后排炮孔；抵抗线太大，同排炮孔数过多，孔间距减小，爆破时，首先容易从炮孔之间击穿，产生大块和爆破立槽，影响爆破效果。

此外，确定最小抵抗线时应与最优崩矿步距相配合。

在布置扇形炮孔时，一般使孔底距约等于最小抵抗线。但这种布置的缺点是孔口处炮孔过于密集。为了使矿石破碎均匀，有的矿山采用减少最小抵抗线，加大孔底距（a），使 a 与 W 之积不变（即增多炮孔排数），获得了良好效果。

在矿石松软、节理发育、炮孔容易变形的条件下，采用大直径深孔对装药有利。

B　凿岩工作

国内使用无底柱分段崩落法的矿山，主要使用 YGZ-90 凿岩机，平均效率为 40~60m/（台·班），或中深孔凿岩台车，平均效率为 200~300m/（台·班）。

为了保证爆破效果，要特别注意炮孔质量。炮孔的深度和角度都应严格按设计施工，特别是孔深较大的几个孔，更应注意。如一个深度为 15m 的炮孔，偏斜 1°，孔底距将发生 250mm 的偏差。因此，对炮孔质量应有严格而及时的验收制度，发现不合格的炮孔应及时补孔。

C　爆破工作

无底柱分段崩落法的爆破只有很小的补偿空间，属于挤压爆破。爆破后的矿石块度关系到装运设备的效率和二次破碎工作量。

为了避免扇形炮孔孔口装药过于集中，装药时，除边孔及中心孔装药较满外，其余各孔的装药长度，如图 20-22 所示。

提高炮孔的装药密度，是提高爆破效果的重要措施。它不仅可以增大炸药的爆破威力，充分利用炮孔，还可以改善爆破质量。使用装药器装粉状炸药是提高装药密度的有效措施。使用装药器装药时的返粉现象，不仅浪费炸药，而且药粉会污染空气，刺激人的呼吸器官，有损身体健康。返粉是目前还没有彻底解决的问题。如采输药管的直径、工作风压、炸药的粒度和湿度选取适当，操作配合协调，返粉率可控制在 5% 以下。

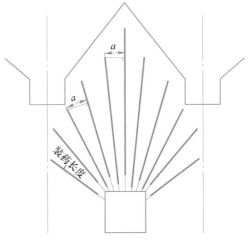

图 20-22　扇形炮孔装药示意图

a—孔底距

20.3.3.2　出矿

出矿就是用出矿设备把回采巷道端部的矿石运到溜井。

A　铲运机出矿

矿石铲入铲斗后，将铲斗提起运至溜井处，翻转铲斗将矿石卸出。铲运机行走速度快，通常为 30~40km/h。部分矿山已经开始引入 4~6m³ 的电动铲运机。

B　出矿管理

出矿管理就是实施控制放矿，以期获得较好的损失贫化指标。

在出矿过程中，初期放出的是纯矿石，这部分矿石一般占放出矿石量的 40% 左右。之后开始贫化，并逐渐增大，品位也逐渐下降，达到放矿截止品位时停止放矿。

出矿管理主要有以下几项内容：

（1）确定出符合技术经济要求的截止品位。

（2）统计正常出矿条件下的放出矿石量与品位变化的关系，绘出曲线图。图中应同时画出对应的矿石损失贫化曲线，以便从矿石数量和矿石品位两个方面实施控制放矿，正确判定放矿的进展情况。

（3）在分段采矿的平面图上标出每个步距的放出矿石量和矿石品位，以及矿石损失贫化数值。依据上两个分段的图纸，参照上面矿石损失的数量和部位，结合本分段的回采计划图，编制出分段放矿计划图，图中写明每个步距的计划放出矿量和矿石品位。

放出矿石的品位，特别是每次放矿后期的矿石品位，要实施快速分析。目前，有不少矿山接到矿石试样后需要 2~3 班才能送回分析结果，分析时间太长，不利于控制放矿。

国内已生产出适于在井下进行快速测定品位的 X 射线荧光分析仪。有的矿山已应用于井下，可在井下进行快速测定。

20.3.3.3 通风

无底柱分段崩落法回采工作面为独头巷道，无法形成贯穿风流；工作地点多，巷道纵横交错，很容易形成复杂的角联网路，风量调节困难；溜井多，而且溜井与各分段相通，卸矿时，扬出大量粉尘，严重污染风源。总之，这种采矿方法的通风管理是比较复杂和困难的。如果管理不善，必然造成井下粉尘浓度高，污风串联，有害工人的身体健康。因此，做好这种采矿方法的通风是一项极为重要的工作。

在考虑通风系统和风量时，应尽量使每个矿块都有独立的新鲜风流，并要求每条回采巷道的最小风速，在有设备工作时不低于 0.3m/s，其他情况下，不低于 0.25m/s。条件允许时，应尽可能采用分区通风方式。

回采工作面只能用局扇通风。如图 20-23 所示，局扇安装在上部回风水平，新鲜风流由本阶段的脉外运输平巷经通风井，进入分段运输联络道和回采巷道。清洗工作面后，污风由铺设在回采巷道及回风天井的风筒引至上部水平回风巷道，并利用安装在上水平回风道内的两台局扇并联抽风。

这种通风方式的缺点是风筒的安装拆卸和维护工作量很大，对装运工作也有一定影响，因此，有的矿山不能坚持使用，仅靠全矿主风流和扩散通风，无法解决工作面通风问题。

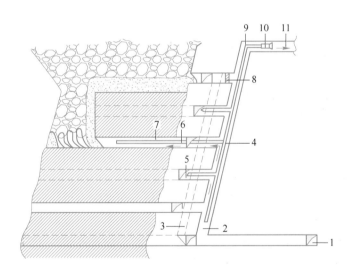

图 20-23　回采工作面局部通风系统

1—运输巷道；2—通风天井；3—溜矿井；4—主风筒；5—分段联络巷道；6—分支风筒；
7—回采巷道；8—密闭墙；9—风门；10—局扇；11—回风巷道

为了避免在天井内设风筒，应利用局扇将矿块内的污风抽至密闭墙内，如图 20-24 所示，污风再由回风天井的主风流带至上部回风水平。

在无底柱分段崩落法高端壁方案中，通常采用爆堆通风法。如图 20-24 所示，新鲜风流经加压风机加压后，由下面回采巷道进入，在清洗工作面后，穿过端部的矿岩堆体（爆堆），流到上面的回采巷道中，再顺此路流到回风巷道被排出。

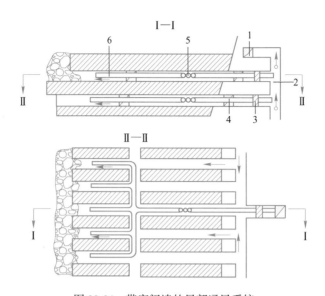

图 20-24　带密闭墙的局部通风系统

1—回风巷道；2—回风天井；3—密闭墙；4—运输联络道；5—局扇；6—风筒

20.3.4　回采顺序

无底柱分段崩落法上下分段之间和同一分段内的回采顺序是否合理，对于矿石的损失和贫化、回采强度和地压等均有很大影响。

同一分段沿走向方向，可以采取从中央向两翼回采或从两翼向中央回采；也可以从一翼向另一翼回采。走向长度很大时，也可沿走向划分成若干回采区段，多翼回采。分区越多，翼数也越多，同时回采工作面也越多，有利于提高开采强度，但通风、上下分段的衔接和生产管理复杂。

当回采巷道垂直走向布置和运输联络道在脉外时，回采方向不受设备井位置限制；当回采巷道垂直走向布置和运输联络道在脉内时，回采方向应向设备井后退。

当地压大或矿石不够稳固时，应尽量避免采用由两翼向中央的回采顺序，以防止出现如图 20-25 所示的现象，避免使最后回采的 1~2 条回采巷道承受较大的支承压力。

在垂直走向上，回采顺序主要取决于运输联络道、设备井和溜井的位置。当只有一条运输联络道时，各回采巷道必须向联络道后退。当开采极厚矿体时，可能有几条运输联络道，这时应根据设备井位置，决定回采顺序，原则上必须向设备井后退。

当回采巷道沿走向布置时，必须向设备井后退。

分段之间的回采顺序是自上而下的，上分段的回采必定超前于下分段。超前距离的大小，应保证下分段回采出矿时，矿岩的移动范围不影响上分段的回采工作；同时，要求上面覆岩落实后再回采下分段。

20.3.5　覆盖岩层的形成

为了形成崩落法正常回采条件和防止围岩大量崩落造成安全事故，在崩落矿石层上面必须覆以岩石层。岩石层厚度要满足下列两点要求：第一，放矿后岩石能够埋没分段矿

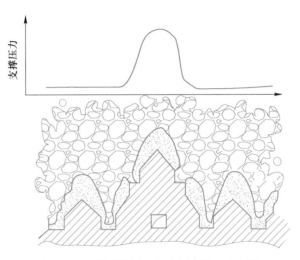

图 20-25　最后的回采巷道压力增高示意图

石，否则形不成挤压爆破条件，使崩下的矿石将有一部落在岩石层上方，增大矿石损失贫化；第二，一旦大量围岩突然冒落，确实能起到缓冲的作用，以保证安全。根据此要求，一般覆岩厚度约等于两个分段高度。

根据矿体赋存条件和岩石性质的不同，岩石层有多种形成方法：

(1) 矿体上部已用空场采矿方法回采（如分段矿房法、阶段矿房法、留矿法等），下部改为无底柱分段崩落法时，可在采空区上、下盘围岩中布置深孔或药室，在回采矿柱的同时崩落采空区围岩，形成覆盖层。

(2) 由露天开采转入地下开采的矿山可用药室或深孔爆破边坡岩石，形成覆盖岩层。

(3) 围岩不稳固的盲矿体，随着矿石的回采，围岩自然崩落形成覆盖岩层。

(4) 新建矿山开采围岩稳固的盲矿体，需要人工强制放顶时，按形成覆盖岩层与回采工作先后不同，可分为集中放顶、边回采边放顶和先放顶后回采三种。

1) 集中放顶形成覆盖岩层。如图 20-26 所示，这种方法是利用第一分段的采空区作为补偿空间，在放顶区侧部布置凿岩巷道，从中钻凿扇形深孔，当几条回采巷道回采完毕后，爆破放顶深孔形成覆盖岩层。这种方法的放顶工作集中，放顶工艺简单，不需要运出部分废石，也不需要切割。但由于需在暴露大面积岩层之后才能放顶，故放顶工作的可靠性与安全性较差。

2) 边回采边放顶，形成覆盖岩层。如图 20-27 所示，在第一分段上部掘进放顶巷道，在其中钻凿与回采炮孔排面大体一致的扇形深孔，并与回采一样形成切割槽。以矿块作为放顶单元，边回采边放顶，逐步形成覆盖岩层。

这种放顶方法，工作安全可靠，但放顶工艺复杂，回采和放顶必须严格配合。

此外，还有一种将放顶和回采合为一道工序的方案。如图 20-28 所示，在回采巷道中钻凿相间排列的深孔和中深孔，用深孔控制放顶高度（可达 20m），用中深孔控制崩矿的块度和高度。

3) 先放顶后回采，形成覆盖岩层。回采之前，在矿体顶板围岩中，掘进一层或两层

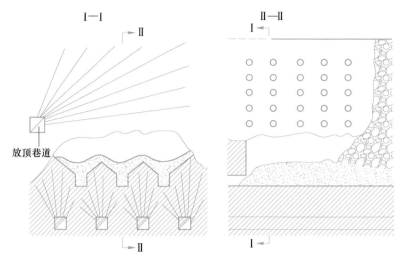

图 20-26　集中放顶

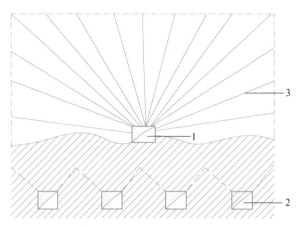

图 20-27　边回采边放顶

1—放顶凿岩巷道；2—回采巷道；3—放顶炮孔

放顶凿岩巷道，并在其中凿扇形炮孔（最小抵抗线可比回采时大些），用崩落矿石的方法崩落围岩，形成覆盖岩层，如图 20-29 所示。

这种放顶方法第一分段的回采就在覆盖岩下进行，回采工作安全可靠，但放顶工程量大，而且需要运出部分废石。

上述三种放顶方法中，先放顶后回采，工作可靠，但放顶工程量大，并需运出部分废石；集中放顶，工作可靠性较差，但工作简单不需运出部分废石；边回采边放顶兼有前两者的优点，目前采用这种放顶方法的矿山居多。

（5）采用矿石垫层，将矿体上部 2~3 个分段的矿石崩落，实施松动放矿，放出崩矿量的 30% 左右，剩余矿石暂留空区作为垫层。随着回采工作的推进，围岩暴露面积逐渐增大，围岩暴露时间也在增长，待达到一定数量之后，围岩将开始自然崩落，并逐渐增加崩落高度，形成足够厚度的岩石垫层。岩石垫层形成后，放出暂留的矿石垫层，进入正常回采。

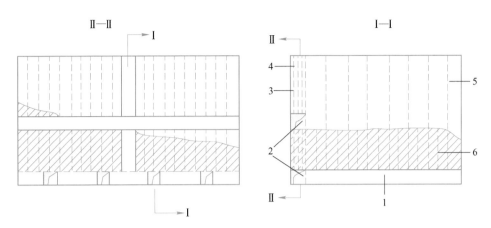

图 20-28   放顶和回采共用一条巷道

1—回采巷道；2—切割平巷；3—切割天井；4—切割炮孔；5—深孔；6—中深孔

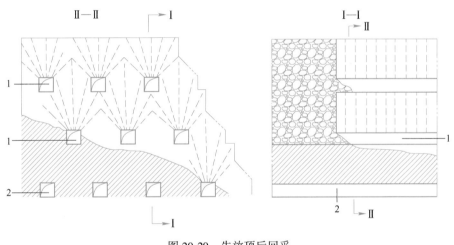

图 20-29   先放顶后回采

1—放顶巷道；2—回采巷道

这种方法的放顶费用最低，但要积压大量矿石，并实施严格放矿管理。此外，对采空区岩石崩落情况要进行可靠的观测。

20.3.6   无底柱分段崩落法的评价

20.3.6.1   适用条件

由于该法结构简单，因此可用范围较大。实践表明，该法适用条件为：

（1）地表与围岩允许崩落。

（2）矿石稳固性在中等以上，回采巷道不需要大量支护。随着支护技术的发展，近年来广泛应用喷锚支护后，对矿石稳固性要求有所降低，但必须保证回采巷道的稳固性，否则，回采巷道被破坏，将造成大量矿石损失。

下盘围岩应在中稳以上，以利于在其中开掘各种采准巷道；上盘岩石稳固性不限，当上盘岩石不稳固时，与其他大量崩落法方案比较，使用该法更为有利。

（3）急倾斜的厚矿体或缓倾斜的极厚矿体。

（4）由于该法的矿石损失率与岩石混入率较大，因此所采矿石价值不应过高，且矿石应可选性好或围岩含有品位。

（5）需要剔除矿石中夹石或分级出矿的条件下，采用该法较为有利。

20.3.6.2 无底柱分段崩落法的主要优缺点

无底柱分段崩落法主要优点：

（1）安全性好。各项回采作业都在回采巷道中进行；在回采巷道端部出矿，一般大块都可流进回采巷道中，二次破碎工作比较安全。

（2）采矿方法结构简单，回采工艺简单，容易标准化，适于使用高效率的大型无轨设备。

（3）机械化程度高。

（4）由于崩矿与出矿以每个步距为最小单元，当地质条件合适时，有可能剔除夹石和进行分级出矿。

无底柱分段崩落法的主要缺点：

（1）回采巷道通风困难。这是由于回采巷道独头作业，无法形成贯穿风流造成的，这个问题无法从采矿方法本身解决，需改变采矿结构。必须建立良好的通风系统，同时采用局部通风和消尘设施。

（2）矿石损失贫化较大。在正常生产情况下，除矿体赋存条件原因外，采矿方法的本身原因在于放矿时矿岩接触面积大，因此岩石混入率高。

只有当矿体倾角比较陡急、矿体厚度大，上面残留下面回收的条件极为有利时，才可在多个分段回采之后，形成较厚的矿岩混杂层，矿石损失贫化有所好转，取得较好指标。否则，残留的矿石将很快进入下盘残留区转为下盘损失而损失于地下，难以形成较厚的矿岩混杂层，使每次放矿时混入大量岩石。

20.3.6.3 无底柱分段崩落法的改进

为了改善通风条件，降低矿石损失贫化和提高出矿能力，国内提出了高端壁方案，如图 20-30 所示，每个回采分段内布置两条回采巷道，装运机在下面巷道出矿。上、下分段的回采分段仍交错布置。

此处实施爆堆通风，在回采巷道中不再设置通风管道进行局部通风。

由于每次崩落矿石量大，矿块的损失贫化次数减少，即放矿时的矿岩接触面积减少，因此有利于降低矿石损失贫化。当贫化率在 20% 左右时，矿石回采率可达 80% 以上。

由于一次崩落矿石量多和装运矿石集中在一条回采巷道中，装运矿石所占的时间比例大为增加，从而提高了矿块的出矿能力（可达 30 万~40 万吨/年）。

20.4 阶段崩落法

阶段崩落法（block caving）的基本特征是回采高度等于阶段全高。根据落矿方式，该法可分为阶段强制崩落法与阶段自然崩落法两种。

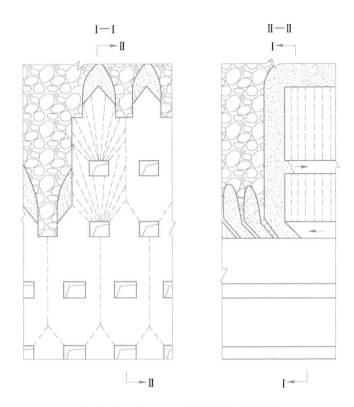

图 20-30　无底柱分段崩落法高端壁方案

20.4.1　阶段强制崩落法

阶段强制崩落法方案可分为两种：一种为设有补偿空间的阶段强制崩落法；另一种为连续回采的阶段强制崩落法。

设有补偿空间的方案如图 20-31 所示。该方案采用水平深孔爆破，补偿空间设在崩落矿块的下面。当采用垂直扇形深孔（或中深孔）爆破时，可将补偿空间开掘成立槽形式。

设有补偿空间方案为自由空间爆破，补偿空间体积为同时爆破矿石体积的 20%~30%。该种方案多以矿块为单元进行回采，出矿时采用平面放矿方案，力求矿岩界面匀缓下降。

连续回采的阶段强制崩落法如图 20-32 所示。该方案可以沿阶段或分区连续进行回采，通常没有明显的矿块结构，一般采用垂直深孔挤压爆破崩矿，采场下部大多设有底部结构，此外，还有端部出矿方案。

在阶段强制崩落法的使用中，连续回采阶段强制崩落法使用范围逐渐扩大。

阶段强制崩落法的采准、切割、回采以及确定矿块尺寸的原则，基本上与有底柱分段崩落法相同。

20.4.1.1　矿块结构参数

根据矿体的厚度不同，矿块布置方式有两种：第一种是矿体厚度小于或等于 30m 时，矿块沿走向布置，矿块长度为 30~45m 时，矿块宽度等于矿体厚度；第二种是矿体厚度为 40m 以上时，矿块垂直走向布置，矿块长度及宽度均取 30~50m。阶段高度，当矿体倾角

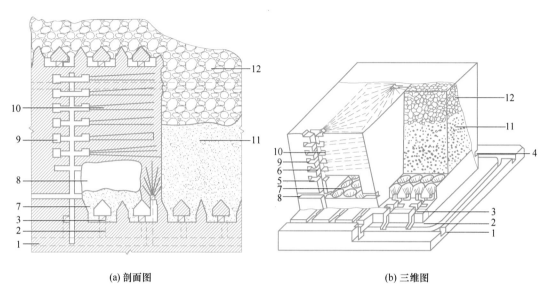

(a) 剖面图　　　　　　　　　　　　(b) 三维图

图 20-31　设有补偿空间的阶段强制崩落法

1—阶段运输巷道；2—矿石溜井；3—耙矿巷道；4—回风巷道；5—联络道；6—行人通风小井；

7—漏斗；8—补偿空间；9—天井和凿岩硐室；10—深孔；11—矿石；12—岩石

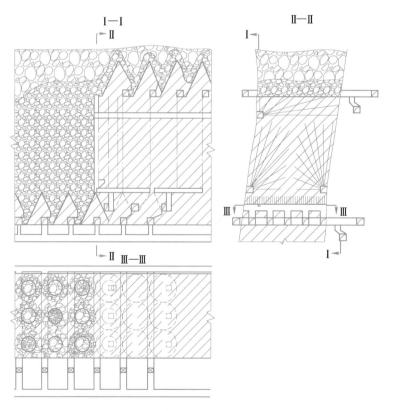

图 20-32　连续回采的阶段强制崩落法

较缓时，为 40~50m；当矿体倾角较陡时，为 60~70m，一般为 50~60m。底柱高度一般为 12~14m，在矿石稳固性较差时，应更大些。

运输巷道布置，开采厚矿体多采用脉外运输，极厚矿体多采用脉内、脉外环形运输系统。

20.4.1.2　采准工作

除了掘进运输巷道和电耙道，还需掘进放矿溜井、人行通风天井、凿岩天井和硐室等。

20.4.1.3　切割工作

切割工作包括开凿补偿空间和劈漏。当采用自由空间爆破时，补偿空间为崩落矿石体积的 20%~30%；当采用挤压爆破和矿石不稳固时，补偿空间为 15%~20%，有浅孔和深孔两种。采用水平深孔落矿方案时，拉底高度不大，可用浅孔挑顶的方法形成补偿空间。采用垂直深孔挤压爆破方案时，用切割槽形成小补偿空间。切割槽形成采用切割天井与切割横巷联合拉槽的方法。

当补偿空间的水平暴露面积大于矿石允许暴露面积时，沿矿体走向或垂直走向留临时矿柱（图 20-33）。临时矿柱宽 3~5m，矿柱下面的漏斗颈可事先开好，并在临时矿柱中钻凿中深孔或深孔。临时矿柱的炮孔及其下面的扩斗孔，一般与回采落矿深孔同次不同段超前爆破。

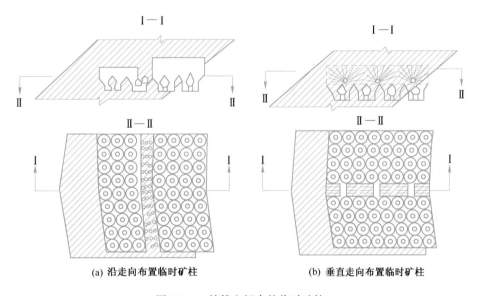

(a) 沿走向布置临时矿柱　　　　(b) 垂直走向布置临时矿柱

图 20-33　补偿空间中的临时矿柱

平行电耙道布置的临时矿柱比垂直电耙道布置的要好，因为临时矿柱里的凿岩巷道不与补偿空间相通。此时，在临时矿柱里掘进凿岩巷道，并进行中深孔（深孔）凿岩，与开凿补偿空间及其下部劈漏互不干扰，且作业安全。

如果相邻几个矿块同时开凿补偿空间，在矿块间应留不小于 2m 宽的临时矿柱，以防止矿块崩矿时矿石挤进相邻矿块，或爆破冲击波破坏相邻矿块。这个临时矿柱与相邻矿块回采落矿时一起崩落。

20.4.1.4 回采工作

崩矿方案为深孔（中深孔）爆破。深孔（中深孔）可分为水平深孔和垂直深孔崩矿两种。我国目前多采用水平深孔（中深孔）崩矿。

矿石爆破后，上部覆盖的岩层，一般情况下可自然崩落，并随矿石的放出逐渐下降，充填采空区。但也有稳固围岩不能自然崩落，此时，必须在回采落矿的同时，有计划地崩落围岩。为保证回采工作安全，根据矿体厚度与空区条件等因素，在回采阶段上部应有20~40m 厚的崩落岩石垫层。

20.4.1.5 阶段强制崩落法使用条件

（1）矿体厚度大，使用阶段强制崩落法较为合适。矿体倾角大时，厚度一般以不小于15~20m 为宜；倾斜与缓倾斜矿体的厚度应更大些，此时，放矿漏斗多设在下盘岩石中。

由于放矿的矿石层高度大，当下盘倾角小于70°时，应考虑设间隔式下盘漏斗；当下盘倾角小于50°时，应设密集式下盘漏斗，否则下盘矿石损失将过大。

（2）开采急倾斜矿体时，上盘岩石稳固性最好能保持在矿石没有放完之前不崩落，以免放矿时产生较大的损失贫化，这一点有时是使用阶段崩落法与分段崩落法的界限。

倾斜、缓倾斜矿体的上盘最好能随放矿自然崩落下来，否则还需人工强制崩落。

下盘稳固性根据脉外采准工程要求确定，一般中等稳固即可；如果稳固性稍差时，则采准工程需支护。

（3）设有补偿空间方案对矿石稳固性要求较高，矿石须具有中等稳固；连续回采由于采用挤压爆破，可以用于不够稳固的矿石中。

（4）矿石价值不高，也不需要分采，并不应含较大的岩石夹层。

（5）矿石没有结块、氧化和自燃等性质。

（6）地表允许崩落。

矿体厚大、形状规整、倾角陡、围岩不够稳固、矿石价值不高、围岩含有品位，是采用阶段强制崩落法的最优条件。

20.4.1.6 阶段强制崩落法的优缺点

同有底柱分段崩落法相比较，阶段强制崩落法具有采准工程量小、劳动生产率高、采矿成本低与作业安全等优点；但还具有生产技术与放矿管理要求严格、大块产出率高以及矿石损失常大于分段崩落法等缺点，此外，使用条件远不如分段崩落法灵活。

20.4.2 阶段自然崩落法

20.4.2.1 概述

阶段自然崩落法的基本特征是，整个阶段上的矿石在大面积拉底后，借自重与地压作用逐渐自然崩落，并被破成碎块。自然崩落的矿石，与阶段强制崩落法一样，经底部出矿巷道放出，在阶段运输巷道装车运走。

崩落过程中，仅放出已崩落矿石的碎胀部分（约三分之一），并保持矿体下面的自由空间高度不超过5m，以防止大规模冒落和形成空气冲击。待整个阶段高度上崩落完毕后，再进行大量放矿。

大量放矿开始后，上面覆盖岩层随着崩落矿石的下移也自然崩落下来，并充填采空区。崩落矿石在放出过程中，由于挤压碰撞，还可进一步破碎。

为了控制崩落范围和进程，可在崩落界限上开掘切帮巷道（图 20-34），以削弱其同周边矿岩的联系，若是仅用切帮巷道不能控制崩落边界，还可以在切帮巷道中钻凿炮孔，爆破炮孔切割边界。

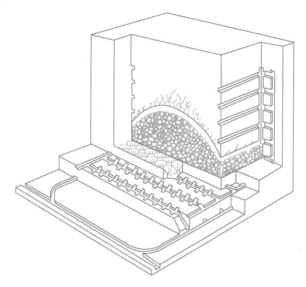

图 20-34 自然崩落法结构示意图

矿石自然崩落进程如图 20-35 所示，在矿块下部拉底后，矿石失去了支撑，矿石暴露面在重力和地压的作用下，首先在中间部分出现裂隙，产生破坏，而后自然崩落下来。当矿石崩落到形成平衡拱时，会出现暂时稳定，矿石停止崩落。为了控制矿石崩落进程，需要破坏拱的稳定性，使矿石继续自然崩落。在实际中经常采用沿垂直方向移动平衡拱支撑点 A、B 的办法。为此，应开掘切帮巷道，并使该部分首先破坏崩落下来，从而使平衡拱随之向上移动，同时不超出设计边界。

在使用和设计自然崩落法时，矿石自然崩落性质通常简称为可崩性；可崩性尚没有一个比较完善的确定方法（指标）。在岩芯采取率指标的基础上提出完整性指标（RQD）。所谓岩性指标，就是不小于 10cm 长的岩芯段累加总长与钻孔长度的比值。RQD 指标越大，说明岩石越完整，可崩性越差；反之，可崩性好。美国有些矿山根据岩性指标把可崩性分为十级（图 20-36），称其为可崩性指数。可崩性指数等于 10 的矿石最难崩落。

阶段自然崩落法方案可分成两种：一种为矿块回采方案；另一种为连续回采方案。

20.4.2.2 矿块回采阶段自然崩落法

矿块回采阶段自然崩落法如图 20-37 所示。阶段高度一般为 60~80m，个别可达 100~150m。矿块平面尺寸取决于矿石性质与地压，当矿石很破碎且地压大时，取 30~40m，其他条件下，取 50~60m。

在矿块四个边角处掘进四条切帮天井，自切帮天井底部起，每隔 8~10m 高度（阶段上下部分可加大到 12~15m）沿矿块的周边掘进切帮巷道。

当边角处不易自然崩落时，还可以辅以炮孔强制崩落。

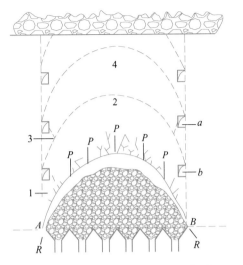

图 20-35　矿块自然崩落进程示意图

a—控制崩落边界；b—切帮巷道；

1~4—崩落顺序

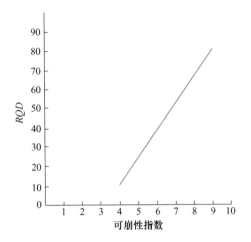

图 20-36　RQD 指标与矿石可崩性

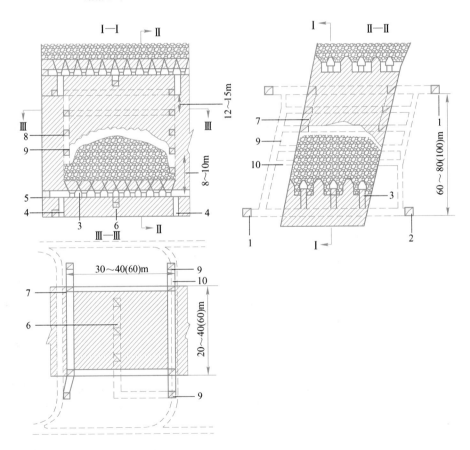

图 20-37　矿块回采的阶段自然崩落法

1，2—上下阶段运输巷道；3—耙矿巷道；4—矿石溜井；5—联络道；6—回风巷道；

7—切帮天井；8—切帮平巷；9—观察天井；10—观察道

在距矿块四角 8~12m 处掘进观察天井，再从观察天井掘进观察道，用于观察矿石崩落进程。

矿块拉底时，如果矿块沿矿体走向方向布置，则由矿块中央向两端工作；如果矿块垂直走向方向布置，则由下盘向上盘工作，用炮孔分块爆破，以免上盘过早崩落。

20.4.2.3　连续回采阶段自然崩落法

为了增大同时回采的采场数目，可将阶段划分为尺寸较大的分区，按分区进行回采。在分区的一端沿宽度方向掘进切割巷道，再沿长度方向拉底，拉底到一定面积后矿石便开始自然崩落。随着拉底不断向前扩展，矿石自然崩落范围也随之向前推进，矿石顶板面逐渐形成一个斜面，并以斜面形式推进。

20.4.2.4　阶段自然崩落法使用条件

所采矿石应是不稳固的，最理想条件是具有密集的节理和裂隙的中等坚硬的矿石，当拉底到一定面积之后，能够自然崩落成大小合乎放矿要求的矿块。

矿体的厚度必须是较大的，一般不小于 20~30m。其他适用条件与阶段强制崩落法基本相同。

国外有的矿山会在崩落界限的周边布置一些凿岩巷道，自凿岩巷道中钻凿炮孔。除用炮孔控制崩落界限外，还可对难以自然崩落部分用炮孔强制崩落，这样便扩大了自然崩落法的使用范围。

习　题

1　名词解释

（1）崩落采矿法；（2）放顶距；（3）控顶距；（4）悬顶距；（5）老顶；（6）二次顶压；（7）伪顶。

2　简答题

（1）简述壁式崩落法的分类及各自的适用条件。

（2）简述有底柱分段崩落法的特征。

（3）简述自然崩落法的适用条件。

3　论述题

（1）有底柱分段崩落法与无底柱分段崩落法有何异同？

（2）自然崩落法与强制崩落法有何异同？

（3）针对缓倾斜薄矿脉开采，单层崩落法与房柱法有何异同？

4　绘图题

（1）参考图 20-1，绘制长壁式崩落法三视图。

（2）参考图 20-9，绘制有底柱分段崩落法三视图。

（3）参考图 20-15，绘制无底柱分段崩落法三视图。

5　扩展阅读

［1］徐帅，彭建宇，李元辉，等. 急倾斜薄矿脉中深孔落矿爆破参数优化［J］. 爆炸与冲击，2015，35（5）：682-688.

［2］陶干强，杨仕教，任凤玉. 崩落矿岩散粒体流动性能试验研究［J］. 岩土力学，2009，30（10）：2950-2954.

［3］任凤玉，王文杰，韩智勇．无底柱分段崩落法扇形炮孔爆破机理研究与应用［J］．东北大学学报，2006（11）：1267-1270.

［4］任凤玉，刘兴国．无底柱分段崩落法采场结构与放矿方式研究［J］．中国矿业，1995（6）：31-34.

［5］谭宝会，李明润，梁博，等．无底柱分段崩落法覆盖层形成方法研究现状及发展趋势［J］．化工矿物与加工，2021，50（12）：17-23.

［6］刘权威．高分段无底柱分段崩落法端部放矿废石提前混入实验研究［D］．重庆：重庆大学，2020.

［7］朱忠华，代碧波，陶干强，等．自然崩落采矿法研究及应用［J］．金属矿山，2019（12）：1-11.

［8］傅林．分层崩落采矿法回采急倾斜破碎中厚富锰矿体［J］．中国锰业，2016，34（3）：39-43

［9］张运山，田文东．有底柱分段崩落法在胡家峪矿的应用［J］．有色矿山，2003（6）：14-17.

［10］何荣兴，任凤玉，谭宝会，等．论诱导冒落与自然崩落［J］．金属矿山，2017（3）：9-14.

21　充填采矿法

本章提要

本章首先介绍了充填采矿方法中普遍采用的工艺过程及其特征，接着重点介绍了典型充填采矿法中的单层充填采矿法、上向水平分层充填法和下向进路充填法及分采充填法的特征、使用条件、结构参数、采准切割、回采过程和方法评价。通过本章学习，要能达到针对具体矿体条件，灵活选择适宜的充填采矿方法，并能准确绘制出采矿方法三视图。

随回采工作面推进，逐步用充填料充填采空区的采矿方法，称为充填采矿法（cut and fill mining method）。充填采空区的目的，主要是利用所形成的充填体进行地压管理，以控制围岩崩落和地表下沉，并为回采工作创造安全和方便条件。有时还用来预防有自燃性矿石的内因火灾。

按矿块结构和回采工作面推进方向，充填采矿法可分为单层充填采矿法、上向分层充填采矿法、下向进路充填采矿法和分采充填采矿法。根据所采用的充填料和输送方法不同，充填采矿法又可分为：（1）干式充填采矿法，输送干充填料（如废石，砂石等）充填采空区；（2）水力充填采矿法，用水力沿管路输送选厂尾砂、冶炼厂炉渣、碎石等充填采空区；（3）胶结充填采矿法，用水泥或水泥代用品与脱泥尾砂或砂石配制而成的胶结性物料充填采空区。

坚持人与自然和谐共生，必须树立和践行"绿水青山就是金山银山"的理念，坚持节约资源和保护环境的基本国策。因此，从资源开采与环境保护并行的理念来看，充填采矿法是对环境扰动和影响较小的开采方法，在未来的资源开采中具有广阔的应用前景。

21.1　充填采矿法基础

21.1.1　采场充填工艺过程

采场充填之前，需要首先架设充填挡墙，将待充填的采场与外界连通通道进行封闭，防止充填材料外泄。根据充填材料的脱水需求，考虑是否架设充填泄水管道，以方便充填体脱水。中段回采的首采分层充填时，需要在中段底部构筑人工钢筋混凝土假底，以保护上部充填体，同时方便下中段顶柱的回收。此外，为了防止相邻矿体回采时，充填体向崩落矿体内垮落，需要施工隔离墙。待这些工作完成后，方可进行采场充填。

21.1.2　充填挡墙

21.1.2.1　充填挡墙的作用

充填采矿工艺中，充填挡墙的构筑是充填前必须完成的一项重要工作。充填挡墙施工质量的好坏，影响着充填工程的效率和充填的质量。挡墙的作用主要有两个：一是密闭隔离作用，即将待充填区域与其他井巷工程隔离，为充填工作提供一个密闭的空间，防止充填料外溢；二是滤水作用，挡墙滤水效果好坏，直接影响到充填体的质量、回采作业的安全、回采的循环时间等。

充填挡墙中埋设若干脱水管路，一般每隔 0.5m 高设一排，每排 2~3 根；挡墙架设时，要有足够的强度，避免充填过程中，由于挡墙强度不够，导致充填跑砂，污染巷道，致使水沟和水仓清理工作量加大。

21.1.2.2　充填挡墙的类型

充填挡墙形式多样，根据挡墙构筑所使用材料的不同，总结起来可分为砌块挡墙、混凝土挡墙、木质挡墙、钢丝绳柔性挡墙四类。

（1）砌块挡墙。如图 21-1 所示，砌块挡墙包括红砖挡墙、混凝土预制块挡墙和空心砖挡墙等几种形式。砌块挡墙抗弯能力差，容易产生局部位移变形而导致倒塌跑浆，墙体厚大、砌块运输量大，滤水效果差。

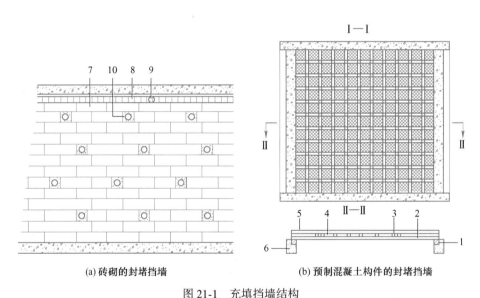

(a) 砖砌的封堵挡墙　　　　(b) 预制混凝土构件的封堵挡墙

图 21-1　充填挡墙结构

1—50mm×50mm 的条木；2—50mm×20mm 的条木；3、5—30mm×15mm 的条木；4—旧麻布袋；
6—混凝土墙；7—混凝土预制砖；8—红砖；9—充填管；10—泄水管

（2）混凝土挡墙。如图 21-2 所示，混凝土挡墙强度高，整体性好，但需开挖地槽浇筑基础，随着浇筑高度的增加，在两侧架设模板，由于混凝土存在一定的胶凝收缩，巷道壁处强度不高、封堵不严，易发生漏浆和整体倒墙事故，且养护周期较长，构筑成本高。

（3）木质挡墙。如图 21-3 所示，木质挡墙是当前矿山应用较多的一种挡墙形式，它大大减轻了挡墙的重量。但在生产使用中存在如下弊病：木材消耗量大，成本高；需依据现场实际尺寸逐根加工木材，对木材质量要求高；耐冲击性能差，与巷道壁接触不严，常需在外侧设置沉淀池，由于圆木和背板用钉子及铁丝绑扎固接，回收困难，复用率低。

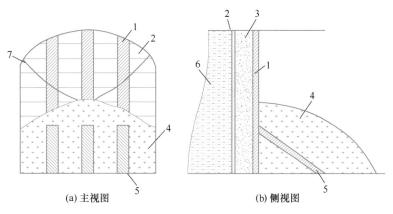

(a) 主视图   (b) 侧视图

图 21-2   混凝土挡墙结构示意图

1—木立撑；2—木板模；3—混凝土；4—堆渣；5—斜撑；6—充填体；7—斜拉钢索

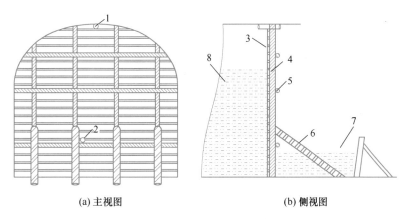

(a) 主视图   (b) 侧视图

图 21-3   木质挡墙结构示意图

1—充填管；2—排水管；3—木板和滤水材料；4—圆木立柱；
5—横柱；6—斜撑；7—沉淀池；8—充填体

21.1.3   排水

充填到采空区内的充填料浆，尤其是浓度低和尾砂较粗的料浆，仍含有大量自由水。一般而言，充填料浆的含水量越低，其强度越高。排水能够降低沉降尾砂体的孔隙水压力，增加尾砂颗粒的有效应力，进而提高充填体强度和稳定性。充填料浆排水方法有溢流、水泵抽水和渗滤法三种。

（1）溢流排水法。溢流排水法是指充填采空区内的料浆沉淀后，砂面以上的清水，通过自流从空区内排至空区外。这是采空区尾砂充填时的主要排水方式。溢流排水又可分为高水位溢流排水和分中段低水位溢流排水。高水位溢流排水为自流方式，可节省排水费用，但对于高差大的采空区，其围岩与封闭结构在充填全过程中始终承受着最大的静水压力，渗漏与结构破坏的风险较大，易对下部采场生产安全构成威胁，而且选厂生产所需要的回水也不能及时得到，因此，选择分中段低水位溢流排水。

（2）水泵抽水法。该法是指由采空区上口将潜水泵下放至流砂表面以上的清水内，然后将清水排出空区。该法主要存在以下问题：1）需要在采空区顶板安装滑轮，以溜放潜水泵；2）潜水泵不易准确放入沉砂上表面的清水内；3）抽水时必须停止充填，并待沉砂上表面的水安全澄清后方可进行；4）操作安全要求严格。只有在条件特别有利或无其他方法选择，而且必须及时排水条件下，方可使用。

（3）渗滤法。渗滤法可分为垂直渗滤法和水平渗滤排水两种，是指由采空区上口或上水平向下部垂直悬吊设置若干脱水管。脱水管为钻有孔洞的花管，外包土工布等过滤层，脱水管下端穿过挡墙，延伸至排水沟上方。

21.1.4　人工假底铺设

金属矿山地下开采，为了确保采矿作业安全，通常需要留设顶底柱来控制地压，尤其对于空场法开采的矿山，由于留设的矿柱量较大，其矿石损失率通常更大。大量矿柱（尤其是高品位矿柱）无法回收，势必造成宝贵矿产资源的极大浪费，不符合可持续性发展要求。因此，越来越多的矿山开始采用人工假底来代替自然矿柱。

21.1.4.1　人工假底施工

人工假底包括钢筋混凝土、钢结构、膏体充填、坑木和钢筋网柔性隔离五种形式。其中，人工混凝土假底应用最为广泛。人工混凝土假底制作从采矿结束后开始，其中包括采场底板平整、碎矿垫层铺设、隔水塑料铺设、钢筋网制作、混凝土浇筑等工艺过程。

（1）平整采场底板。平整采场底板，使得采场的底板尽量得平整。一方面有利于相邻采场的平滑连接；另一方面有利于满足下部采场回采时充填接顶的需求。

（2）铺设碎矿垫层。碎矿垫层铺设厚度一般为 10~20cm，其目的是作为下部采场回采时爆破的缓冲层，有助于减少爆破震动，保护人工假底免受下部采场采矿凿岩爆破作业的影响。

（3）铺设隔水材料。在碎矿垫层上铺设塑料布或其他隔水材料，其目的是防止水泥浆渗漏，保证混凝土质量，减少下部采场回采时的采矿损失贫化率。

（4）钢筋网制作。钢筋网的预埋位置，一般布置在隔水材料上部 5~10cm 位置。其中，主筋垂直矿体走向，副筋沿矿体走向。主副筋直径、钢筋网度等参数需根据采矿实际条件进行合理选取。钢筋交叉连接位置需要采用镀锌铁丝进行捆扎或焊接。在矿岩交接位置，首先施工连接锚杆，锚杆一般采用树脂锚杆，与钢筋网进行搭接后进行焊接。

人工假底构筑时，在中段下部掘进拉底巷道，并以此为自由面扩大至矿房边界，形成拉底空间，再向上挑顶 2.5~3m，并将崩下的矿石经溜矿井放出。形成 4.5~5m 高的拉底空间后，即可浇灌钢筋混凝土底板。底板厚 0.8~1.2m，配置双层钢筋，间距 700mm。层内金属网一般采用直径 10~12mm 的主筋和直径 6~8mm 的副筋，网度为（200mm×200mm）~（250mm×250mm）。进路回采时，主筋应垂直巷道布置，其端部做成弯钩，以便和相邻巷道的主筋连成整体，其结构如图 21-4 所示。

21.1.4.2　分层胶结面构筑

为防止崩落的矿粉渗入充填体，以及为运搬矿石创造良好的条件，在每层充填体的表面铺设 0.15~0.2m 厚的混凝土或高灰砂比进行底板硬化，表层强度要求 1 天后可在其上进行凿岩，2~3 天后即可进行落矿或行走运搬设备。

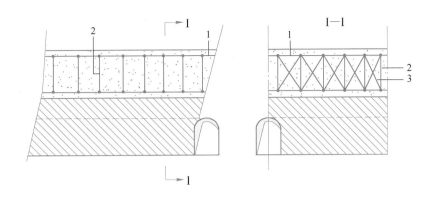

图 21-4　钢筋混凝土底板结构

1—主钢筋（ϕ12mm）；2，3—副钢筋（ϕ8mm）

21.1.5　隔离层施工

隔离层一般用来将准备充填的巷道或分区与未采部分隔开，隔离层的作用主要是为第二步骤回采间柱创造良好的回采条件，以保证作业安全，减少矿石损失和贫化。隔离层有两种形式：一种是砌筑混凝土隔离层时，先用预制的混凝土砖（规格为 300mm×200mm×500mm）砌筑隔离层的外层，然后浇灌 0.5m 厚的混凝土，形成隔离层的内层，其总厚度为 0.8m；第二种是二步采柱上施工金属锚网，充填后，在充填体与间柱间形成柔性保护层，或在待保护的矿体边界每隔 0.7m 架一根立柱，柱上钉一层网度为（20mm×20mm）～（25mm×25mm）的铁丝网，再钉一层草垫或粗麻布，在底板处留出 200mm 长的余量并弯向充填区，用水泥砂浆严密封住以防漏砂，同样可以达到保护间柱、避免尾砂片落的目的，其结构如图 21-5 所示。

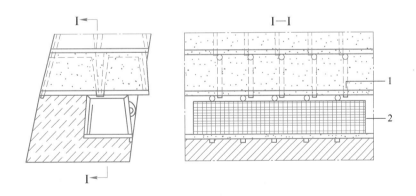

图 21-5　金属网隔离层构筑

1—钢筋混凝土底板；2—铁丝网

21.1.6　充填接顶

常用的接顶方法有人工接顶和砂浆加压接顶两种。人工接顶就是将最上部一个充填分层，分为 1.5m 宽的分条，逐条浇注。浇注前先立 1m 多高的模板，随充填体的加高，逐渐加高模板。当充填体距顶板 0.5m 高时，用石块或混凝土砖加砂浆砌筑接顶，使残余空间完全填满。这种方法接顶可靠，但劳动强度大，效率低，木材消耗也大。

砂浆加压接顶是用液压泵，将砂浆沿管路压入接顶空间，使接顶空间填满。在充填前必须做好接顶空间的密封，包括堵塞顶板和围岩中的裂缝，以防砂浆流失。体积较大的空间（大于 $30 \sim 100 m^3$），如有打垂直钻孔的条件，可采用垂直管道加压接顶；反之，则采用水平管道加压接顶。

此外，还可采用喷射式接顶充填，即将充填管道铺设在接顶空间的底板上，适当加大管道中砂浆流的残余压力，使排出的砂浆具有一定的压力和速度，形成向上的砂浆流，从而使充填料填满接顶空间。

近年来，多数矿山采用在充填材料中加入发泡材料的方法，使充填材料冲入采场后，体积膨胀，一方面减小充填体泌水后的体积缩减；另一方面增大充填体与顶板的接触。

21.2 上向分层充填法

上向分层充填法（cut and fill mining method）一般将矿块划分为矿房和矿柱，第一步骤回采矿房，第二步骤回采矿柱。回采矿房时，中段内自下向上水平分层进行开采，随工作面向上推进，逐层充填采空区，并留出继续上采的工作空间。充填体维护两帮围岩，并作为上采的工作平台。崩落矿石落在充填体表面上，用适宜的运搬方式（如机械运搬）将矿石运至溜井中。矿房回采到最上面分层时，进行接顶充填。矿柱则在采完若干矿房或全阶段采完后，再进行回采。回采矿房的充填方法，可用干式充填、水力充填或胶结充填。

21.2.1 矿块结构和参数

矿体厚度不超过 $10 \sim 15 m$ 时，矿房沿走向布置；超过 $10 \sim 15 m$ 时，矿房垂直走向布置。矿房沿走向布置的长度，一般为 $30 \sim 60 m$，有时可达 100m 或更大。垂直走向布置矿房的长度，一般控制在 50m 以内；此时，矿房宽度为 $8 \sim 10 m$。

阶段高度一般为 $30 \sim 60 m$。如果矿体倾角大，倾角和厚度变化较小，矿体形态规整，则可采用较大的阶段高度。

间柱的宽度取决于矿石和围岩的稳固性以及间柱的回采方法。用充填法回采间柱时，其宽度为 $6 \sim 8 m$，矿岩稳固性较差时取大值。阶段运输巷道布置在脉内时，一般需留顶柱和底柱。顶柱厚 $4 \sim 5 m$，底柱高 5m。为减少矿石损失和贫化，也可使用混凝土假柱，以代替矿石矿柱。

21.2.2 采准和切割工作

21.2.2.1 脉内采准

脉内采准是指在矿房内布置人行通风天井，以实现人员、材料进出采场。采矿方法三视图如图21-6所示。在每个矿房中至少布置2个溜矿井、1个顺路人行天井（兼作滤水井）和1个充填天井。溜矿井和人行滤水井多用预制钢筋混凝土构件或钢板弯成圆管架设。溜矿井断面多为圆形，直径为1.5m；充填井断面为2m×2m，内设充填管路和人行梯子等，作为矿房的安全出口，倾角为60°~80°。

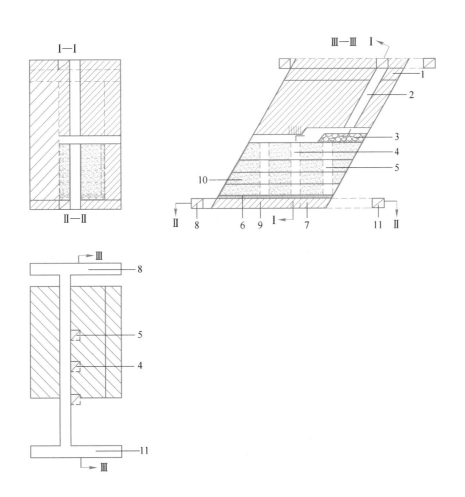

图21-6　上向水平分层充填法

1—顶柱；2—充填天井；3—矿石堆；4—人行滤水天井；5—放矿溜井；6—人工假底部；
7—下阶段顶柱；8—上盘运输巷道；9—穿脉巷道；10—充填体；11—下盘运输巷道

21.2.2.2　脉外采场斜坡道采准

　　脉外斜坡道采准是指利用采场斜坡道与每一分层连通，供无轨设备、人员和材料进入采场。由于无轨设备可以方便进入采场，因此，崩落的矿石可以利用铲运机进行运搬。充填管道既可以利用布置在矿房内的充填井进行布设，也可以沿着斜坡道、斜联巷进行架设（图21-7）。采用脉外采场斜坡道进行采准，便于无轨设备应用，灵活机动，在矿山中的应用越来越广泛。

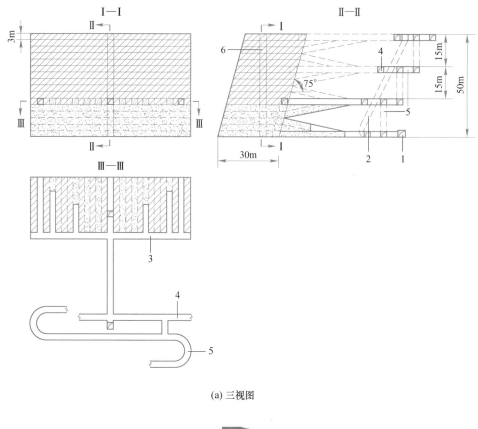

(a) 三视图

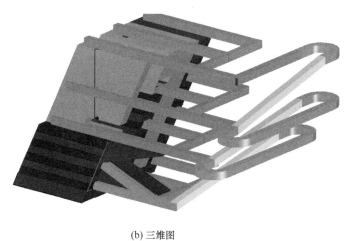

(b) 三维图

图 21-7　脉外采准的上向水平分层充填法

1—下盘运输巷道；2—溜井；3—分层运输巷道；4—分段运输巷道；5—斜坡道；6—充填回风井

彩色原图

21.2.3　回采工作

用浅孔落矿，回采分层高通常为 2.5~3m；当矿石和围岩较稳固时，可以增加分层高度到 4.5~5m。

崩落的矿石用电耙或铲运机进行运搬。矿石出完后，清理底板上的矿粉，然后进行充填。

21.2.4 充填工序

充填前要做好下列工作：清理底板，设置顺路溜井和人行井时，应首先加高溜矿井、人行滤水井和隔墙；此外，首采分层铺设钢筋混凝土假底，架设封堵挡墙与泄水系统。

（1）铺设人工假底。在上向水平分层充填采矿法回采的第一个分层充填时，为了便于下中段的回采以及下中段回采时可以不留顶柱，要构筑人工假底。

（2）隔离层施工。施工隔离层，隔离充填体与未采矿体，防止相邻矿体回采时，充填体大面积塌落，造成矿石的贫化。

（3）架设泄水通道。充填之前，采场内的泄水通道要加高，在充填挡墙上设置泄水通道，确保充填体内多余的水能够滤出，确保充填体的强度。此外，充填采场内要构建泄水管道，方便充填体内的水分尽快泌出，尽早形成强度。此外，如果充填体上方澄清形成较多的水，可利用浮排下悬吊潜水泵从充填体上方进行排水。

（4）充填挡墙架设。充填前，将待充填采场与采场外的连接通道利用充填挡墙进行封闭。架设充填挡墙，做好充填采场所有通道的密封工作。

（5）充填管路架设。主充填管理通常沿着充填钻孔、副井或斜坡道等开拓工程敷设到各中段运输巷道后，通过充填管路架设到采场内部。采场内充填管路沿着采场顶板架设，深入采场内部。从采场内部向采场外部后退时充填。充填材料沿充填管路进入采场，充填料中的水渗透后经滤水井流出采场，充填料沉积在采场内，形成较密实的充填体。

（6）充填接顶。上向水平分层开采过程中的充填不需要接顶。在最后一分层回采时，应尽可能地充填接顶。

21.2.5 胶结充填料充填采场结构参数变化

由于水力充填方案回采工艺较为复杂（需砌筑溜矿井和人行滤水井、构筑混凝土隔墙、铺设混凝土底板等），从采场排出的泥水污染巷道，以及回采矿柱的安全问题和充填体的压缩沉降问题等，均未得到较好解决，因而不能从根本上防止岩石移动。为了简化回采工艺，防止井下污染和减少清理工作量，较好地保护地表及上覆岩层，近年来开始采用胶结材料来进行采场充填。胶结充填采矿法的典型方案如图 21-8 所示。

从图 21-8 看出，胶结充填方案的矿块采准、切割和回采等，与水力充填方案基本相同，区别仅在于顺路行人天井不用按照滤水条件构筑，溜矿井和行人天井在充填时只立模板即可形成，因为胶结充填不必构筑隔墙、铺设分层底板和施工人工底柱。由于胶结充填成本较高，第一步回采矿房应取较小尺寸，但所形成的人工矿柱，必须保证第二步回采的安全；而第二步可以采用水力充填回采，故可选取较大的尺寸。

21.2.6 上向水平分层充填采矿法的评价

充填采矿法最突出的优点是矿石损失贫化小，但效率低，劳动强度大。随着大结构参数、大型无轨设备的使用，上向水平分层充填采矿法也成为高效率采矿方法之一，使用范围不断扩大。胶结充填虽然改进了水力充填某些缺点，但还存在以下问题：

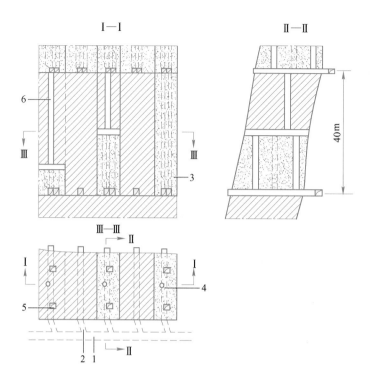

图 21-8 胶结充填采矿法的典型方案

1—运输巷道；2—穿脉巷道；3—胶结充填体；4—溜矿井；5—行人天井；6—充填天井

（1）充填成本高。水力充填费用占采矿直接成本的 15%～25%，而胶结充填则占 35%～50%。成本高的原因是采用价格较贵的水泥。因此，应寻求廉价的水泥代用品或采用较小灰砂比（1∶25～1∶32）。

（2）充填系统复杂。通常先用胶结充填回采矿房，然后用水力充填回采间柱，这就使得充填系统和生产管理复杂化。如果两个步骤都用胶结充填，成本就会增高。实际生产中应进行技术经济分析和研究，求得合理的技术经济效果。

（3）阶段间矿柱回采困难。水力或胶结充填都为间柱回采创造了安全和方便的条件，但顶底柱回采仍很困难。我国使用充填法的矿山，大都积压了大量的顶底柱未采。改进人工假底建造工艺，以人工底柱代替矿石底柱，是解决这个问题的有效途径。

21.3 下向进路充填法

下向进路充填采矿法（the underhand drift-and-fill mining method），一般用于开采矿石很不稳固或矿石和围岩均很不稳固，矿石品位很高或价值很高的有色金属或稀有金属矿体。这种采矿方法的实质是：中段内从上往下分层回采和逐层充填，每一分层的回采工作在上一分层人工假顶的保护下进行。回采分层为水平，或与水平成 4°～10°（胶结充填）或 10°～15°（水力充填）倾斜。倾斜分层主要是为了充填接顶，同时也有利于矿石运搬，但凿岩和支护作业不如水平分层方便。

21.3.1　矿块结构和参数

矿体厚大时，矿块垂直走向布置；矿体狭窄时，矿块沿走向布置。矿块结构如图21-9所示，阶段高度为30~50m，矿块长度为30~50m，宽度等于矿体的水平厚度；不留顶柱、底柱和间柱。

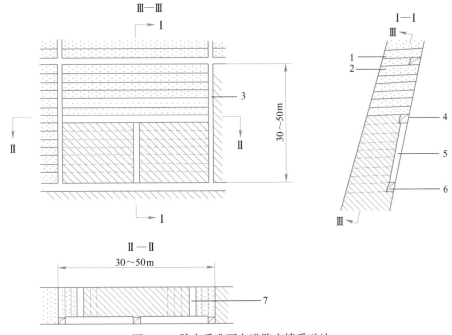

图 21-9　脉内采准下向进路充填采矿法
1—人工假顶；2—尾砂充填体；3—矿块天井；4—分层切割平巷；
5—溜矿井；6—分段运输巷道；7—分层采矿巷道

21.3.2　采准和切割工作

21.3.2.1　脉内人行天井采准

运输巷道布置在下盘矿岩接触线处或下盘岩石中。人行天井布置在矿块两侧的下盘接触带，矿块中间布置一个溜矿井。随回采分层的下降，人行天井逐渐为布置在充填料中的顺路天井所代替，而溜矿井则从上往下逐层消失。

每一分层回采前，先沿下盘接触带掘进切割巷道。当矿体形状不规则或厚度较大时，切割巷道也可布置在矿体的中间。

21.3.2.2　脉外斜坡道采准

脉外斜坡道采准是指在矿体下盘布置分段运输巷道，将中段划分为分段，分段高度10~15m。通过分段施工斜联巷联通每个分层。斜联巷作为通道，供人员、设备、新鲜风等进入采场。当一个分层回采充填完毕后，采用后退式起底，将斜联巷的底部挖开，形成下一分层的斜联巷。

采用凿岩台车凿岩，用浅孔落矿，铲运机运搬矿石。自行设备可沿斜坡道进入矿块各分层（图21-10）。

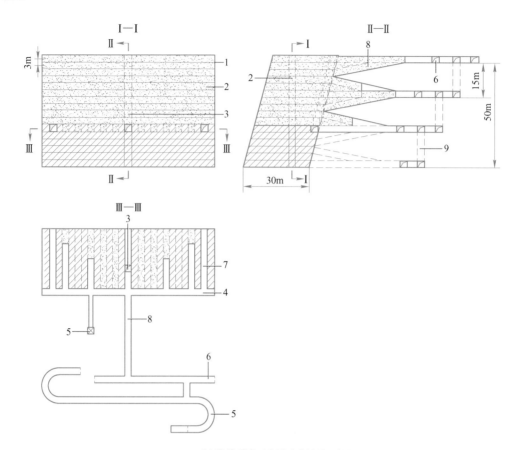

(a) 脉外采准下向进路充填法三视图

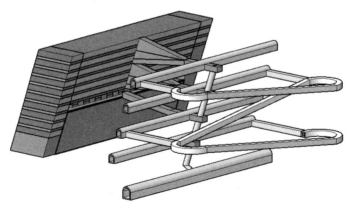

(b) 脉外采准下向进路充填法三维模型

图 21-10 下向进路脉外采准采矿方法

彩色原图

1—人工假顶；2—尾砂充填体；3—矿块天井；4—分层切割平巷；5—溜矿井；
6—分段运输巷道；7—分层采矿巷道；8—采场斜联巷；9—斜坡道

21.3.3 回采工作

回采方式分为巷道回采和分区壁式回采两种。当矿岩比较破碎，回采不允许有较大暴露面积时，采用巷道回采。巷道回采有"丁"字形和雁形两种布置形式，如图 21-11（a）（b）所示。

当矿体厚度较大，水平厚度超过 20m 时，可以采用"丁"字形布置，此时，在矿岩交界处矿体内部布置一条运输巷道，垂直运输巷道布置回采进路。当矿体厚度较薄，水平厚度小于 20m 时，为了提高回采进路的长度，沿矿体走向布置回采进路。两侧布置回采进路，回采进路与运输巷道斜交，提高回采进路的长度。

分区壁式回采是将每一分层按回采顺序划分为分区，以壁式工作面沿区段全长推进。回采工作面以溜井为中心按扇形布置，每一分区的面积控制在 100m² 以内（图 21-11（c））。如果上下分层矿体长度和厚度相同，则用壁式工作面回采较为合理；反之，则用巷道回采。

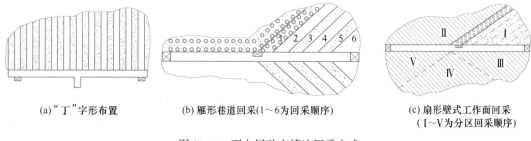

(a)"丁"字形布置　　　(b) 雁形巷道回采(1～6为回采顺序)　　　(c) 扇形壁式工作面回采
（I～V为分区回采顺序）

图 21-11　下向尾砂充填法回采方式

回采分层高度，一般为 2～2.5～3m，回采巷道的宽度为 2～2.5～3m。用浅孔落矿，孔深 1.8～2.2m。多用铲运机出矿，巷道多用钢拱架支护，间距 0.8～1.2m。壁式工作面则用带长梁的成排立柱支护，排距 2m，间距 0.8m。

21.3.4　采场充填

采场充填前，同样施工人工假底、充填挡墙和泄水管路后进行充填。充填工作面的布置如图 21-12 所示。充填管紧贴顶梁，于巷道中央并向上仰斜 5°架设，以利于充填接顶，其出口距充填地点不宜大于 5m。如巷道很长或分区很大，应分段进行充填。若下砂方向与泄水方向相反，可采用由远而近的后退式充填。整个分层巷道或分区充填结束后，再在

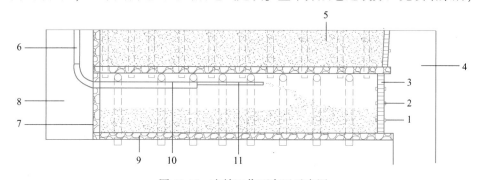

图 21-12　充填工作面布置示意图

1—木塞；2—泄水管；3—封堵挡墙；4—矿块天井；5—尾砂充填体；6—充填管；7—混凝土墙；
8—人行材料天井；9—钢筋混凝土底板；10—软胶管；11—小断面充填管

切割巷道底板上铺设钢筋混凝土底板和构筑封堵挡墙，然后进行充填。切割巷道充填完毕，并做好换层工作，即可开始下一分层的切割和回采工作。

对于深部矿体（500~1000m 或更大）或地压较大的矿体，充填前应在巷道底板上铺设钢轨或圆木，在其上面铺设金属网，并用钢绳把底梁固定在上一分层的底梁上，充填后形成钢筋混凝土结构，可增加充填体的强度。

21.3.5 下向胶结充填采矿法

与下向进路水力充填采矿法的区别仅在于充填料不同，下向进路胶结充填采矿法取消了钢筋混凝土假底和架设隔离层工序，只需在回采巷道两端构筑混凝土模板，大大简化了回采工艺。

一般采用巷道回采，其高度为 3~4m，宽度 3.5~4m，甚至可达 7m，主要取决于充填体的强度。巷道的倾斜度（4°~10°）应略大于充填混合物的漫流角。回采巷道间隔开采（图 21-13），逆倾斜掘进，以便于运搬矿石；顺倾斜充填，以利于接顶。上下相邻分层的回采巷道，应互相交错布置，防止下部采空时上部胶结充填体脱落。

从上分层充填巷道，沿管路将充填混合物送入充填巷道，以便将其充填至接顶为止。充填应尽可能连续进行，有利于获得整体的充填体。在充填体的侧部（相邻回采巷道），经 5~7 昼夜，便可开始回采作业，而其下部（下一分层），至少要经过两周才能回采。

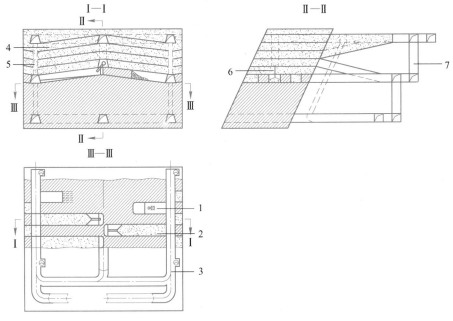

图 21-13 下向进路胶结充填采矿方法
1—巷道回采；2—进行充填的巷道；3—分层运输巷道；4—分层充填巷道；
5—矿石溜井；6—充填管路；7—斜坡道

21.3.6 下向进路充填采矿方法的评价

下向进路充填采矿方法适用于复杂的矿山开采条件，如围岩很不稳固、围岩和矿石很不稳固，以及地表和上覆岩层需要保护等。实践表明，用它代替分层崩落法可取得良好的技术经济效果。

下向进路充填法采场结构和工艺较复杂，生产能力较低（60~80t/d），采矿工作面工人的劳动生产率不高。当采用自行设备进行凿岩和装运时，矿块的技术经济指标也可以达到较高的水平。在条件特殊复杂、矿石价值又很贵重的情况下，从经济角度出发更加合理。此外，随着矿床开采深度的增加，地压加大，下向分层胶结充填采矿法在矿体开采技术复杂的条件下，具有广阔的应用前景。

21.4　分采充填法

当矿脉厚度小于 0.8m、只采矿石、开采空间在 0.8m 以下时，工人无法在其中工作，必须分别回采矿石和围岩，使其开采宽度达到允许工作的最小厚度（0.8~0.9m），采下的矿石运出采场，而采掘的围岩充填采空区，为继续上采创造条件，这种采矿法称为分采充填法，也称为削壁充填法。

分采充填法常用于开采急倾斜极薄矿脉，矿块尺寸均不大（段高 30~50m，天井间距 50~60m），掘进采准巷道便于更好地探清矿脉。运输巷道一般切下盘岩石掘进。为缩短运搬距离，常在矿块中间设顺路天井（图 21-14）。

自下向上水平分层回采时，可根据具体条件决定先采矿石或先采围岩：当矿石易于采掘，有用矿物又易被震落，则先采矿石；反之，先采围岩（一般采下盘围岩）。在落矿之前，应铺设垫板（木板、铁板、废输送带等），以防粉矿落入充填料中。采用小直径炮孔，间隔装药，进行松动爆破。

开掘的围岩，最好正够采场充填。因此，根据采场充填条件确定合适的开掘宽度，是这种采矿法回采中的重要问题。要使崩落下的围岩刚好充满采空区，则必须符合下列条件：

$$M_y K_y = (M_q + M_y)k$$

即

$$M_y = M_q \frac{k}{K_y - k}$$

式中，M_y 为采掘围岩的厚度，m；M_q 为矿脉厚度，m；K_y 为围岩崩落后的松散系数（取 1.4~1.5）；k 为采空区需要充填的系数（取 0.75~0.8）。

由于矿脉很薄，开掘的围岩往往多于采空区所需充填的废石，此时应设废石溜井运出采场，当采幅宽度较大（1.0~1.3m）时，可采小型电耙运搬矿石和耙平充填料。应用分采充填法的矿山，可为回采工作面创造机械化条件，有增大采幅宽度的趋势（1.2~1.3m）。

用分采充填法开采缓倾斜极薄矿脉时，一般逆倾斜作业。回采工艺和急倾斜极薄矿脉条件相似，但充填采空区常用人工堆砌，体力劳动繁重，效率更低。可用电耙和刮板输送机在采场内运搬矿石，采幅高度一般比急倾矿脉要大。

这种采矿法由于铺设垫板质量达不到要求，矿石损失较大（7%~15%）。因矿脉很薄，落矿时不可避免地会带下废石混入矿石中，贫化率较高（15%~50%）。因此，铺设垫板的质量好坏是决定分采充填法成败的关键。

尽管这种方法存在工艺复杂、效率低、劳动强度大等缺点，但对于开采极薄的贵金属矿脉，在经济上仍比混采留矿法优越。

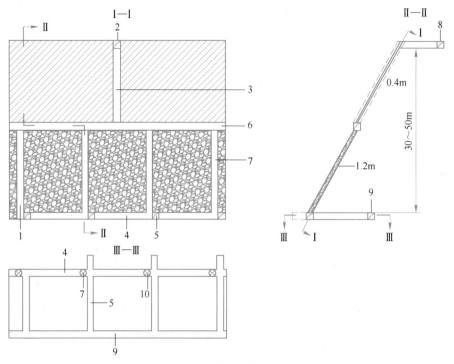

(a) 分采充填采矿法三视图

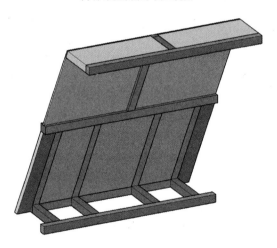

(b) 分采充填采矿法三维模型

图 21-14 分采充填采矿法

1—人行材料井；2—上阶联络巷道；3—中央天井；4—切割巷道；5—出矿进路；
6—工作面；7—矿石溜井；8—上阶段运输巷；9—下阶段运输巷；10—废石溜井

彩色原图

21.5 矿柱回采

用两步骤回采的充填法，矿房回采后，矿房已被充填材料所充满，为回采矿柱创造了良好的条件。在矿块单体设计时，必须统一考虑矿房和矿柱的回采方法和回采顺序。一般采完矿房后应当及时回采矿柱。否则，矿山生产后期的产量将会急剧下降，而且矿柱的回采条件也会变差（矿柱变形或破坏，巷道需要维修等），从而造成矿石损失的增加。充填法形成的矿柱回采，多同样采用充填法进行矿柱回采。

矿柱回采方法的选择，除了要考虑矿岩的地质条件外，主要是根据矿房充填状况及围岩或地表是否允许崩落而定。

矿柱回采条件有以下几种：（1）松散充填料（干式和水力充填）充填矿房；（2）胶结充填矿房或在矿房两侧砌筑混凝土隔墙。顶底柱回采条件比较复杂，其上部可以用胶结充填或筑钢筋混凝土假底，也可以由松散充填料充填，但后者应用很少。矿房的充填方法主要取决于矿石品位和价值。当矿石品位高或价值大时，应采用胶结充填或带混凝土隔墙和人工假底回采矿房；反之，则用干式充填或水砂充填回采矿房。

（1）胶结充填矿房的间柱回采。矿房内的充填料形成具有一定强度的整体。此时，间柱的回采方法有上向水平分层充填法、下向分层充填法、留矿法和房柱法。

当矿岩较稳固时，用上向水平分层充填法或留矿法随后充填回采间柱。为减少下阶段回采顶底柱的矿石损失和贫化，间柱底部 5~6m 高，须用胶结充填，其上部用水砂充填。当必须保护地表时，间柱回采用高强度充填材料充填，否则，可用低强度充填料充填。

留矿法嗣后充填采空区回采矿柱，可用于具备适合留矿法的开采条件。一般在矿石底柱中开掘漏斗，充填采空区前，在漏斗上存留一层矿石，将漏斗填满后，再在其上部进行胶结充填，然后用水砂或废石充填。

在顶板稳固的缓倾斜或倾斜矿体中，当矿房胶结充填体形成后，可用房柱法回采矿柱。在矿房充填时，应架设模板，将回采矿柱用的上山、切割巷道和回风巷道等预留出来，为回采矿柱提供完整的采准系统。

当矿石和围岩不稳固或胶结充填体强度不高（小于 0.5MPa）时，应采用下向分层充填法回采间柱。

胶结充填矿房的间柱回采劳动生产率，与用同类采矿方法回采矿房基本相同。由于部分充填体可能被破坏，因此矿石贫化率一般为 5%~10%。

（2）松散充填矿房间柱回采。在矿房用充填法回采，或者用空场法回采嗣后充填（干式或水砂充填）的条件下，如用充填法回采间柱，须在其两侧留下 1~2m 的矿石，以防矿房中的松散充填料流入间柱工作面。

（3）顶底柱回采。如果回采上阶段矿房和间柱过程中构筑了人工假底，则在其下部回采顶底柱时，只需控制好顶板暴露面积，用上向水平分层充填法即可顺利地完成回采工作。

当上覆岩层不允许崩落时，应力求接顶密实，以减少围岩下沉。如上覆岩层允许崩落，可用上向水平分层充填法上采到上阶段水平后，再用无底柱分段崩落法回采上阶段底柱（图 21-15）。

由于采准工程量小，回采工作简单，无底柱分段崩落法回采底柱的优越性更为突出，但单分段回采不能形成菱形布置采矿巷道，其一侧或两侧的三角矿柱无法回收，因此，矿石损失较大。

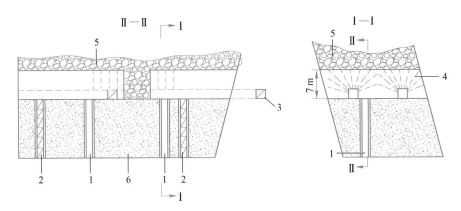

图 21-15 无底柱分段崩落法回采底柱

1—溜矿井；2—行人天井；3—上阶段运输巷道；4—炮孔；5—崩落岩石；6—充填体

21.6 小 结

随着自动化、智能化在充填系统中的广泛应用，充填采矿法逐渐成为效率较高、成本较低、矿石损失贫化小、作业安全的采矿方法；特别是对于围岩和地表需要保护、地压大、有自燃火灾危险、矿体形态复杂的高品位或贵重金属矿床，充填采矿法的优越性更为突出。因此，这种采矿方法的应用范围正在不断扩大。

实践表明，充填法在回采过程中可密实充填采空区，对于维护围岩、防止发生大规模的岩层移动、减缓地表下沉都有显著的作用。这种作用，在深部矿床开采时，尤为突出。

充填采矿法在回采时，虽然增加了充填工序，显得比较复杂，但在矿房回采之后，可为安全有效地回采矿柱，创造极为有利的条件。高回采率和低贫化率以及以后无需再行处理采空区等，都弥补了由于充填而增加的费用。这一点对于高品位的富矿或贵重和稀有矿石来说更加明显。

目前，充填采矿法进一步改进的途径是：实现充填系统的智能化，完善膏体充填的输送方法，提高充填体的强度，实现充填采矿法的连续回采作业，简化充填工艺等。随着采矿技术的进步、高效率设备的应用，以及回采工艺机械化和自动化程度的提高，充填采矿法必将获得更为广泛的应用。

1 简答题
(1) 简述上向水平分层采矿法的特点。
(2) 简述上向水平分层采矿法的优缺点。
(3) 简述下向进路充填法的优缺点。
(4) 简述下向进路充填法的特征。
2 绘制采矿方法三视图
(1) 绘制沿走向布置脉内采准上向水平分层充填法三视图。

（2）绘制脉外采准上向水平分层充填法三视图。

（3）绘制斜坡道采准下向进路充填法三视图。

（4）绘制分采充填采矿法三视图。

3　论述题

（1）上向水平分层充填法与下向进路充填采矿法有何异同？

（2）上向水平分层充填采矿法与上向进路充填采矿法有何异同？

（3）对于急倾斜极薄矿脉，采用浅孔留矿法开采与分采充填法有何异同？

4　扩展阅读

［1］王振闽，李振龙，李帅，等．机械化上向水平分层充填法在低品位缓倾斜多层金矿脉开采中的应用［J］．中国矿业，2021，30（11）：87-93.

［2］于润沧．金属矿山胶结充填工艺技术面临的新挑战——第十届中国充填采矿技术与装备大会致辞［J］．矿业研究与开发，2020，40（12）：1.

［3］周述峰，公培森，宋恩祥，等．下向进路充填采矿法在嵩县山金的应用［J］．黄金，2020，41（5）：36-39.

［4］邓良，张志雄，陈发兴，等．机械化点柱式上向水平分层充填法在大红山铜矿的应用［J］．有色金属设计，2017，44（2）：10-13.

［5］杨悦增，许国良，何少博，等．夏甸金矿上向水平分层充填法结构参数优化的数值模拟［J］．金属矿山，2017（7）：42-46.

［6］何良军，赵文奇，高忠．泗人沟铅锌矿削壁充填采矿法优化研究［J］．矿业研究与开发，2016，36（6）：78-81.

［7］李元辉，解世俊．阶段充填采矿方法［J］．金属矿山，2006（6）：13-15.

［8］余健．我国急倾斜极薄矿脉开采技术改造刍议［J］．矿业研究与开发，1996（1）：9-12.

22　金属矿山深部开采新技术

本章课件

本章提要

　　金属矿进入深部开采，相对于浅部开采，环境更加复杂，高地应力、高地温、高承压水与频繁爆破扰动等的影响，极易诱发深部开采过程中的重大工程灾害。深部开采过程中，新的理论和技术也在不断出现。本章重点介绍了高应力卸压开采技术、非爆破连续开采理论和深部开采新型支护技术。

22.1　高应力卸压开采理论与技术

　　由于深度增加，受原岩应力及其构造应力增大等环境因素的影响，岩爆风险增大。为预防竖井施工过程中岩爆发生，危及人员、设备安全，提出了卸压开采方法：

　　（1）高应力卸压孔技术。卸压孔是一种能够较为有效地释放岩体中的弹性能量，并改变其释放形式的措施。卸压钻孔分为垂直作业面的卸压孔和垂直井壁的卸压孔。垂直作业面的卸压孔可以和预探孔结合起来布置和施工，即如果在施工预测探孔时发现有岩爆倾向，可根据现场实际在井筒布周边眼的位置均匀布置若干个卸压钻孔。具体可根据岩爆程度确定，岩爆强一些的地段布置得密一些，岩爆轻微一些的地段少布置得一些；在最大主应力方向附近也可以密一些。具有岩爆倾向区段的施工可采用光面爆破技术和加强支护来改善围岩应力条件。

　　（2）爆破卸压。卸压爆破是用于岩体坚硬、完整性好的岩体段治理岩爆的一种技术措施，分为超前卸压爆破和保护性卸压爆破。超前卸压爆破是在井筒每循环凿岩之前，在井筒周边进行破裂性爆破，以达到超前卸压作用；保护性卸压爆破是在井壁采取破裂性爆破，从而支护结构体与围岩之间形成一层缓冲降压层，同时对支护结构体起到保护作用。

　　（3）高应力诱导致裂技术。高地应力相当于预应力作用于深部岩体，使深部岩体成为高储能体。矿体开挖会导致原岩地应力状态的重新分布，进而导致原矿（岩）体中贮存能量的重新分布。矿体的开采引起了有限范围内围岩的最小主应力降低，制约了围岩允许储能的大小。由于应力状态不同，造成不同部位的岩体的极限储能不同，越靠近工作面的岩体，受到的最小主应力越小，允许的极限储能也越小。当矿体内集聚的能量超过其极限储能时，多余的能量将释放或向深部转移。释放或转移的能量将造成围岩塑性变形或破裂。这些能量除了用于围岩塑性变形或破裂外，还有可能转化成岩石动能，造成岩块弹射。随着开采深度的增加，大范围岩体分区破裂化和岩爆事故等与能量转移和释放密切相关的现象出现得更加频繁，严重影响工程施工和资源高效回收。目前，这些现象还无法用理论很好地解释。若能在发生机制方面充分认识能量的释放和转移，实现对能量的控制和利用，它们就不会诱发灾害，造成经济损失和人员伤亡。

近年来，一些学者对高应力脆性岩石在动力扰动下的力学特性和能量耗散规律展开了深入研究，明确了受压过程中，在特定幅值和持续时间的扰动载荷作用下，岩石内部裂纹才能更有效地扩展，且破碎效果更加明显。深井采矿实践证明，相同巷道施工参数（断面尺寸、爆破参数等）条件下，深部岩石的破碎效果更好，且巷道掘进效率更高。这给了我们重要的启示：深部高应力硬岩在动力扰动和快速卸载条件下容易产生破碎。在适当的诱导破裂工程和途径下，岩石内部储能有望转变成破岩的动力，在不用炸药或少用炸药的情况下，实现矿山的高效连续开采。

研究表明，在一定卸荷范围内，随卸载速率增加，岩石容易产生损伤，卸载后岩体的强度降低、变形增大。说明深部采矿过程中，布设一些诱导工程，可以使岩体的强度弱化及内部节理扩展。

22.2　非爆连续开采理论与技术

对于金属矿山开采，最常使用的破岩方式为钻爆法。钻爆法综合效率较高，在破岩工程中占有重要地位，但由于要使用炸药，这种常规的破岩方式会对原岩及周围岩体或工程造成较大的扰动，这种扰动会造成支护成本的上升，同时，钻爆法工序较多，实现自动化和机械化较困难，且岩体破碎块度不能得到准确控制。即使如此，钻爆法目前还是应用最为广泛的一种破岩方式。

随着科技的发展，出现了许多现代破岩方法，如超声波法、水射流法、射弹冲击法、水电效应法、火花放电法、等离子体法、电子束法聚焦电子束、脉冲电子束、高能加速器、激光法、红外线法、热熔法、电能、核能、高频法、电热核法、微波法及化学破碎法等。

22.2.1　机械破岩

机械破岩具有掘进速度和经济效益高、岩层整体性不受破坏、可改善支护条件、事故率低等优点，同时也有机械设备昂贵（常需附加通风除尘、中间运输工具以及后续设备的投资，还可能根据现场情况改变机械设计方案等）、准备工作量大（运输前的拆卸、巷道中的运输以及安装等）、设备笨重庞大、移动及转弯不便、刀具耗损严重、设备利用率低（即纯掘进时间占总时间的比例，总时间包括安装、移动等时间）等缺点。

机械破岩技术是指采用各种机械方法破碎岩石，实现无爆破连续作业的技术。依据破岩刀具形状和破岩原理的不同，比较有开发前景的机械破岩方法有以下几种：（1）刮刀切割法；（2）截齿破岩法；（3）钻孔劈裂法；（4）冲击破碎法；（5）碾压破碎法。此外，还有高压水射流辅助切割破岩等。

20 世纪 40 年代，德国 Wirtgen 公司开始研究以截齿滚筒破岩的悬臂式掘进机，进行不同断面的巷道开挖，起初主要用于煤巷、软岩巷道和节理发育的硬岩巷道的开挖，现在已经能进行中等硬度岩石的切割。该公司近年来发展很快，已有系列产品，切割宽度 500~4200mm，最大切割深度 600mm，切割生产率最高可达 1500m³/h。滚筒的切割深度以及高度均可由液压缸调节，特别适用于薄矿层的选择性开采。

20 世纪 60 年代，美国 Robbins 公司研制了靠履带行走的移动式采矿机。该机利用周边装有盘形滚刀的大直径刀盘，径向切割破岩。首台移动式采矿机分别在石英岩 80%、粗玄武岩 20% 的岩层中及以石英岩和辉绿岩为主的岩层中切割了巷道。切割中发现，在石英岩中刀具的寿命明显低于在辉绿岩中刀具的寿命。在首台采矿机的基础上，Robbins 公司在刀具刚度、刀盘结构、机体重量等方面做了很多改进，形成的第二台采矿机掘进效率得到了明显改善，并且能在较高强度的岩层中开展作业。

20 世纪 70 年代，瑞典 Atlas 公司和 Boliden 采矿公司等联合研制掘进采矿机。这种采矿机可在高强度的岩层中掘进马蹄形大断面巷道，掘进速度高达 6km/a。该机优化了支臂摆动角、刀盘旋转轴线等参数，具有较好的切割效果。

1995 年，德国 Wirth 公司与加拿大 HDRK 采矿研究中心联合研制由计算机程序控制的 CM 连续采矿机，可在强度较高的岩层中开挖带圆角的方形大断面巷道。

2012 年，挪威阿科尔沃斯公司成功研制出一种新型采矿机，这种移动式采矿机主要是针对硬岩掘进而设计的，并且已经被阿科尔沃斯公司成功地应用于一些工程实践中。MTM 集合了灵活的巷道掘进机的优点和硬岩切割技术于一体，适于硬岩掘进。MTM 能够掘进各种断面形状（矩形、马蹄形和圆形的巷道），与传统的钻爆法相比，MTM 具有更高的效率和安全性，并且在切割时围岩受到的扰动较少，从而可节约切割后的支护费用。

机械破岩的优势：（1）切割空间不需施爆，从而明显提高围岩稳固性，无爆破地震、空气冲击波、飞石等危害；（2）扩大开采境界，不受爆破安全境界的限制；（3）连续作业，不受爆破干扰；（4）能准确地开采目标矿石，根据矿层和矿石不同品级，可选别回采、分采分运，使矿石贫化率降到最低；（5）连续切割的矿石块度，适用于带式运输机连续运输，不需粗碎，可实现切割落矿、装载、运输工艺平行连续进行。

面临的关键问题：机械掘进施工不如常规法施工灵活，在超千米深井开挖巷道时，由于巷道埋深大、地应力高、岩性复杂多变、掘进断面围岩往往软硬不均，机械连续采矿机面临两个关键的问题：（1）采矿机作业受金属矿床形态多变及复杂地质条件的限制；（2）切割钻头寿命及费用。因此，有必要研究金属矿深部围岩挤压大变形导致卡机的孕育发生机理、预测及防治理论；解决在复杂多变地质条件下采矿机的刀盘破岩机理，给出合理的滚刀参数和滚刀布置方式。通过统筹地质条件、围岩技术、工艺装备、管理组织和系统能力，突破顶板安全和围岩控制技术，实现主要工序的全机械化和连续化，提高掘进效率、效益和速度，最终达到高效掘进破岩。

22.2.2　等离子体破岩

等离子体破岩设备包括电源、控制器、水路系统、气路系统喷嘴等。利用等离子体破岩法对不规则岩块进行二次破碎，无论在国内还是国外，其技术已接近成熟；等离子法在坚硬岩石中穿凿炮孔较机械法速度快（为机械法的 3~4 倍），而成本只有机械法的一半。前苏联科学院西伯利亚分院矿业研究所曾在花岗岩、石英岩和砂岩中进行过试验，但由于岩性的变化和岩石结构、裂隙的存在，常出现偏斜现象。目前，虽已通过采用导向器在一定程度上改善了这种情况，但终究还是一个尚未解决的问题；等离子体在破岩中最重要的用途是切割，因为只有岩石切割才能使传统的循环作业方式发生根本的改变，同时，只有岩石切割才能使破岩的比能降到最小，因此，岩石切割技术目前已为许多发达国家所重视和关注。此外，利用等离子破岩法进行全断面隧道掘进是一个颇具吸引力的远景方案。

22.2.3   电子束破岩

利用特殊的加速器产生的电子束进行岩石破碎，是近年来发展起来的一种方法。在非接触式破岩方法中，聚焦电子束破岩是最为成熟的。试验结果表明，任何一种硬岩在电子束作用下，均可被破碎。对电子束这种破岩工具而言，岩石硬度是微不足道的。与其他破岩方法相比，电子束破岩具有更高的功率密度和能量转换率（高达75%），且不存在一般机械法的反冲问题。未来的电子束破岩可以采用以下几种方案：（1）单独使用电子枪进行采掘作业；（2）与其他机械配合使用；（3）使用长臂电子枪进行钻孔；（4）使用长臂电子枪开采薄层矿床。

除上述聚焦电子束破岩方法外，近年来，美国加州大学进行了一系列脉冲电子束破岩试验，并提出了脉冲电子束加速器掘进机的设计方案。

22.2.4   激光破岩

从20世纪60年代开始，许多国家开展了利用激光破岩的研究工作。激光破岩的主要原理是借助于激光的热力作用使岩石破碎。

近年来的试验结果表明，利用激光发出的高能聚焦辐射，可在各种坚硬岩石上切割出深而细的切缝，在掘进硬岩隧道时，用激光切割器比用机械法在经济上更具优越性，当然，这种优越性取决于激光技术的发展水平、岩石的种类和隧道的断面等因素。

22.2.5   微波破岩

日本铁道研究所利用感应加热的方法，开展了微波破岩的试验研究工作。

研究表明，微波功率越大，破碎效果越好。然而，微波设备的振荡器寿命如何，还不十分清楚，因而不能做出明确的经济比较。在不需考虑经济指标的特殊条件下，如在必须严格控制振动、飞石和噪声以及在城市开凿隧道时，微波破岩法仍不失为一种先进技术。

22.2.6   热力综合破岩

美国矿山局试验并发展了一种热力-水力综合破岩方法。该方法首先利用红外线（或微波）加热岩石，使岩石结构弱化并产生表面破裂，然后利用水射流冲击使其破碎。

实验室和现场试验表明，热力-水力破岩是一种有实用价值的破岩方法，热裂和热弱作用加大了水力切割的范围，其关键在于能产生热渗透性大的快速、高能的加热系统。该种综合破岩方法对环境温度和湿度等方面的不良作用是其实用性的限制条件之一。

22.3   金属矿深部开采支护技术

支护是有效管理地压，维护岩体稳定，最普遍、最实用的技术措施。"十二五"以来，地下开采矿山支护技术不断发展，新型锚杆、锚索等支护材料，联合支护技术等，对于保证地下工程的稳定性发挥着不可替代的作用。

在采掘工程支护中，当地压显现并不十分剧烈时，传统支护方式仍是地压控制的有效方式。在具体工程实践中，需合理搭配使用刚性支护和柔性支护。但是，随着矿井向深度大于 1200m 的开采水平延深，出现了一批超千米埋深的岩石巷道，围岩变形强烈、破坏范围大，采用常规支护方式很难有效控制巷道的大变形。

在分析超千米深井巷道围岩地质力学参数分布特征、围岩变形与破坏规律的基础上，结合数值模拟结果，提出以下深部巷道支护原则：

（1）锚杆与锚索支护优先原则。在条件适宜的情况下，应优先选用锚杆与锚索支护。

（2）及时主动支护原则。巷道开挖后围岩一旦揭露，无论从空间还是时间上都应立即进行锚杆支护，并施加足够的预紧力，且通过托板、钢带等护表构件使锚杆预紧力有效扩散到围岩中。

（3）全断面支护原则。超千米深井岩巷要进行全断面支护，不仅要支护顶板、两帮，更重要的是控制底板变形与破坏。

（4）锚固与注浆加固相结合原则。当巷道围岩比较破碎时，将锚杆、锚索与注浆加固进行有机结合，可保证围岩完整性，提高围岩整体强度。

（5）相互匹配原则。各支护构件力学性能应相互匹配，以最大限度发挥整体支护作用。

习　　题

1　简答题

（1）高应力卸压开采的常用方法有哪些？

（2）简述非爆破机械破岩使用条件和发展趋势。

（3）高应力诱导致裂技术的原理与目的是什么？

2　扩展阅读

［1］许洪亮，姜仁义．地下采选一体化工程关键技术及设计实践［J］．金属矿山，2016（10）：50-53.

［2］陈维，杜坤，陈伟．地下金矿非爆破机械化连续协同开采技术［J］．金属矿山，2020（5）：70-75.

［3］杨小聪，杨志强，解联库，等．地下金属矿山新型无矿柱连续开采方法试验研究［J］．金属矿山，2013（7）：35-37.

［4］李夕兵，姚金蕊，杜坤．高地应力硬岩矿山诱导致裂非爆连续开采初探——以开阳磷矿为例［J］．岩石力学与工程学报，2013，32（6）：1101-1111.

［5］李俊平，张幼振，王海泉．采空区处理与卸压开采回顾与展望［J］．有色金属（矿山部分），2022，74（2）：6-10.

［6］李学锋，黄海斌，谢柚生，等．深部金属矿山卸压开采研究［J］．金属矿山，2018（4）：47-52.

［7］卢高明，李元辉，张希巍，等．微波辅助机械破岩试验和理论研究进展［J］．岩土工程学报，2016，38（8）：1497-1506.

［8］郭辰光，孙瑜，岳海涛，等．激光辐照热裂破岩规律及力学性能［J］．煤炭学报，2022，47（4）：1734-1742.

［9］郑彦龙，何磊．极硬极高磨损岩石中的 TBM 隧道施工：问题，解决方案和辅助破岩方法（英文）［J］．Journal of Central South University，2021，28（2）：454-480.

［10］刘柏禄，潘建忠，谢世勇．岩石破碎方法的研究现状及展望［J］．中国钨业，2011，26（1）：15-19.

23　采矿方法选择

本章课件

本章提要

　　本章综合应用所学知识，按照采矿方法选择的基本要求和选择流程，针对一个具体的矿体条件，选择一种适宜的采矿方法。本章的内容和采矿方法课程设计紧密相连，开展采矿方法的选择与优化比较。

　　在矿山企业中，采矿方法决定了回采工艺效率、材料设备需要量、掘进工程量、劳动生产率、矿石回采率以及采出矿石的质量等。因此，在设计中必须予以足够重视。同时，由于矿体赋存条件是多种多样的，各个矿山的技术经济条件又不尽相同，所以，在采矿方法选择中必须具体条件具体分析，有针对性地选择合适的采矿方法。

23.1　选择采矿方法的基本要求

　　正确合理的采矿方法必须满足下列要求：

　　（1）安全。选择的采矿方法必须保证工人在采矿过程中能够安全生产，有良好的作业条件（如可靠的通风防尘措施、合适的温度和湿度），能使繁重的作业实现机械化；同时，要保证矿山能安全持续地生产，如避免产生大规模地压活动可能造成的破坏，防止大爆破震动和采后岩层移动可能引起的地表滑坡和泥石流危害，防止地下水灾、火灾及其他灾害的发生等。

　　（2）高效。要尽可能选择生产能力大、劳动生产率高的采矿方法。采矿方法不同，则同时开采的阶段数、一个阶段能布置的矿块数以及矿块的生产能力也不同，一般以在一个回采阶段布置的矿块数目能够满足矿山生产能力为标准来考虑采矿方法选择。回采矿块所占长度以小于阶段工作线度的三分之二为宜。生产效率高，可以减少同时工作矿块数，便于实施集中采矿，有利于生产管理和采场地压管理等。

　　（3）经济。矿产资源是有限的，且是不能再生的，采矿属于耗竭性生产，因此，要求选择贫化率小的采矿方法，以充分利用地下资源。矿石损失和贫化除了对矿石成本有一定影响之外，还会减少盈利总额和缩短矿山服务年限。一般要求矿石回采率应在80%～85%以上，矿石贫化率应在15%～20%以下。

　　此外，开采过程中要考虑企业获得的经济效益高。经济效益高低主要是指矿山产品成本的高低和盈利的大小。盈利指标最具有综合性质，例如矿石成本、矿石损失贫化等对盈利都有影响，要选择盈利能力大的采矿方法。

　　（4）绿色。将生态环境与经济发展视为有机整体，统筹资源开采与环境保护之间的关系。在资源开发中减少或降低对环境的扰动，在扰动的过程中，及时进行环境修复。绿色开采是一个可持续发展的理念。绿色开采一方面应注意资源开采的有序性，避免资源的过度开采，导致未来资源保障的不足；另一方面，资源开采要将开采过程中的废弃物进行综合利用，减少对环境承载的压力。

（5）智能。智能开采是化解传统资源开采过程中安全风险的有效手段。智能开采在硬件方面，体现在对采矿作业设备的智能化控制，如对现有的采矿工艺中的凿岩、装药、运搬、运输和提升、破碎、通风、排水等矿业装备的智能化改造，做到设备自主运行、智能调控；软件方面，体现在利用智能化的软件，实现开采过程中的数据的存储、分析和利用的智能化、开采计划制订、开采设计、生产运营的智能化。

23.2 影响采矿方法选择的主要因素

影响采矿方法选择的主要因素有两个方面：（1）矿床地质条件；（2）开采技术经济条件。

23.2.1 矿床地质条件

矿床地质条件是影响采矿方法选择的基本因素。必须具有足够可靠的地质资料，才能进行采矿方法选择。否则，可能由于选出的采矿方法不合适，给安全生产带来危害，并使矿产资源和经济遭到损失。

矿床地质条件一般包括：

（1）矿石和围岩的物理力学性质。在矿石和围岩的物理力学性质中，矿石和围岩的稳固性很重要，对选择采矿方法有非常重要的影响。因为其可决定采场地压管理方法和采场结构参数等。例如，矿石和围岩都稳固时，可以采用空场采矿法，并可以选用较大的矿房尺寸和较小的矿柱尺寸。如果矿石稳固，围岩不稳固时，用空场法围岩易产生冒落，这时用崩落法、充填法较为有利；相反，如果矿石稳固性较差，而围岩稳固时，并且其他条件，如厚度与倾角又合适，则采用阶段矿房法较为有效，因为这种方法可以避免直接在较大的暴露面下工作。如果矿石和围岩都不稳固，可考虑采用崩落法。

（2）矿体产状。矿体产状主要指倾角、厚度和形状等。矿体的倾角主要影响矿石在采场内的运搬方式，且倾角对运搬的影响还与厚度有关。只有当矿体倾角大于 50°~55° 时，才有可能利用矿石自重运搬；而采用留矿采矿法时，倾角则应大于 60°。但厚度较大的矿体可不受这些限制，这时可开掘下盘漏斗，矿石仍可靠自重运搬。当矿体倾角不够大，如 30°~50°，在其他条件允许时，可以考虑爆力运搬或借助溜槽进行自重运搬。而倾角 30° 以下的矿体，用电耙运搬往往较为有效。当采用崩落法，但矿体倾角小于 65° 时，则应考虑开凿下盘漏斗或矿块底部开掘部分下盘岩石，以减少矿石损失。

矿体厚度会影响采矿方法和落矿方法的选择以及矿块的布置方式。例如，0.8m 以下极薄矿体的采矿方法，要考虑分采（如分采充填法）或混采（如留矿采矿法）；单层崩落法一般要求矿体厚度不大于 3m；分段崩落法要求厚度大于 6~8m；阶段崩落法要求厚度大于 15~20m。在落矿方法中，浅孔落矿常用于厚度小于 5~8m 的矿体；中深孔落矿常用于厚度大于 5~8m 的矿体；深孔大爆破常用于 10m 以上厚度。

一般地，在厚和极厚矿体中，矿块应垂直走向布置。

矿体形状和矿石与围岩的接触情况，也会影响落矿方法。如接触面不明显，矿体形状又不规则，采用深孔落矿的采矿方法，会引起较大的矿石损失和贫化。如果极薄矿脉的矿体形状规则，而且矿石和围岩的接触明显，应该采用分采的采矿方法；否则，宜采用混采的采矿方法。

（3）矿石品位及价值。开采品位较高的富矿、价值较高的贵金属或国家稀缺金属（如镍、铬等）矿石，则应采用回采率较高的采矿方法，如充填法；反之，应采用成本低、效率高的采矿方法，如分段或阶段崩落采矿法。

（4）矿体内有用成分的分布及矿物成分。矿体内有用成分分布不均匀而又差别很大时，应考虑采用分采的采矿方法，同时还可以将品位低的矿石或岩石留下作为矿柱。如果围岩有矿化现象，则回采过程中围岩混入限制可以适当放宽，这时就可以采用深孔落矿的崩落采矿法。当围岩的矿物成分对选矿和冶炼不利时，应选用废石混入率小的采矿法。

（5）矿体赋存深度。当矿体埋藏深度很深，如 500~600m 以上时，地压增大，会产生冲击地压。这时不宜采用大暴露面积空场法，以房柱法、崩落法或充填法较为适宜。

（6）矿石和围岩的自燃性与结块性。开采硫化矿石时，须考虑有无自燃危险的问题。高硫（含硫超过 30%~40%）矿石发生火灾的可能性很大（含硫量在 20% 左右的硫化矿，也可发生自燃），此时不宜采用积压矿石量大和积压时间长的采矿法，如留矿法和阶段崩落法等

此外，具有结块性矿石（含硫量较高的矿石、遇水结块的高岭土矿石），在采矿方法的选择上与防止矿石自燃具有相同的要求。

23.2.2　开采技术经济条件

开采技术经济条件有下列各项：

（1）地表是否允许陷落。在地表移动带范围内如果有河流、铁路和重要建筑物，或者由于保护环境的要求，地表不允许陷落，此时不能选用崩落法和采后崩落采空区的空场法，必须采用维护采空区不会引起地表岩层大规模移动的采矿方法，如充填法，或在厚矿体中留有一定数量的矿柱和同时充填采空区的采矿法。

（2）加工部门对矿石质量的技术要求。加工部门规定了最低出矿品位，从而限制了采矿方法的最大贫化率；又如粉矿允许含量（富铁矿）、按矿石品级分采等要求，都会影响到采矿方法的选择。

（3）技术装备和材料供应。选择某些需要大量特殊材料（如水泥、木材）的采矿方法时，需事先了解这些材料的供应情况。应尽量选择不用或少用木材的采矿方法。如选用胶结充填采矿方法时，应考虑水泥和充填料的来源。

采矿方法的工艺与结构参数等与采矿设备有密切关系。在采矿方法选择时，必须考虑设备供应情况。如选用铲运机出矿和深孔落矿的采矿方法时，需事先了解有关的设备供应及设备性能。

（4）采矿方法所要求的技术管理水平。选择的采矿方法应力求技术简单，工人易掌握，管理方便。这对中小型矿山、地方矿山来说特别重要。当选用一些技术复杂、矿山不熟悉的采矿方法时，应积极组织采矿方法试验。例如壁式崩落法要经常放顶，较难掌握；空场法中留矿法比分段凿岩阶段矿房法容易掌握，在两种方法都可用的情况下，如果是小

型矿山，技术力量薄弱，采用留矿法可能会收到更好的效果。

上述影响采矿方法选择的因素在不同的条件下所起的作用也不同，必须针对具体情况作具体分析，全面、综合地考虑，选出最优的采矿方法。

23.3　采矿方法选择

对矿床地质条件深入调查研究，取得足够数据，以及对开采技术经济条件了解清楚之后，即可根据上面所讲的基本要求选择采矿方法。

采矿方法选择可分为三个步骤：

第一步，采矿方法初选；

第二步，技术经济分析；

第三步，详细技术经济计算，综合分析比较。

在采矿方法选择的实践中，常有这种情况，即在初选几个方案之后，经过初步技术经济分析，在第二步中，便可判别优劣，选出最优方案。如果在经过技术经济分析之后，仍然有 2~3 个难分优劣的方案，可进行第三步的比较，对各方案进行详细的技术经济计算，根据计算结果进行综合分析，从而选出最优方案。在选择采矿方法过程中，提出下列几点补充注意事项：

（1）提高对矿床地质资料的准确性与完整性的要求，尤其是有关矿岩稳固性和坚固性方面的资料。由于资料不足，选择有误，会造成大量矿石损失和长期不能达产，从而带来很大经济损失。

（2）当矿床地质条件比较复杂时，要求在基建时期完成采矿方法工业性实验，实验成功后才能最终选定采矿方法。

（3）采矿方法分析比较中，要注意到由于方法不同影响所及的范围。例如空场法与充填法，比较项目中不仅包括矿房回采，也要包括矿柱回采，有时还要包括空区处理的项目。

（4）采矿方法选择并不只是从现有的方法中选出一种较好的方法。有时也需结合矿床地质条件和要求，创造性地应用现有采矿方法的工艺与结构知识，提出更为符合要求的新采矿方法。

23.3.1　采矿方法初选

根据上述条件和要求，首先就技术可能性提出一些采矿方法方案，其次根据各方案的主要优缺点，淘汰掉具有明显缺点的方案。这一步是很重要的，其主要目的是提出不具有明显缺点的技术上可行的采矿方法方案。实际生产中常根据初提方案中的某些缺点，提出改进和创新，从而形成更为合适的新方案。由此可见，在初选过程中要多下功夫，特别是当矿床地质条件复杂时，应广泛调查研究，以免丢下最佳方案。

23.3.2　采矿方法的技术经济分析

对初选的（一般不超过 3~5 个）每个方案，要确定其主要结构参数，采准切割布置和回采工艺，选择具有代表性的矿块，绘制采矿方法方案的标准图，计算或用类比法选出各方案的下列技术经济指标,并据此进行分析比较,从中选优。

(1) 矿块工人劳动生产率;

(2) 采准切割工作量及时间;

(3) 矿块生产能力;

(4) 主要材料消耗量(炸药等);

(5) 矿石的损失率和贫化率;

(6) 采出矿石的直接成本。

这些指标一般不做详细计算,而是根据采矿方法的构成要求,参照类似条件的矿山实际资料指标选取。

除了分析对比这些指标外,还应充分考虑方案的安全程度、劳动条件、工艺过程的复杂程度等问题。有时还需注意与采矿方法有关的基建工程量、基建投资和基建时间(例如用胶结充填法或水砂充填法时)。

在分析对比上述各项指标时,往往出现对同一个方案来讲,这些指标不全都优越,而是有的好、有的差。在这种情况下,就要看这些指标相差的大小,以及在矿山具体条件下,以哪些指标为主来确定方案。分清主次,有所侧重。侧重的目的,是为了更具体地结合国家要求,取得更好的经济效果。例如,对开采富矿和社会发展特别需要的稀缺金属矿石,应选取回采率高和贫化低的采矿方法。特别是围岩含有有害成分或矿石品位较低时,贫化指标显得更为重要。如果是贫矿,赋存量又大,就应该考虑选用高效率和低成本的采矿方法。总之,要根据具体情况作具体分析,抓住主要矛盾来解决问题。

在大多数情况下,经过这样的技术经济分析,就可以确定采用哪个采矿方案。仅在少数情况下,需要作综合分析比较来确定最优方案。

23.3.3 采矿方法的综合分析比较

如经过上述分析比较还不能判定优劣,则可对优劣难分的 2~3 个采矿方法方案进行详细的技术经济计算,计算出有关指标。根据这些指标再进行综合分析比较,最后选出最优方案。

23.3.4 采矿方法初选

某铜铁矿床,走向长 350m,倾角 60°~70°,平均厚度 50m。矿体连续性好,形状比较规整,地质构造简单。矿石为含铜磁铁矿,致密坚硬,$f = 8 \sim 12$,属中等稳固。上盘为大理岩,不够稳固,$f = 7 \sim 9$,岩溶发育;下盘为矽卡岩化斜长岩及花岗闪长斑岩,因受风化,稳固性差。矿石品位较高,平均含铜 1.73%,平均含铁 32%。矿山设计年产矿石量为 43 万吨。地表允许陷落。

23.3.4.1 方法初选

根据上述矿床开采技术条件,初步选出可用的采矿方法。

由于围岩稳固性差,因此,空场法是不适用的。根据矿石价值、围岩与矿石稳固性和矿床规模等条件,可采用上向水平分层充填法。

根据矿石中等稳固、围岩稳固性差、矿体倾角和厚度大,以及地表允许陷落等条件,可以使用崩落法类的分段崩落法和阶段强制崩落法。分段崩落法中,有底柱的采准切割工作量大，底部结构复杂，矿石损失量大；无底柱方法结构与回采工艺简单、安全、机械化程度高，按设计条件分析，矿石损失贫化有可能小于有底柱方法。无底柱方法的通风条件较差，而在完好通风系统和加强通风的情况下，该缺点是可以减弱的。据此删除有底柱分段崩落法。至于阶段强制崩落法，矿石损失贫化更大，灵活性也不如无底柱分段崩落法，特别是考虑到矿石品位较高，故不宜采用。

由此可见，该矿床可用的采矿方法有：

（1）无底柱分段崩落法。

（2）上向水平分层充填法。根据矿柱回采方法的不同，该法又可分为两个方案。

具体方案如下：

第一方案，无底柱分段崩落法，分段高 10m，回采巷道间距 10m，垂直走向布置，采用凿岩台车凿岩，铲运机出矿。

第二方案，上向水平分层充填法，分层高 3m，分为矿房和矿柱，矿房宽 10m，矿柱宽 5m，矿房用分层胶结方式回采，矿柱用留矿法回采，嗣后一次尾砂充填。先采矿房，后采矿柱。采用 Y7-28 凿岩机凿岩，铲运机出矿。

第三方案，矿房宽 10m，用上向水平分层尾砂充填法回采，靠矿柱边砌隔离墙。矿柱宽 5m，用无底柱分段崩落法回采。采用 YG-Z90 中深孔凿岩台车凿岩，铲运机出矿。

23.3.4.2 技术经济分析

根据矿块的生产能力、采准工作量、矿石的损失率和贫化率、劳动生产率等主要技术经济指标进行分析。三个方案的主要技术经济指标见表 23-1。

表 23-1 采矿方法技术经济指标分析比较法

指标名称		第一方案	第二方案	第三方案
矿山生产能力/t·d^{-1}		350~400	120~160	200~250
其中	矿房	—	150~200	150~200
	矿柱	—	70~80	300~350
采准工作量/m·kt^{-1}		15	10	10
矿石损失率/%		18	6	9
矿石贫化率/%		20	6	9
全员劳动生产率/t·(人·a)$^{-1}$		715	429	613

由表 23-1 可知，第二方案虽然矿石的损失率和贫化率较低，但矿块生产能力和全员劳动生产率都比其他两个方案低，并且胶结充填工艺复杂，又需要建设两套充填系统，每年还要消耗大量的水泥，因此，这个方案应予删去。

与第三方案比较，第一方案的矿块生产能力大，劳动生产率高，回采工艺简单，机械化程度高，但矿石损失率和贫化率高。故需进一步详细计算，最后综合分析比较才能选定方案。

23.3.4.3 综合分析比较

对经过初步技术经济分析比较确定的第一与第三两个方案进行详细的技术经济计算。根据设计条件计算出每个方案的生产能力、采切工程量、矿石回采率、矿石贫化率、劳动生产率、每吨矿石的开采成本等，逐项分析对比，最后综合权衡结果，确定选择第三方案，即矿房用上向水平分层尾砂充填法回采，矿柱用无底柱分段崩落法回采的方案。

习　题

1　论述题

采矿方法决定回采工艺效率、材料设备需要量、掘进工程量、劳动生产率、矿石回采率以及采出矿石的质量等。因此，在设计中必须予以足够的重视。请阐述：什么是采矿方法，选择采矿方法的基本要求有哪些，采矿方法选择的步骤是什么？

2　设计题

某金矿，矿石储量 300 万吨，平均品位 3.7%，矿体倾角 8°，矿体垂直厚度 3m，上下盘围岩稳固，矿体中等稳固。水文地质条件简单，矿山所在区域为平原，地表为耕地。该矿山以开采原矿石直接销售为主，未配套建设选矿厂。请为该矿体选择适宜的采矿方法，阐述其采切工程和回采过程，并评述该方法的优缺点。

3　扩展阅读

[1] 任凤玉，丁航行，张世玉，等. 金属非金属矿床完整性安全高效开采理论模型 [J]. 金属矿山，2020（1）：1-6.

[2] 欧志成. 多层急倾斜薄至中厚矿体采矿方法优化研究 [J]. 矿业研究与开发，2017，37（7）：5-8.

[3] 魏晓明，李长洪，张立新. 急倾斜厚大矿体采矿方法的选择 [J]. 金属矿山，2014（4）：31-34.

[4] 李伟明. 难采缓倾斜富贵金属矿体采矿方法研究 [J]. 矿业研究与开发，2013，33（6）：1-3，19.

[5] 曹帅，宋卫东，朱先洪，等. 高海拔地区急倾斜薄矿体采矿方法优选 [J]. 金属矿山，2013（2）：14-17.

[6] 于少峰，吴爱祥，韩斌. 自然崩落法在厚大破碎矿体中的应用 [J]. 金属矿山，2012（9）：1-4.

[7] 任凤玉，单守智，霍俊发. 玉石洼铁矿难采矿体采矿方法研究 [J]. 金属矿山，1994（7）：12-16.

[8] 冯夏庭. 地下采矿方法合理识别的人工神经网络模型 [J]. 金属矿山，1994（3）：7-11.